21世纪高职高专土建类专业规划教材

建筑与装饰材料

主　编◎王建茹　赵星　时晨

中国建材工业出版社

图书在版编目（CIP）数据

建筑与装饰材料 / 王建茹，赵星，时晨主编. —北京：中国建材工业出版社，2015.9
21世纪高职高专土建类专业规划教材
ISBN 978-7-5160-1264-2

Ⅰ. ①建… Ⅱ. ①王… ②赵… ③时… Ⅲ. ①建筑材料-高等职业教育-教材②建筑装饰-装饰材料-高等职业教育-教材 Ⅳ. ①TU5②TU56

中国版本图书馆CIP数据核字（2015）第182330号

内 容 简 介

本书根据高职高专院校工程造价专业人才培养要求和“建筑与装饰材料”的课程标准编写，共分为绪论和十一个单元，包括：建筑与装饰材料的基本性质，建筑石材，无机胶凝材料，混凝土与建筑砂浆，墙体材料，金属材料，防水材料，木材，建筑玻璃与建筑陶瓷，建筑塑料、涂料、胶粘剂，建筑与装饰材料试验。本书在编写过程中采用最新标准和规范，注重理论与工程实际相结合，突出应用性和可操作性，符合高职高专人才培养的要求。

本书可作为高职高专土建类工程造价等相关专业的教材，也可供建筑工程领域相关专业人员参考。本书配有电子课件，可登录我社网站免费下载。

建筑与装饰材料
王建茹　赵　星　时　晨　主编

出版发行：中国建材工业出版社
地　　址：北京市海淀区三里河路1号
邮　　编：100044
经　　销：全国各地新华书店
印　　刷：北京鑫正大印刷有限公司
开　　本：787mm×1092mm　1/16
印　　张：12.5
字　　数：308千字
版　　次：2015年9月第1版
印　　次：2015年9月第1次
定　　价：**35.00元**

本社网址：www.jccbs.com.cn　　微信公众号：zgjcgycbs
本书如出现印装质量问题，由我社网络直销部负责调换。联系电话：(010)88386906

前　　言

本书根据高职高专院校工程造价专业人才培养要求和“建筑与装饰材料”的课程标准，并结合编者多年的教学实践编写而成。近年来，建筑材料技术标准和规范的变化较大，本书均采用最新的标准与规范来组织编写。注重理论知识与工程实际相结合，突出应用性及可操作性，符合高职高专人才培养目标的要求。

本书的特点如下：

(1) 本书将内容分为十一个单元，每个单元均有学习目标、单元小结和单元思考题，便于学生把控核心内容。

(2) 本书针对高职高专人才培养的特点，理论内容以“必需、够用”为原则，既保证全书的系统性和完整性，又体现内容的先进性、实用性、针对性，突出高职高专人才培养的特点。

(3) 本书内容紧跟行业形势，把握发展动态，强化实用性和适用性。

本书由辽宁城市建设职业技术学院王建茹、赵星、时晨任主编，辽宁城市建设职业技术学院吉锦、王波参与了本书的编写。其中，王建茹编写绪论和单元十，赵星编写单元一、单元二和单元四，时晨编写单元三和单元十一，吉锦编写单元六、单元七和单元八，王波编写单元五和单元九。

本书在编写过程中参阅了相关的文献资料，并得到了中国建材工业出版社的大力支持和鼎力相助，谨此表示感谢。

由于作者水平有限，书中难免有不足之处，恳请广大读者批评指正。

编者

目　　录

绪　论

建筑材料是指在建筑工程中所使用的各种材料及制品的总称。是建筑工程不可缺少的物质基础。建筑材料有广义和狭义之分。广义建筑材料是指用于建筑工程中的所有材料，包括构成建筑本身的材料，如水泥、钢材、混凝土、砂浆和防水材料等；施工过程中所用的材料，如脚手架、模板等；以及各种配套器材，如给水排水设备、网络通信设备、消防设备等。狭义的建筑材料是指直接构成建筑物和构筑物实体的材料，如混凝土、水泥、石灰、钢筋、玻璃等。本课程介绍的是狭义的建筑材料。

0.0.1　建筑材料的分类

1. 按建筑材料的化学成分分类

建筑材料按其化学组成可分为无机材料、有机材料和复合材料。

(1) 无机材料。无机材料包括金属材料和非金属材料。如：钢材、铝、铜、花岗岩及水泥等。

(2) 有机材料。有机材料包括植物材料、合成高分子材料和沥青材料。如木材、石油沥青、塑料及涂料等。

(3) 复合材料。复合材料是由两种或两种以上不同性能的材料，经恰当组合成为一体的材料。如钢纤维混凝土、聚合物混凝土及轻质金属夹芯板等。

2. 按建筑材料的使用功能分类

(1) 结构材料。结构材料是指用作承重构件的材料，如建筑物的基础、梁、板、柱等所用的材料。

(2) 功能材料。功能材料是指具有某些特殊功能的材料，如具有防水作用的材料、具有装饰作用的材料、具有保温隔热作用的材料等。

0.0.2　建筑材料的发展概况

建筑材料是随着人类社会生产力的发展和科学技术水平的提高逐步发展起来的。人类最早“穴居巢处”，后进入到石器铁器时代，开始掘土凿石为洞，伐木搭竹为棚，从利用最原始的材料建造最简陋的房屋开始，逐渐使用建筑材料。随着社会生产力的不断发展，人类掌握了烧窑、冶炼技术，便开始生产和使用砖瓦、石灰、三合土、玻璃、青铜、陶瓷等建筑材料。18 世纪以后，钢筋、水泥、混凝土、钢筋混凝土等材料相继问世，为现代建筑工程奠定了坚实的基础。进入 20 世纪后，材料科学与工程学的形成和发展，不仅建筑材料性能和质量不断改善，而且品种不断增多，一些具有特殊功能的新型材料不断涌现，如绝热材料、防火材料、吸声材料、防水抗渗材料以及耐腐蚀、防辐射材料等。

随着社会的不断进步和发展，环境保护和节能耗材的需要对建筑材料提出了更高、更多的要求，各种新型环保、节能材料层出不穷，在今后一段时间内，建筑材料将向以下几个方向发展。

1. 轻质高强

现今钢筋混凝土结构材料的自重大，限制了建筑物向高层、大跨度方向进一步发展。因此应在提高材料强度的同时减轻材料本身的自重，这是未来材料发展的主要方向。

2. 节约资源和能源

生产建筑材料所用的原材料应尽可能少用天然资源，充分利用再生资源和工农业废料，以保护自然资源和维护生态环境的平衡。建筑材料的生产能耗和建筑物的使用能耗，在国家总能耗中一般占20%～35%，研制和生产低能耗的新型节能建筑材料是构建节约型社会的需要。

3. 多功能化

利用复合技术生产多功能材料、特殊性能材料及高性能材料，这对提高建筑物的使用功能、经济性及加快施工速度等有着十分重要的作用。

4. 绿色环保

产品的设计以改善生产环境、提高生活质量为宗旨，生产出的建材产品应无毒、无污染，在产品使用过程中不能危害人体健康。大力发展绿色环保材料是未来材料发展的必然趋势。

5. 再生化

建筑材料可以再生循环和回收利用，建筑物拆除后不会造成二次污染。

0.0.3 建筑材料的相关技术标准

要对建筑材料进行现代化科学管理，必须对材料产品的各项技术要求制定统一的执行标准。建筑材料的技术标准是针对原材料和产品的质量、规格、检验方法、评定方法、应用技术等作出的技术规定。

目前，我国现行的建筑材料标准有国家标准、行业标准、地方标准和企业标准。各级标准分别由相应的标准化管理部门批准并颁布。国家标准和行业标准是全国通用标准，是国家指令性文件，各级生产、设计、施工部门必须严格遵照执行。标准的表示方法是由标准名称、部门代号、编号和批准年份等组成。例如，《通用硅酸盐水泥》（GB 175—2007）中，“通用硅酸盐水泥”为标准名称，“GB”为国家标准的代号，“175”为标准编号，“2007”为标准批准年份。

1. 国家标准

国家标准有强制性标准（代号GB）和推荐性标准（代号GB/T）。

2. 行业标准

行业标准有建材行业标准（代号JC）、建工行业标准（代号JG）、冶金行业标准（代号YB）、交通行业标准（代号JT）、建工行业工程建设标准（代号为JGJ）等。

3. 地方标准和企业标准

地方标准（代号DB）；企业标准（代号QB）。地方标准或企业标准所制定的技术要求应高于国家标准。

另外，我国是国际标准化协会成员国，为了便于与世界各国进行科学技术交流，我国各项技术标准都正在向国际标准靠拢。常常涉及的一些与土木工程材料关系密切的国际或国外标准主要有：在世界范围内统一执行的标准称为国际标准（代号ISO）；美国材料与试验协会标准（代号ASTM）、德国工业标准（代号DIN）、英国标准（代号BS）等。

0.0.4 本课程的内容和任务

本课程是土建类专业中的一门重要的专业基础课，主要介绍了建筑材料基本性质，常用的建筑与装饰材料的生产、组成、技术要求、性质、应用及储存等，最后讲述了常用建筑材料的试验方法和材料质量的评定。本课程是一门理论性和实践性都较强的课程，涉及的知识面较广。学习中在突出建筑材料的性质与应用这一主线的前提下，特别要注意对材料的标准、选用、检验、验收和储存等施工现场常遇问题的解决。

通过本课程的学习，使学生获得建筑与装饰材料的基本知识，认识并了解材料，为后续课程的学习打下坚实的基础。通过学习建筑与装饰材料课程也能够使学生在今后的工作中根据实际情况正确选择、鉴别、管理、使用材料。

单元一　建筑与装饰材料的基本性质

学习目标：

1. 掌握材料的密度、表观密度、堆积密度、孔隙率和空隙率的概念及计算。
2. 掌握材料与水有关的性质、热工性质、力学性能及耐久性。
3. 了解材料孔隙率和孔隙特征对材料性能的影响。

构成建筑物的建筑材料在使用过程中要受到各种因素的作用，例如用于各种受力结构的材料要受到各种外力的作用；用于建筑物不同部位的材料还可能受到风吹、日晒、雨淋、温度变化、冻融循环、磨损、化学腐蚀等作用。为了使建筑物和构筑物安全、适用、耐久、经济，在工程设计和施工中，必须充分地了解和掌握各种材料的性质和特点，以便正确、合理地选择和使用建筑材料。

本单元所讲述的材料基本性质，是指材料处于不同的使用条件和使用环境时，必须考虑的最基本的、共有的性质。对于不同种类的材料，由于在建筑物中所起的作用不同，应考虑的基本性质也不尽相同。

任务一　材料的基本物理性质

1.1.1　材料的密度、表观密度与堆积密度

1. 密度

密度是指材料在绝对密实状态下，单位体积的质量。按下式计算：

$$\rho=\frac{m}{V}$$

式中　ρ——密度，g/cm^3；

m——材料的质量，g；

V——材料在绝对密实状态下的体积，cm^3。

绝对密实状态下的体积是指不包括孔隙在内的体积。除了钢材、玻璃等少数材料外，绝大多数材料都有一些孔隙。测定有孔隙材料的密度时，应将材料磨成细粉，干燥后，用李氏瓶测定其体积。砖、石材等都用这种方法测定其密度。

建筑工程中，砂、石等材料内部有些与外部不连通的孔隙，使用时既无法排除，又没有物质进入，在密度测定时，直接以块状材料为试样，以排液置换法测量其体积，近似作为其绝对密实状态的体积，并按上述公式计算，这时所求得的密度称为近似密度（ρ_a）。

2. 表观密度

表观密度是指材料在自然状态下，单位体积的质量。按下式计算：

$$\rho_0=\frac{m}{V_0}$$

式中　ρ_0——表观密度，g/cm^3或kg/m^3；

m——材料的质量，g或kg；

V_0——材料在自然状态下的体积，或称表观体积，cm^3或m^3。

材料的表观体积是指包含内部孔隙的体积。当材料内部孔隙含水时，其质量和体积均将变化，故测定材料的表观密度时，应注意其含水情况。一般情况下，表观密度是指气干状态下的表观密度；而在烘干状态下的表观密度，称为干表观密度。

3. 堆积密度

堆积密度是指粉状或粒状材料，在堆积状态下，单位体积的质量。按下式计算：

$$\rho'_0=\frac{m}{V'_0}$$

式中　ρ'_0——堆积密度，kg/m^3；

m——材料的质量，kg；

V'_0——材料的堆积体积，m^3。

测定散粒材料的堆积密度时，材料的质量是指填充在一定容器内的材料质量，其堆积体积是指所用容器的体积，因此，材料的堆积体积包含了颗粒之间的空隙。

在建筑工程中，计算材料的用量、构件的自重、配料计算以及确定材料的堆放空间时，经常需用到密度、表观密度和堆积密度等数据。常用建筑材料的密度、表观密度和堆积密度见表1-1。

表1-1　常用建筑材料的密度、表观密度和堆积密度

材料名称	密度（g/cm^3）	表观密度（kg/m^3）	堆积密度（kg/m^3）
建筑钢材	7.85	7850	—
普通混凝土	—	2100～2600	—
烧结普通砖	2.50～2.70	1600～1900	—
花岗岩	2.70～3.0	2500～2900	—
碎石（石灰岩）	2.48～2.76	2300～2700	1400～1700
砂	2.50～2.60	—	1450～1650
粉煤灰	1.95～2.40	—	550～800
木材	1.55～1.60	400～800	—
水泥	2.8～3.1	—	1200～1300
普通玻璃	2.45～2.55	2450～2550	—
铝合金	2.7～2.9	2700～2900	—

1.1.2　材料的密实度与孔隙率

1. 密实度

密实度是指材料体积内被固体物质充实的程度，以D表示。按下式计算：

$$D=\frac{V}{V_0}\times100\%\text{或}D=\frac{\rho_0}{\rho}\times100\%$$

2. 孔隙率

孔隙率是指在材料体积内，孔隙体积所占的比例，以 P 表示。按下式计算：

$$P=\frac{V_0-V}{V_0}=1-\frac{V}{V_0}=\left(1-\frac{\rho_0}{\rho}\right)\times100\%$$

材料的密实度和孔隙率之和等于 1，即 $D+P=1$。

孔隙率的大小直接反映了材料的致密程度。孔隙率越小，说明材料越密实。材料内部孔隙可分为连通孔隙和封闭孔隙两种构造。连通孔隙不仅彼此连通而且与外界相通，封闭孔隙不仅彼此封闭而且与外界相隔绝。孔隙按其孔径尺寸大小可分为细小孔隙和粗大孔隙。材料的许多性能（如强度、吸水性、吸湿性、耐水性、抗渗性、抗冻性、导热性等）都与孔隙率的大小和孔隙特征有关。

1.1.3 材料的填充率与空隙率

1. 填充率

填充率是指散粒材料在堆积体积中被其颗粒所填充的程度，以 D'表示。按下式计算：

$$D'=\frac{V_0}{V'_0}\times100\%\text{或}D'=\frac{\rho'_0}{\rho_0}\times100\%$$

2. 空隙率

空隙率是指散粒材料在堆积体积中，颗粒之间的空隙所占的比例，以 P'表示。按下式计算：

$$P'=\frac{V'_0-V_0}{V'_0}=1-\frac{V_0}{V'_0}=\left(1-\frac{\rho'_0}{\rho_0}\right)\times100\%$$

空隙率的大小反映了散粒材料的颗粒之间互相填充的致密程度。空隙率可作为控制混凝土骨料级配及计算砂率的依据。

1.1.4 材料与水有关的性质

1. 材料的亲水性与憎水性

当材料与水接触时，有些材料能被水润湿，有些材料则不能被水润湿。前者称材料具有亲水性，后者称材料具有憎水性。

材料的亲水性与憎水性可用润湿角（θ）来说明，如图 1-1 所示。润湿角（θ）是在材料、水、空气三相的交点处，沿水滴表面的切线与水和固体的接触面之间的夹角。一般认为，当润湿角 $\theta\leqslant90°$时，水分子之间的内聚力小于水分子与材料表面分子之间的相互吸引力，此种材料称为亲水性材料，如图 1-1（a）所示。θ 角越小，水分越容易被材料表面吸附，说明材料被水润湿的程度越高，即材料的润湿性越好，如混凝土、石料、砖、木材等。润湿角 $\theta>90°$时，水分子之间的内聚力大于水分子与材料表面分子之间的吸引力，材料表面不会被水润湿，此种材料称为憎水性材料。如图 1-1（b）所示，如沥青、防水卷材、塑料等，这些憎水性材料常用作防水、防潮材料，也可用作亲水性材料的表面处理，以提高其耐久性，比如用沥青涂刷混凝土的表面，来提高混凝土的耐水性和耐蚀性等。

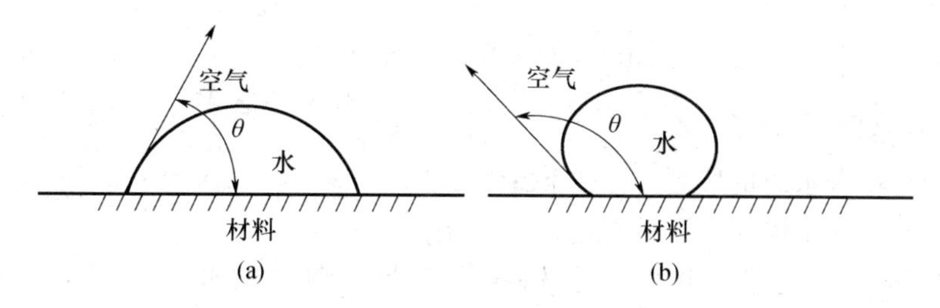

图 1-1　材料的湿润示意图

(a) 亲水性材料；(b) 憎水性材料

2. 材料的吸水性

材料在水中吸收水分的性质称为吸水性。吸水性的大小用吸水率表示，吸水率有两种表示方法：质量吸水率（$W_{质}$）和体积吸水率（$W_{体}$）。

(1) 质量吸水率

质量吸水率是指材料吸水饱和时，其所吸收水分的质量占材料干燥时质量的百分率，按下式计算：

$$W_{质}=\frac{m_{饱}-m_{干}}{m_{干}}\times 100\%$$

式中　$W_{质}$——材料的质量吸水率，%；

$m_{饱}$——材料在吸水饱和状态下的质量，g 或 kg；

$m_{干}$——材料在干燥状态下的质量，g 或 kg。

(2) 体积吸水率

体积吸水率是指材料吸水饱和时，吸入水分的体积占干燥材料自然体积的百分率，按下式计算：

$$W_{体}=\frac{V_{水}}{V_0}\times 100\%=\frac{m_{饱}-m_{干}}{V_0}\times\frac{1}{\rho_{水}}\times 100\%$$

式中　$W_{体}$——材料的体积吸水率，%；

$m_{饱}$——材料在吸水饱和状态下的质量，g 或 kg；

$m_{干}$——材料在干燥状态下的质量，g 或 kg；

V_0——干燥材料在自然状态下的体积，cm^3；

$\rho_{水}$——水的密度，g/cm^3，常温下取 $\rho_{水}=1.0g/cm^3$。

材料吸水性的大小，主要取决于材料孔隙特征。封闭孔隙水分不易渗入，粗大孔隙水分只能润湿表面而不易在孔内存留，故在相同孔隙率的情况下，材料内部的封闭孔隙、粗大孔隙越多，吸水率越小；材料内部细小孔隙、连通孔隙越多，吸水率越大。

在建筑材料中，多数情况下采用质量吸水率来表示材料的吸水性。由于孔隙结构的不同，各种材料的吸水率相差很大。如花岗岩等致密岩石的吸水率仅为 0.5%～0.7%，普通混凝土的吸水率为 2%～3%，黏土砖的吸水率为 8%～20%，而木材或其他轻质材料的质量吸水率甚至高达 100%。

3. 材料的吸湿性

材料在潮湿的空气中吸收水分的性质，称为吸湿性。吸湿性的大小用含水率（$W_{含}$）表示，按下式计算：

$$W_{含}=\frac{m_{含}-m_{干}}{m_{干}}\times 100\%$$

式中 $W_{含}$——材料的含水率，%；

$m_{含}$——材料含水时的质量，g 或 kg；

$m_{干}$——材料在干燥状态下的质量，g 或 kg。

吸湿作用一般是可逆的，也就是说材料既可吸收空气中的水分，又可向空气中释放水分。材料与空气湿度达到平衡时的含水率称为平衡含水率。

材料含水率的大小，除与材料本身特性有关外，还与周围环境的温度和湿度有关。一般材料孔隙率越大，材料内部细小孔隙、连通孔隙越多，材料的含水率越大；周围环境温度越低，相对湿度越大，材料的含水率也越大。

材料吸水或吸湿后，质量增加，保温隔热性下降，强度、耐久性降低，体积发生变化，都对工程产生不利影响。例如，木制门窗在潮湿环境中往往不易开关，就是由于木材吸湿膨胀而引起的。保温材料如果吸收水分后，会大大降低保温效果，故对保温材料应采取有效的防潮措施。

4. 材料的耐水性

材料长期在饱和水作用下不破坏其强度也不显著降低的性质称为耐水性。材料的耐水性用软化系数表示，按下式计算：

$$K_{软}=\frac{f_{饱}}{f_{干}}$$

式中 $K_{软}$——材料的软化系数；

$f_{饱}$——材料在吸水饱和状态下的抗压强度，MPa；

$f_{干}$——材料在干燥状态下的抗压强度，MPa。

软化系数一般在 0～1 间波动，其值越大，说明材料耐水性越好。其值越小，说明材料吸水饱和后的强度降低越多，其耐水性就越差。例如，花岗岩长期在水中浸泡，强度将下降 3%以上。普通黏土砖、木材等与水接触后，所受影响则更大。通常将软化系数大于 0.85 的材料称为耐水性材料，耐水性材料可以用于水中和潮湿环境中的重要结构；用于受潮较轻或次要结构时，材料的软化系数也不宜小于 0.75。

5. 材料的抗渗性

材料抵抗压力水（也可指其他液体）渗透的性质称为抗渗性。材料抗渗性的大小用渗透系数或抗渗等级表示。

（1）渗透系数

$$K=\frac{Qd}{AtH}$$

式中 K——材料的渗透系数，cm/h；

Q——时间 t 内的渗水总量，cm^3；

d——试件的厚度，cm；

A——材料垂直于渗水方向的渗水面积，cm^2；

t——渗水时间，h；

H——材料两侧的水压差，cm。

在建筑材料中，一些防水、防潮材料的抗渗性用渗透系数 K 表示。渗透系数 K 越小，抗渗性也越好。

（2）抗渗等级

对于砂浆、混凝土等材料，常用抗渗等级来表示抗渗性。抗渗等级是以规定的试件在标准试验条件下所能承受的最大水压力来确定。抗渗等级以符号“P”和材料可承受的水压力值（以 0.1MPa 为单位）来表示，如混凝土的抗渗等级为 P4、P6、P8、P12，表示分别能够承受 0.4MPa、0.6MPa、0.8MPa、1.2MPa 的水压而不渗水。材料的抗渗等级越高，其抗渗性越强。

材料抗渗性的好坏与材料的孔隙率和孔隙特征有关，孔隙率小且封闭孔隙多的材料，其抗渗性就好。良好的抗渗性是防水材料、地下建筑及水工构筑物所用材料必须具备的基本性质之一。

6. 材料的抗冻性

材料的抗冻性是指材料在吸水饱和状态下，能经受多次冻融循环作用而不破坏、同时也不严重降低强度的性质。

材料受冻融破坏的原因主要是因其孔隙中的水结冰所致。水结冰时体积约增大 9%，对孔壁产生很大的冻胀应力，当此应力超过材料的抗拉强度时，孔壁将产生局部开裂。随着冻融循环次数的增多，材料破坏加重。材料的抗冻性用抗冻等级表示。抗冻等级是以试件在吸水饱和状态下，经冻融循环作用，质量损失和强度下降均不超过规定数值的最大冻融循环次数来表示。如：F50、F100、F150。

材料的抗冻性主要与孔隙率、孔隙特性、抵抗胀裂的强度等有关，工程中常从这些方面改善材料的抗冻性。

1.1.5　材料的热工性能

1. 导热性

材料传导热量的能力称为导热性。导热性的大小以热导率（λ）表示，热导率（λ）的物理意义是：当材料两侧的温差为 1K 时，在单位时间（1h）内，通过单位面积（$1m^2$），并透过单位厚度（1m）的材料所传导的热量。热导率的计算公式如下：

$$\lambda=\frac{Qa}{At(T_2-T_1)}$$

式中　λ——材料的热导率，W/(m·K)；

Q——传导的热量，J；

a——材料厚度，m；

A——材料的传热面积，m^2；

t——传热时间，h；

T_2-T_1——材料两侧温度差，K。

材料的热导率越大，传导的热量就越多；反之，热导率越小，材料的保温隔热性能越好，节能效果越显著。各种建筑材料的热导率差别很大，大致在 0.035～3.5W/(m·K) 之间。

材料的热导率与其孔隙率、内部的孔隙构造有关。材料的孔隙率越大，热导率越小。这是由于材料的热导率大小取决于固体物质的热导率和孔隙中空气的热导率，而空气的热导率很小，仅为0.023W/(m·K)。因此孔隙率大小对材料的热导率起着重要的作用。大多数保温材料均为多孔材料。材料孔隙率一定时，随着开口孔和粗孔的增多，材料的热导率也会增高，其原因是受对流作用的影响。材料受潮或受冻后，其热导率会大大提高，这是由于水和冰的热导率较空气高很多，分别为0.58W/(m·K) 和2.20W/(m·K)。因此，绝热材料应注意防潮，使其保持干燥状态，以利于材料发挥绝热效果。

2. 热容量

材料的热容量是指材料受热时吸收热量或冷却时放出热量的能力。热容量的大小用比热容表示。比热容指1g材料温度升高1K所吸收的热量，或温度降低1K所放出的热量。比热容的计算公式如下：

$$c=\frac{Q}{m(T_2-T_1)}$$

式中 c——材料的比热容，J/(g·K)；

Q——材料吸收或放出的热量，J；

m——材料的质量，g；

T_2-T_1——材料升温或降温前后的温度差，K。

比热容大的材料，本身能吸入或储存较多的热量。采用比热容大的材料做围护结构，能在热流变动或采暖设备供热不均匀时缓和室内的温度波动，对于保持室内温度稳定有良好的作用，并能减少能耗。

材料的热导率和比热容是设计建筑物围护结构，进行热工计算的重要参数，应采用热导率小、比热容大的材料，这对于维护室内温度稳定，减少热损失，节约能源起着重要的作用。常用建筑材料的热工性质指标见表1-2。

表1-2　常用建筑材料的热工性质指标

材料	热导率 [W/(m·K)]	比热容 [J/(g·K)]
铜	370	0.38
钢	58	0.46
花岗岩	2.90	0.80
普通混凝土	1.80	0.88
普通黏土砖	0.57	0.84
松木顺纹	0.35	2.50
泡沫塑料	0.03	1.70
水	0.58	4.20
冰	2.20	2.05
密闭空气	0.023	1.00
石膏板	0.30	1.10
绝热纤维板	0.05	1.46

任务二　材料的力学性质

1.2.1　材料的强度、强度等级与比强度

1. 材料的强度

材料在外力（荷载）作用下抵抗破坏的能力称为强度。当材料承受外力作用时，内部产生应力，随着外力增大，内部应力也相应增大。直到材料不能够再承受时，材料即破坏，此时材料所承受的极限应力值就是材料的强度。

根据所受外力的作用方式不同，材料强度分为抗压强度、抗拉强度、抗弯强度及抗剪强度等，如图 1-2 所示。

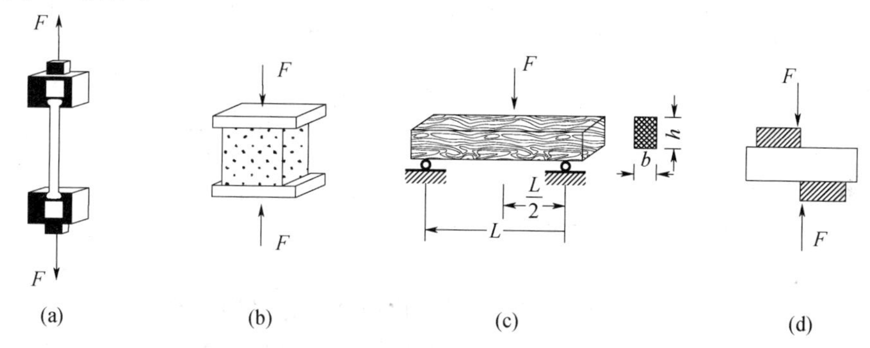

图 1-2　材料承受各种外力示意图

(a) 抗拉；(b) 抗压；(c) 抗弯；(d) 抗剪

材料的抗压强度、抗拉强度、抗剪强度按下式计算：

$$f=\frac{F_{\max}}{A}$$

式中　f——材料的强度，MPa；

$F_{\max}$——材料能承受的最大荷载，N；

A——材料的受力截面面积，mm^2。

材料的抗弯强度（也称抗折强度）与材料受力情况有关。试验时将试件放在两支点上，中间作用一集中荷载，对矩形截面试件，抗弯强度按下式计算：

$$f_m=\frac{3F_{\max}L}{2bh^2}$$

式中　f_m——材料的抗弯强度，MPa；

$F_{\max}$——弯曲破坏时的最大荷载，N；

L——两支点间的距离，mm；

b、h——分别为试件横截面的宽度和高度，mm。

材料的强度与其组成、结构构造有关。一般材料的孔隙率越大，材料强度越小。材料的强度还与试验条件有关，如试件的形状、尺寸、表面状态和含水率、试验环境的温度、加荷速度、试验设备的精确度以及试验人员的技术水平等。为了使试验结果比较准确，具有可比性，国家规定了各种材料强度的标准试验方法。

不同种类的材料具有不同的抵抗外力的特点，如砖、石材、混凝土等非匀质材料的抗压强度较高，而抗拉强度和抗折强度却很低，因此多用于房屋的墙体、基础等承受压力的部位；如钢材为匀质的晶体材料，其抗拉强度和抗压强度都很高，适用于承受各种外力的结构和构件。常用建筑材料的强度值见表 1-3。

2. 强度等级

建筑材料常根据其强度的大小划分若干强度等级，如硅酸盐水泥按 3d、28d 抗压、抗折强度值划分为 42.5、52.5、62.5 等强度等级。强度值与强度等级不能混淆，强度值是表示材料力学性质的指标，强度等级是根据强度值划分的级别。将建筑材料划分为若干个强度等级，对掌握材料性能、合理的选用材料、正确进行设计与控制工程质量都是非常重要的。

表 1-3　常用建筑材料的强度值

材料名称	抗压强度（MPa）	抗拉强度（MPa）	抗弯强度（MPa）	抗剪强度（MPa）
钢材	215～1600	215～1600	215～1600	200～355
普通混凝土	10～100	1～8	—	2.5～3.5
烧结普通砖	7.5～30	—	1.8～4.0	1.8～4.0
花岗岩	100～250	5～8	10～14	13～19
松木（顺纹）	30～50	80～120	60～100	6.3～6.9

3. 比强度

结构材料在土木工程中的主要作用是承受结构荷载，建（构）筑物中，一大部分的承载能力用于承受材料本身的自重。因此，提高材料的强度减轻材料本身的自重十分的重要，这就要求材料应具备轻质高强的特点。

反映材料轻质高强的力学参数是比强度，所谓比强度是按单位质量计算的材料的强度，其值等于材料的强度与其表观密度之比。在高层建筑及大跨度结构工程中常采用比强度较高的材料。这类轻质高强的材料，是未来建筑材料发展的主要方向。几种常用材料的参考比强度值见表 1-4。

表 1-4　几种常用材料的参考比强度值

材料（受力状态）	强度（MPa）	表观密度（kg/m^3）	比强度
玻璃钢（抗弯）	450	2000	0.225
低碳钢（抗拉）	420	7850	0.054
铝材（抗压）	170	2700	0.063
铝合金（抗压）	450	2800	0.160
花岗岩（抗压）	175	2550	0.069
石灰岩（抗压）	140	2500	0.056
松木（抗压）	10	500	0.200
普通混凝土（抗压）	40	2400	0.017
烧结普通砖（抗压）	10	1700	0.006

1.2.2　材料的弹性与塑性

材料在外力作用下产生变形，当外力除去后变形随即消失，完全恢复原来形状的性质称为弹性。这种可完全恢复的变形称为弹性变形。

材料在外力作用下，当应力超过一定限值时产生显著变形，且不产生裂缝或发生断裂，外力取消后，仍保持变形后的形状和尺寸的性质称为塑性。这种不能恢复的变形称为塑性变形。

实际上，完全的弹性材料或完全的塑性材料是不存在的，大多数材料的变形既有弹性变形，也有塑性变形。例如低碳钢在受力过程中，在受力不大的情况下，仅产生弹性变形；当受力超过一定限度后产生塑性变形。而混凝土在受力时弹性变形和塑性变形同时产生。

1.2.3　材料的脆性与韧性

当外力作用达到一定限度后，材料突然破坏且破坏时无明显的塑性变形，材料的这种性质称为脆性。具有这种性质的材料称为脆性材料，如石材、混凝土、陶瓷、砖、玻璃等。脆性材料的特点是抗压强度很高，破坏时无任何征兆，具有突发性，抵抗变形或冲击振动荷载的能力差。

在冲击、振动荷载作用下，材料能够吸收较大的能量，不发生破坏的性质，称为韧性。具有这种性质的材料称为韧性材料，如木材、建筑钢材、橡胶等。韧性材料的特点是塑性变形大，受力时产生的抗拉强度接近或高于抗压强度，破坏前有明显征兆，韧性材料抵抗冲击荷载和振动作用的能力强，可用于桥梁、吊车梁等承受冲击荷载的结构和有抗震要求的结构。

任务三　材料的耐久性与环境协调性

1.3.1　耐久性

材料在使用过程中，能抵抗周围各种介质的侵蚀而不破坏，也不失去其原有性能的性质，称为耐久性。

材料在使用过程中，会受到周围环境中各种因素的破坏作用，如温度、湿度及冻融变化等物理作用，会使材料体积发生胀缩，长期或反复作用会使材料逐渐破坏；材料长期与酸、碱、盐或其他有害气体接触，会发生腐蚀、碳化、老化等化学作用而逐渐丧失使用功能。木材等天然纤维材料会由于自然界中的虫、菌的长期作用下使材料发生虫蛀、腐朽而破坏。由于各种破坏因素的复杂性和多样性，使得耐久性是材料的一项综合性质。通常包括抗冻性、抗腐蚀性、抗渗性、抗风化性等各方面的内容。因此，材料的耐久性无法用统一的指标去衡量，应根据材料的种类及建筑物所处环境提出不同耐久性的要求，如处于冻融环境的工程，要求材料应有良好的抗冻性；水工建筑物所用的材料应有良好的抗渗性及耐化学腐蚀性。

为了提高材料的耐久性，延长建筑物的使用寿命，降低维修费用，可依据材料使用情况及特点采取相应的措施。如提高材料本身对外界作用的抵抗力，改善环境条件以减轻对材料的破坏，也可用其他材料保护主体材料免受破坏。

1.3.2　环境协调性

材料的环境协调性是指材料的生产满足最少资源和能源消耗，生产和使用能做到最小或无环境污染，达到最佳使用性能，能够多次循环再利用的性能。建筑材料的大量生产和使用，为人类带来越来越多物质享受的同时，也加快了资源、能源的消耗及环境的污染，因此，建筑材料的环境协调问题也日益受到重视。

研究开发环境协调性建筑材料，是21世纪建筑材料发展的重要课题，是实现社会可持续发展的必然要求。例如，利用工业废料、建筑垃圾等生产各种材料，研制新型保温隔热材料、绿色装饰装修材料、新型墙体材料、自密实混凝土以及高强度、高性能、高耐久性材料等。

单元小结

本单元共分三个任务，材料的基本物理性质、材料的力学性质以及材料的耐久性与环境协调性。材料的基本物理性质主要介绍了材料的密度、表观密度、堆积密度、密实度、孔隙率、填充率、空隙率、材料的亲水性与憎水性、吸水性、吸湿性、耐水性、抗渗性、抗冻性、导热性、热容量。材料的力学性质介绍了材料的强度、强度等级、比强度、弹性、塑性、脆性与韧性。任务三主要介绍了材料的耐久性及环境协调性。了解和掌握这些性质对认识、研究和应用建筑材料具有重要的意义。

单元思考题

1. 何谓材料的密度、表观密度和堆积密度？如何计算？

2. 何谓材料的吸水性和吸湿性？各用什么指标表示？

3. 何谓材料的耐水性？用什么指标表示？

4. 材料的孔隙率与孔隙特征对材料的表观密度、强度、吸水、抗渗及保湿性能有何影响？

5. 何谓材料的强度？根据外力作用方式不同各种强度如何计算？

6. 何谓材料的耐久性？

7. 某一块材料，干燥状态下的质量为120g，自然状态下的体积为$49cm^3$，绝对密实状态下的体积为$42cm^3$，试计算其密度、表观密度和孔隙率。

单元二　建 筑 石 材

学习目标：

1. 掌握天然岩石的分类及主要技术性质。

2. 熟悉毛石及料石的应用。

3. 熟悉装饰用石材的主要性能、特点及应用。

石材是一种具有悠久历史的建筑材料。石材作为结构材料，具有较高的强度、硬度和耐磨、耐久等优良性能，因此在工业和民用建筑中可使用石材作基础、墙体、梁柱等；由于石材还具有美观、高雅的特点，因此也广泛地应用于装饰工程。人民英雄纪念碑、人民大会堂、中国历史博物馆等都采用优质石材取得了很好的艺术效果。因为石材本身存在着质量大、抗拉和抗弯强度小、连接困难等缺点，故自从钢筋混凝土应用以来，石材很少作为结构材料使用，多用作装饰材料和混凝土的骨料。此外某些石材也可作为胶凝材料的原料或水泥混合料。

任务一　岩石的基本知识

建筑石材有天然石材和人造石材两大类。由天然岩石开采的，经过或不经过加工而制得的材料，称为天然石材。人造石材是利用各种方法加工制造的具有类似天然石材性质、纹理和质感的合成材料，例如人造大理石、花岗石等。

2.1.1　天然岩石

1. 造岩矿物

组成岩石的矿物称为造岩矿物。大多数岩石是由多种造岩矿物组成的，由于其各种矿物的含量、颗粒结构均有差异，因而颜色、强度、耐久性等也有差异。造岩矿物的性质及其含量决定岩石的性质。主要造岩矿物有石英、长石、角闪石、辉石、橄榄石、方解石、白云石、黄铁矿、云母。

（1）石英

石英是二氧化硅（SiO_2）晶体的总称。无色透明至乳白色，密度为 2.65g/cm^3，莫氏硬度为 7，非常坚硬，强度高，化学稳定性及耐久性高。但受热时（573℃以上）因晶型转变会产生裂缝，甚至松散。

（2）长石

长石为钾、钠、钙等的铝硅酸盐晶体。密度为 2.5～2.7g/cm^3，莫氏硬度为 6。坚硬、强度高、耐久性高，但低于石英，具有白、灰、红、青等多种颜色。长石是火成岩中最多的造岩矿物，约占总量的 2/3。

（3）角闪石、辉石、橄榄石

角闪石、辉石、橄榄石为铁、镁、钙等硅酸盐的晶体。密度为 3～3.6g/cm^3，莫氏硬度为5～7，强度高、韧性好、耐久性好。具有多种颜色，但均为暗色，故也称暗色矿物。

（4）方解石

方解石为碳酸钙晶体（$CaCO_3$）。白色，密度为2.7g/cm^3，莫氏硬度为3。强度较高、耐久性次于上述矿物，遇酸后分解。

（5）白云石

白云石为碳酸钙和碳酸镁的复盐晶体（$CaCO_3 \cdot MgCO_3$）。白色，密度为2.9g/cm^3，莫氏硬度为4。强度、耐酸腐蚀性及耐久性略高于方解石，遇酸时分解。

（6）黄铁矿

黄铁矿为二硫化铁晶体（FeS_2）。金黄色，密度为5g/cm^3，莫氏硬度为6～7。耐久性差，遇水和氧生成游离硫酸，且体积膨胀，并产生锈迹。黄铁矿为岩石中的有害矿物。

（7）云母

云母是云母族矿物的总称，为片状的含水复杂硅铝酸盐晶体。密度为2.7～3.1g/cm^3，莫氏硬度为2～3。具有极完全解理（矿物在外力等作用下，沿一定的结晶方向易裂成光滑平面的性质称为解理，裂成的平面称为解理面），易裂成薄片，玻璃光泽，耐久性差，具有无色透明、白色、绿色、黄色、黑色等多种颜色。云母的主要种类为白云母和黑云母，后者易风化，为岩石中的有害矿物。

2. 岩石的种类及技术性质

1）岩石的种类

天然石材来自岩石，岩石是由各种不同地质作用所形成的天然固态矿物的集合体。天然石材根据生成条件，按地质分类法可分为岩浆岩、沉积岩、变质岩三大类。

（1）岩浆岩

岩浆岩又称火成岩。它是地壳深处的熔融岩浆上升到地表附近或喷出地表经冷凝而成。岩浆岩是组成地壳的主要岩石，占地壳总量的89%，按其化学成分分为以硅、铝为主的酸性、中性，以钙、镁为主的基性及超基性岩石。一般认为，二氧化硅含量66%以上属于酸性，如花岗岩、流纹岩等；二氧化硅含量52%～66%属于中性岩石，如正长岩、闪长岩、安山岩；二氧化硅含量52%以下的属于碱性岩石，如辉长岩、玄武岩、辉岩、橄榄岩等，一般情况下，火成岩中颜色深、石质重的为碱性，颜色浅、石质轻的为酸性岩石。

（2）沉积岩

沉积岩又称水成岩。它是由露出地表的各种岩石经自然风化、风力搬迁、流水冲移和冰川搬运等作用后再沉淀堆积，在地表及离地表不太深处形成的岩石。它分为机械沉积岩（如砂岩）、生物沉积岩（如石灰岩）和化学沉积岩（如菱镁矿、石膏岩）等三种。其中石灰岩是用途最广、用量最大的岩石，它不仅是制造石灰和水泥的主要原料，而且是普通混凝土常用的骨料。石灰岩还可砌筑基础、勒脚、墙体、柱、挡土墙等。

（3）变质岩

变质岩由岩浆岩或沉积岩结构在地壳运动过程中发生结构变化而形成的。它可分片状的和块状的等。片状的主要有片麻岩和千枚岩；块状的主要有石英岩和大理岩等。

2）岩石的技术性质

（1）物理性质

① 表观密度

天然石材按其表观密度大小，可分为重石和轻石两类。表观密度大于 1800kg/m³ 的为重石，主要用于建筑的基础、贴面、地面、路面、房屋外墙、挡土墙、桥梁以及水工构筑物等；表观密度小于 1800kg/m³ 的为轻石，主要用作墙体材料，如采暖房屋外墙等。

天然石材的表观密度与矿物组成、孔隙率、含水率等有关。致密的石材，如花岗岩、大理石等，其表观密度约为 2500～3100kg/m³；而孔隙率较大的火山灰、浮石等，其表观密度约为 500～1700kg/m³。石材的表观密度越大，其结构越致密，抗压强度越高，吸水率越小，耐久性越好，导热性也越好。

② 吸水性

吸水率低于 1.5%的岩石称为低吸水性岩石，介于 1.5%～3.0%的称为中吸水性岩石，高于 3.0%的称为高吸水性岩石。石材的吸水性主要与其孔隙率及孔隙特征有关。深成岩以及许多变质岩孔隙率都很小，因而吸水率也很小。例如花岗岩的吸水率通常小于 0.5%。沉积岩由于形成条件的不同，胶结情况和密实程度亦不同，因而孔隙率与孔隙特征的变化很大，其吸水率的波动也很大。例如致密的石灰岩，吸水率可小于 1%；而多孔贝壳石灰岩，吸水率高达 15%。

石材的吸水性对其强度与耐水性有很大影响。石材吸水后，会降低颗粒之间的粘结力，从而使强度降低，抗冻性变差，导热性增加，耐水性和耐久性下降。

③ 耐水性

石材的耐水性用软化系数表示。根据软化系数的大小，石材可分为高、中和低耐水性三等，$K_{软}>0.90$ 的石材为高耐水性石材，$K_{软}=0.70\sim0.90$ 为中耐水性石材，$K_{软}=0.60\sim0.70$ 为低耐水性石材。

④ 抗冻性

石材抵抗冻融破坏的能力，是衡量石材耐久性的重要指标。其值用石材在水饱和状态下按规范要求所能经受的冻融循环次数表示，先将石材在－15℃的温度下冻结后，再在 20℃的水中融化，这样的过程为一次冻融循环。能经受的冻融循环次数越多，则抗冻性越好。一般室外工程饰面石材的抗冻循环应大于 25 次。石材抗冻性与吸水性有密切的关系，吸水率大的石材其抗冻性也差。根据经验吸水率小于 0.5%的石材，认为是抗冻的，可不进行抗冻试验。

⑤ 耐热性

石材的耐热性与其化学成分及矿物组成有关。如含有石膏的石材，在 100℃以上时就开始破坏；含有碳酸镁的石材，温度高于 725℃会发生破坏；含有碳酸钙的石材，温度达 827℃时开始破坏。石材经高温后，由于热胀冷缩、体积变化而产生内应力或因组成矿物发生分解和变异等导致结构破坏。如由石英和其他矿物所组成的结晶石材，像花岗岩等，当温度达到 700℃以上时，由于石英受热发生膨胀，强度迅速下降。

2）力学性质

① 抗压强度

石材的强度等级是按抗压强度来划分的，用于砌体等的石材的抗压强度采用边长为 70mm 的标准立方体试块进行测试，并以三个试件抗压破坏强度的平均值表示。根据《砌体结构设计规范》（GB 50003—2011）的规定，石材共分为七个强度等级：MU100、MU80、MU60、MU50、MU40、MU30、MU20。抗压试件也可采用表 2-1 所列各种边长尺寸的立方体，但应对其试验结果乘以相应的换算系数。

表 2-1　石材强度等级的换算系数

立方体边长（mm）	200	150	100	70	50
换算系数	1.43	1.28	1.14	1	0.86

② 冲击韧性

天然岩石的抗拉强度比抗压强度小得多，约为抗压强度的 1/10～1/20，是典型的脆性材料。这是石材与金属材料和木材相区别的重要特征。是限制其使用范围的重要原因。

岩石的冲击韧性决定于其矿物组成与结构。石英岩、硅质砂岩有很高的脆性，含暗色矿物较多的辉长岩、辉绿岩等具有相对较好的韧性。通常，晶体结构的岩石较非晶体结构的岩石韧性好。

③ 硬度

它取决于石材的矿物组成硬度与构造。由致密、坚硬矿物组成的石材，其硬度较高；结晶质结构硬度高于玻璃质结构；构造紧密的岩石硬度较高。岩石的硬度与抗压强度相关性很大，一般抗压强度低的硬度也小。岩石的硬度以莫氏硬度表示。

④ 耐磨性

石材的耐磨性可用磨耗率表示。石材的耐磨性是指它抵抗撞击、边缘剪力和摩擦的联合作用的能力。石料的耐磨性取决于其矿物组成、结构及构造。

（3）工艺性质

石材的工艺性质，主要指其开采和加工过程的难易程度及可能性，包括加工性、磨光性与抗钻性。

① 加工性

石材的加工性，主要是指对岩石开采、锯解、切割、凿琢、磨光和抛光等加工工艺的难易程度。凡强度、硬度、韧性较高的石材，不易加工；质脆而粗糙，有颗粒交错结构，含有层状或片状构造。以及业已风化的岩石，都难以满足加工要求。

② 磨光性

指石材能否磨成平整光滑表面的性质。致密、均匀、细粒的岩石，一般都有良好的磨光性，可以磨成光滑亮洁的表面。疏松多孔、有鳞片状构造的岩石，磨光性不好。

③ 抗钻性

指石材钻孔时的难易程度。影响抗钻性的因素很多，主要与石材的强度、硬度有关。一般石材的强度越高、硬度越大，越不易钻孔。

2.1.2　人造石材

人造石材是用无机或有机胶结料、矿物质原料及各种外加剂配制而成。例如以大理石、花岗岩碎料、石英砂、石渣等为骨料，树脂或水泥等为胶结料，经拌合、成型、聚合或养护以后，研磨抛光、切割而成的人造花岗石、大理石和水磨石等。它们具有天然石材的花纹、质感和装饰效果，而且花色、品种、形状等多样化，兼具质量轻、强度高、耐腐蚀、污染小、施工方便等优点。目前常用的人造石材有以下四类：

1. 水泥型人造石材

以白色、彩色水泥或硅酸盐、铝酸盐水泥或石灰磨细砂为胶结料，砂为细骨料，碎大理石、花岗石或工业废渣等为粗骨料，必要时再加入适量的耐碱颜料，经配料、搅拌、成型和养护硬化后，再进行磨平抛光而制成，例如各种水磨石制品。该类产品的规格、色泽、性能等均可根据使用要求制作。

2. 树脂型人造石材

以不饱和聚酯为胶结料，加入石英砂、大理石渣、方解石粉等无机填料和颜料，经配料、混合搅拌、浇注成型、固化、烘干、抛光等工序而制成。

树脂型人造石材是目前国内外使用最多的一种人造石材，主要原因有以下几点：

① 与天然大理石相比，树脂型人造石材具有强度高、密度小、厚度薄、耐酸碱腐蚀及美观等优点。

② 该类产品光泽好、颜色浅，可调配成各种颜色鲜明的花色图案。

③ 由于不饱和聚酯的黏度低，易于成型，且在常温下固化较快，便于制作形状复杂的制品。不过树脂型人造石材的耐老化性能不及天然花岗石，目前多用于室内装饰。

3. 复合型人造石材

这种石材指制作过程中所使用的胶结料既有无机材料（各类水泥、石膏等），又有有机材料（不饱和聚酯或单体）共同组合而成。例如，可在廉价的水泥型板材（不需磨、抛光）表层复合聚酯型薄层，组成复合型板材，以获得最佳的装饰效果和经济指标；也可先将无机填料用无机胶结剂胶结成型、养护后，再将坯体浸渍于具有聚合性能的有机单体中并加以聚合，以提高制品的性能和档次。有机单体可用苯乙烯、甲基丙烯酸甲酯、醋酸乙烯、丙烯腈、二氯乙烯、丁二烯等。

4. 烧结型人造石材

这种人造石材的生产工艺与陶瓷装饰制品的生产工艺相近，即将长石、石英、辉石、方解石和赤铁矿以及高岭土等混合成矿粉，用泥浆法制成坯料，用半干压法成型和艺术加工后，再在窑炉中经1000℃左右的高温焙烧而成，如仿花岗石瓷砖、仿大理石陶瓷艺术板等。

任务二　常用的建筑（装饰）石材

2.2.1　毛石

毛石（又称片石或块石）是由爆破直接获得的石块。依据其平整程度又分为乱毛石和平毛石两类。

1. 乱毛石

乱毛石形状不规则，一般在一个方向的尺寸达300～400mm，质量约为20～30kg，其中部厚度一般不宜小于150mm。乱毛石主要用来砌筑基础、勒角、墙身、堤坝、挡土墙壁等，也可作毛石混凝土的骨料。

2. 平毛石

平毛石是乱毛石略经加工而成，形状较乱毛石整齐，其形状基本上有六个面，但表面粗糙，中部厚度不小于200mm。常用于砌筑基础、墙身、勒角、桥墩、涵洞等。

2.2.2 料石

料石（又称条石）系由人工或机械开采出的较规则的六面体石块，略经加工凿琢而成，按其加工后的外形规则程度，分为毛料石、粗料石、半细料石和细料石四种。

1. 毛料石

外形大致方正，一般不加工或仅稍加修整，高度不应小于200mm，叠砌面凹入深度不大于25mm。

2. 粗料石

其截面的宽度、高度应不小于200mm，且不小于长度的1/4，叠砌面凹入深度不大于20mm。

3. 半细料石

规格尺寸同上，但叠砌面凹入深度不应大于15mm。

4. 细料石

通过细加工，外形规则，规格尺寸同上，叠加面凹入深度不大于10mm。

上述料石常由砂岩、花岗岩等质地比较均匀的岩石开采琢制，至少应有一个面较整齐，以便互相合缝。主要用于砌筑墙身、踏步、地坪、拱和纪念碑；形状复杂的料石制品，用于柱头、柱脚、楼梯踏步、窗台板、栏杆和其他装饰面等。

2.2.3 装饰用石材

1. 天然大理石

天然大理石是石灰岩或白云岩在地壳内经过高温、高压等作用，重新结晶变质而成的变质岩。大理石多为层状结构，有明显的结晶，纹理有斑纹、条纹之分，是一种富有装饰性的天然石材。

大理石主要成分为碳酸盐（如碳酸钙或碳酸镁），矿物成分为方解石或白云石。纯大理石为白色，当含有其他深色矿物时，便产生多种色彩与优美花纹。从色彩上来说，有纯黑、纯白、纯灰、墨绿等数种。从纹理上说，有晚霞、云雾、山水、海浪等山水图案、自然景观。

根据《天然大理石建筑板材》（GB/T 19766—2005）规定，大理石板材按形状分为普型板（PX）和圆弧板（HM）两大类。普型板按照规格尺寸偏差、平面度公差、角度公差及外观质量分为优等品（A）、一等品（B）、合格品（C）三个等级。圆弧板根据规格尺寸偏差、直线度公差、线轮廓度公差及外观质量分为优等品（A）、一等品（B）、合格品（C）三个等级。

大理石结构致密，抗压强度较高，质地较软，属碱性中硬石材。天然大理石，易于加工雕刻与抛光，有良好的耐磨性，耐久性好，变形非常小，表面易于清洁，装饰性非常好，质感优良，花色品种多，极富装饰性。

基于以上优点，大理石在工程装饰中得以广泛应用，主要用于宾馆、展览馆、剧院、商场、图书馆、机场、车站、办公楼、住宅等工程的室内墙面、柱面、服务台、栏板、电梯间门口等部位，还被广泛地用于高档卫生间的洗漱台面及各种家具的台面。大理石磨光板有美丽多姿的花纹，常用来镶嵌或刻出各种图案的装饰品。

由于多数大理石的主要化学成分为碳酸钙或碳酸镁等碱性物质，易被酸类侵蚀，使表面失去光泽、出现斑孔，从而失去原貌和光泽，影响装饰效果，因此除少数大理石如：汉白玉、艾叶青等纯正品外，大理石一般不宜用于室外装饰装修。

2. 天然花岗岩

花岗岩是典型的深成岩，是全晶质岩石，其主要成分是石英、长石和少量的暗色矿物和云母。按结晶颗粒的大小，通常分为粗粒、中粒、细粒和斑状等多种构造。花岗岩的颜色取决于其所含长石、云母及暗色矿物的种类及数量。

根据《天然花岗石建筑板材》（GB/T 18601—2009）规定，花岗岩板材按形状分类有毛光板（MG）、普型板（PX）、圆弧板（HM）和异型板（YX）四类；按表面加工程度分为镜面板（JM）、细面板（YG）和粗面板（CM）三类；按用途分为一般用途和功能用途，一般用途板用于一般性装饰用途，功能用途板用于结构性承载用途或特殊功能要求。其中毛光板、普型板、圆弧板按加工质量和外观质量分为优等品（A）、一等品（B）、合格品（C）三个等级。

花岗岩结构致密，密度比大理石大，抗压强度高达120～250MPa；材质坚硬，耐磨性很强；孔隙率小，吸水率极低，装饰性好，化学稳定性好，抗风化能力强，耐腐蚀性和耐久性很强。其缺点主要有自重大，用于房屋建筑与装饰会增加建筑物的质量；硬度大，给开采和加工造成困难；质脆，耐火性差；某些花岗岩含有微量放射性元素，应根据花岗岩的放射性强度水平确定其应用范围。

花岗岩属于高级建筑装饰材料，主要应用于大型公共建筑或装饰等级要求较高的室内外装饰工程，经抛光后，是室内外地面、墙面、踏步、柱石、勒脚等处的首选装饰材料。一般镜面板和细面板表面光洁光滑、质感细腻，多用于室内墙面、地面以及部分建筑的外墙面装饰；粗面板表面质感粗糙、粗犷，主要用于室外墙基础和墙面装饰，有一种古朴、回归自然的亲切感。

单元小结

本单元共为分两个任务，岩石的基本知识和常用的建筑（装饰）石材。岩石的基本知识中主要介绍了造岩矿物；天然岩石的分类和主要技术性质（物理性质、力学性质及工艺性质）；常用的人造石材。常用的建筑（装饰）石材主要介绍了毛石、料石的分类及应用；装饰中常用的天然大理石和天然花岗岩的性能特点和应用等内容。本章的知识简单易懂，要求学生要熟悉常用建筑石材的分类、性能及其应用。

单元思考题

1. 何为岩浆岩、沉积岩及变质岩，并举例。
2. 简述毛石的主要用途。
3. 简述料石的主要用途。
4. 天然大理石有哪些性能特点？主要用途有哪些？
5. 天然花岗岩有哪些性能特点？主要用途有哪些？

单元三　无机胶凝材料

学习目标：

1. 了解石灰、石膏、水泥的生产及凝结硬化。
2. 掌握石灰的熟化、性质及应用。
3. 掌握石膏的性质、应用及储运。
4. 掌握水泥品种、主要性能、特点及应用。

胶凝材料也称胶结材料，指能够把块状、颗粒状或纤维状材料胶结成为一个整体的材料。胶凝材料按照化学成分不同分为有机胶凝材料和无机胶凝材料两大类。

有机胶凝材料是以天然或合成的高分子化合物为基本成分，常用的有沥青、各种合成树脂等。无机胶凝材料是以无机化合物为基本成分，常用的有石灰、石膏及各种水泥等。无机胶凝材料按硬化条件的不同分为气硬性胶凝材料和水硬性胶凝材料。气硬性胶凝材料只能在空气中凝结硬化，保持和发展强度，如石灰、石膏；气硬性胶凝材料耐水性差，适用于地上或干燥环境，不宜用于潮湿环境，更不可用于水中。水硬性胶凝材料既能在水中又能在空气中凝结硬化，保持和发展强度，如各种水泥；水硬性胶凝材料耐水性好，既可用于空气中，也可用于地下或水中。

任务一　气硬性胶凝材料

3.1.1　石灰

石灰是人类在建筑中最早使用的胶凝材料之一，是一种传统的建筑材料。石灰的原料分布很广，生产工艺简单，成本低廉，使用方便，至今仍被广泛应用在建筑工程中。

1. 石灰的生产

生产石灰的原料有石灰石、白云石、白垩等。它们的主要成分是碳酸钙（$CaCO_3$），另外还有少量的碳酸镁（$MgCO_3$）。将石灰石在高温下煅烧，即得块状生石灰，化学反应式为：

$$CaCO_3 \xrightarrow{900℃} CaO + CO_2 \uparrow$$

为加速分解过程，煅烧温度常提高至1000～1100℃左右。在生产石灰的原料中，常含有碳酸镁，经煅烧后，分解成氧化镁。因此，生石灰主要成分是CaO，另外还有少量MgO。

正常温度下煅烧得到的石灰具有多孔结构，内部孔隙率大，晶粒细小，表观密度小，与水作用速度快。实际生产中，若煅烧时间或煅烧温度控制不均匀，常会出现欠火石灰或过火石灰。欠火石灰是煅烧温度过低，煅烧时间不充足，$CaCO_3$未完全分解。由于欠火石灰含有未分解的$CaCO_3$内核，外部为正常煅烧的石灰，导致石灰的质量下降，降低了石灰的利用率。过火石灰是煅烧温度过高或煅烧时间过长，石灰石中的杂质发生熔结，生产出的石灰颗粒粗大、结构致密，熟化速度十分缓慢，对石灰的使用极为不利。

2. 石灰的熟化

石灰的熟化是指生石灰（CaO）加水之后水化生成熟石灰［$Ca(OH)_2$］的过程。其反应方程式如下：

$$CaO + H_2O \longrightarrow Ca(OH)_2 + 64.8kJ$$

生石灰熟化过程中放出大量的热，并且体积迅速膨胀1～2.5倍。一般煅烧良好、氧化钙含量高的生石灰熟化快、放热量多、体积增大多，因此产浆量高。

石灰熟化的方法一般有两种：

（1）熟化成石灰膏。在化灰池中加入生石灰质量2.5～3倍的水，生石灰熟化成的$Ca(OH)_2$经滤网流入储灰池，在储灰池中沉淀成石灰膏。石灰膏在储灰池中储存两周以上，使过火石灰能够完全熟化，此过程称为陈伏。陈伏期间，石灰膏上表面应保持有一层水覆盖，使其与空气隔绝，避免碳化。

（2）熟化成消石灰粉。生石灰熟化成消石灰粉时，理论上需水32.1%，由于一部分水分需消耗于蒸发，实际加水量常为生石灰质量的60%～80%，加水量应适宜，以既能充分熟化、又不过湿成团为度。工地可采用分层浇水法，每层生石灰块厚约50cm。或在生石灰块堆中插入有孔的水管，缓慢地向内灌水。消石灰粉也需放置一段时间，使其进一步熟化后使用。

3. 石灰的硬化

石灰浆在空气中逐渐干燥变硬的过程，称为石灰的硬化。石灰浆体在空气中逐渐硬化，是由下面两个同时进行的过程来完成的：

（1）结晶作用

石灰浆在使用过程中，因游离水分逐渐蒸发和被砌体吸收，使得$Ca(OH)_2$溶液过饱和而逐渐结晶析出，促进石灰浆体的硬化，同时干燥使浆体紧缩而产生强度。

（2）碳化作用

$Ca(OH)_2$与空气中的CO_2作用，生成不溶于水的$CaCO_3$晶体，析出的水分则逐渐被蒸发，即：

$$Ca(OH)_2 + CO_2 + nH_2O \longrightarrow CaCO_3 + (n+1)H_2O$$

这个过程称为碳化。碳化作用实际是二氧化碳与水形成碳酸，然后与氢氧化钙反应生成碳酸钙。由于空气中的CO_2浓度很低，故碳化过程十分缓慢。空气中湿度过小或过大均不利于石灰碳化硬化。从石灰浆体的硬化过程可以看出，石灰浆体硬化速度慢，硬化后强度低，耐水性差。

4. 石灰的品种

根据石灰成品的加工方法不同，石灰有以下四种成品：

（1）块状生石灰

由原料煅烧而得到的块状白色原产品，主要成分为CaO。块状生石灰放置太久，会吸收空气中的水分而自动熟化成消石灰粉，再与空气中二氧化碳作用而还原为碳酸钙，失去胶结能力。所以储存生石灰，不但要防止受潮，而且不宜储存过久。最好运到后即熟化成石灰浆，将储存期变为陈伏期。

（2）磨细生石灰粉

以块状生石灰为原料，经磨细而成的粉状产品，其主要成分也为 CaO 建筑生石灰粉。磨细生石灰粉具有很高的细度，表面积极大，水化反应速度可大大提高，所以可不经“陈伏”而直接使用，提高了工效。目前建筑工程中大量采用磨细生石灰粉代替石灰膏或消石灰粉来配制砂浆或灰土，或直接用于制造硅酸盐制品。

（3）消石灰粉

将生石灰用适量的水消化而成的粉末，也称熟石灰粉，其主要成分为 $Ca(OH)_2$。消石灰粉可用于拌制灰土（石灰和黏土）及三合土（石灰、黏土与砂石或炉渣等），因其熟化不一定充分，一般不宜用于拌制砂浆及灰浆。

（4）石灰膏

石灰膏是将生石灰用过量水熟化，所得到的达一定稠度的膏状物，主要成分是 $Ca(OH)_2$ 和水。石灰膏可用来拌制砌筑砂浆或抹面砂浆。

5. 石灰的技术要求

根据我国建材行业标准《建筑生石灰》（JC/T 479—2013）的规定，按生石灰的化学成分分为钙质石灰和镁质石灰两类。根据化学成分的含量，钙质石灰分为 CL90、CL85、CL75 三个等级，镁质石灰分为 ML85、ML80 两个等级。建筑工程用的（气硬性）生石灰与生石灰粉检验结果应达到相应等级要求时，则判定为合格产品。其主要技术要求见表 3-1、表 3-2。

表 3-1　建筑生石灰的化学成分（质量分数%）

名称	（氧化钙＋氧化镁）（CaO＋MgO）	氧化镁（MgO）	二氧化碳（CO_2）	三氧化硫（SO_3）
CL 90－Q CL 90－QP	≥90	≤5	≤4	≤2
CL 85－Q CL 85－QP	≥85	≤5	≤7	≤2
CL 75－Q CL 75－QP	≥75	≤5	≤12	≤2
ML 85－Q ML 85－QP	≥85	＞5	≤7	≤2
ML 80－Q ML 80－QP	≥80	＞5	≤7	≤2

表 3-2　建筑生石灰的物理性质

名称	产浆量（dm^3/10kg）	细度	
		0.2mm 筛余量（%）	90μm 筛余量（%）
CL 90－Q CL 90－QP	≥26 —	— ≤2	— ≤7
CL 85－Q CL 85－QP	≥26 —	— ≤2	— ≤7
CL 75－Q CL 75－QP	≥26 —	— ≤2	— ≤7

续表

名称	产浆量（$dm^3/10kg$）	细　度	
		0.2mm 筛余量（%）	90μm 筛余量（%）
ML 85—Q ML 85—QP	—	— ≤2	— ≤7
ML 80—Q ML 80—QP	—	— ≤2	— ≤7

注：其他物理特性，根据用户要求，可按照 JC/T 478.1 进行测试。

根据《建筑消石灰》（JC/T 481—2013）的规定，建筑消石灰按扣除游离水和结合水后（CaO+MgO）的百分含量，钙质消石灰分为 HCL90、HCL85、HCL75 三个等级，镁质消石灰分为 HML85、HML80 两个等级。以建筑生石灰为原料，经水化和加工所制得的建筑消石灰粉检验结果应达到相应等级要求时，则判定为合格产品。其主要技术要求见表 3-3、表 3-4。

表 3-3　建筑消石灰的化学成分（质量分数%）

名称	（氧化钙+氧化镁）（CaO+MgO）	氧化镁（MgO）	三氧化硫（SO_3）
HCL 90 HCL 85 HCL 75	≥90 ≥85 ≥75	≤5	≤2
HML 85 HML 80	≥85 ≥80	>5	≤2

注：表中数值以试样扣除游离水和化学结合水后的干基为基准。

表 3-4　建筑消石灰的物理性质

名称	游离水（%）	细　度		安定性
		0.2mm 筛余量（%）	90μm 筛余量（%）	
HCL 90	≤2	≤2	≤7	合格
HCL 85				
HCL 75				
HML 85				
HML 80				

6. 石灰的技术性质

（1）保水性、可塑性好

生石灰熟化为石灰浆时，能自动形成颗粒极细、呈胶体分散状态的氢氧化钙，由于其表面吸附了一层较厚的水膜，即石灰的保水性好。由于颗粒间的水膜较厚，颗粒间的滑移较易进行，即可塑性好。因此，用石灰调成的石灰砂浆具有良好的可塑性，在水泥砂浆中加入石灰膏，可显著提高砂浆的保水性和可塑性。

（2）硬化慢、强度低

石灰浆的凝结硬化缓慢，原因是空气中的二氧化碳浓度低，且碳化是由表及里，在表面形成较致密的壳，使外部的二氧化碳较难进入其内部，同时内部的水分也不易蒸发，所以硬化缓慢，硬化后的强度也不高。如 1：3 石灰砂浆 28d 的抗压强度通常只有 0.2～0.5MPa。

(3) 体积收缩大

石灰浆在硬化过程中由于大量水分蒸发，使石灰浆体产生显著的体积收缩而开裂。因此石灰除粉刷外不宜单独使用，常和砂子、纸筋等混合使用。

(4) 耐水性差

若石灰浆体尚未硬化之前，就处于潮湿环境中，石灰中水分不能蒸发出去，则其硬化停止；若是已硬化的石灰，长期受潮或受水浸泡，由于 $Ca(OH)_2$ 易溶于水，会使已硬化的石灰溃散。故石灰的耐水性差，不宜用于潮湿环境及易受水浸泡的部位。

(5) 吸湿性强

生石灰吸湿性强，保水性好，是传统的干燥剂。

7. 石灰的应用

(1) 石灰乳和砂浆

将消石灰粉或石灰膏加入多量的水搅拌稀释，成为石灰乳，是一种廉价易得的涂料，主要用于内墙和顶棚刷白，增加室内美观和亮度。石灰乳中，调入少量磨细粒化高炉矿渣或粉煤灰，可提高其耐水性；调入聚乙烯醇、干酪素、氯化钙或明矾，可减少涂层粉化现象。石灰乳可加入各种颜色的耐碱材料，以获得更好的装饰效果。用石灰膏或生石灰粉配制的石灰砂浆或水泥石灰混合砂浆，可用来砌筑墙体，也可用于墙面、柱面、顶棚等的抹灰。

(2) 灰土和三合土

消石灰粉或生石灰粉与黏土拌合，称为石灰土（灰土），再加入炉渣、砂、石等填料，即成三合土。灰土和三合土经夯实后强度高、耐水性好，且操作简单、价格低廉，可用作墙体、建筑物基础、路面和地面的垫层。将其用于潮湿环境，因为三合土和灰土在强力夯打之下，大大提高了紧密度，黏土颗粒表面的少量活性氧化硅和氧化铝与氢氧化钙起化学反应，生成了不溶性的水化硅酸钙和水化铝酸钙，将黏土颗粒粘结起来，因而提高了黏土的强度和耐水性。

(3) 碳化石灰板

将磨细生石灰、纤维状填料或轻质骨料和水按一定比例搅拌成型，然后通入高浓度二氧化碳经人工碳化 12～24h 而成的轻质板材称为碳化石灰板。它能锯、能钉，适宜用作非承重内隔墙板、天花板等。

(4) 生产硅酸盐制品

以磨细生石灰（或消石灰粉）与硅质材料（如粉煤灰、粒化高炉矿渣、浮石、砂等）加水拌合，经成型、蒸养或蒸压养护等工序而成的建筑材料，统称为硅酸盐制品。如蒸压灰砂砖、粉煤灰砌块、加气混凝土砌块等，主要用作墙体材料。

8. 石灰的运输和储存

石灰在运输和储存时不应受潮和混入杂物，不宜长期储存。不同类生石灰（或消石灰）应分别储存或运输，不得混杂。建筑生石灰是自热材料，不应与易燃、易爆和液体物品混装。

3.1.2　建筑石膏

石膏是以硫酸钙为主要成分的气硬性胶凝材料。石膏胶凝材料及其制品是一种理想的高效节能材料，其原料来源丰富，生产工艺简单，生产能耗低，因而在建筑工程中得到广泛应用。它不仅是一种有悠久历史的胶凝材料，而且是一种有发展前途的高效节能的建筑材料。

1. 建筑石膏的生产

生产建筑石膏的主要原料是天然二水石膏矿石（又称生石膏）或含有硫酸钙的化工副产品。生产石膏的主要工序是破碎、加热和磨细。由于加热方式和温度的不同，可生产出不同的石膏产品。

（1）建筑石膏

将二水石膏（生石膏）在常压下加热到 107～170℃时，部分结晶水脱出后得到半水石膏（熟石膏），再经磨细得到的白色粉状物，称为建筑石膏，其反应式如下：

$$CaSO_4 \cdot 2H_2O \xrightarrow{107\sim170℃} CaSO_4 \cdot \frac{1}{2}H_2O + \frac{3}{2}H_2O$$

这种建筑石膏称为β型半水石膏，其晶粒较细，调制成一定稠度的浆体时，需水量大，硬化后的建筑石膏制品孔隙率大，强度较低。

（2）高强石膏

将二水石膏在 0.13MPa、124℃的压蒸锅内蒸炼，则生成比β型半水石膏晶粒粗大的α型半水石膏，磨细即为高强石膏。由于高强石膏晶粒较粗，比表面积小，调成可塑性浆体时需水量为石膏用量的 35%～45%，硬化后具有较高的密实度，因此强度较高，7d 强度可达到 15～40MPa。高强石膏用于强度要求较高的抹灰工程、装饰制品和石膏板。在高强石膏中加入防水剂，可用于湿度较高的环境中。

2. 建筑石膏的凝结硬化

建筑石膏与适量的水拌合后，形成可塑性的浆体，很快浆体就失去可塑性并产生强度，逐渐发展成为坚硬的固体，这一过程称为石膏的凝结硬化。

建筑石膏与水拌合后，半水石膏与水反应生成二水石膏：

$$CaSO_4 \cdot \frac{1}{2}H_2O + \frac{3}{2}H_2O \longrightarrow CaSO_4 \cdot 2H_2O$$

半水石膏遇水后发生溶解，并生成不稳定的过饱和溶液，溶液中的半水石膏经过水化成为二水石膏。由于二水石膏在水中的溶解度较半水石膏的溶解度小，仅为半水石膏溶解度的 1/5 左右，半水石膏的饱和溶液对于二水石膏就成了过饱和溶液。因此二水石膏以胶体微粒自溶液中析出，从而破坏了原来半水石膏溶解的平衡状态，这时半水石膏会进一步溶解和水化，如此不断地循环，直到半水石膏完全耗尽为止。与此同时由于浆体中自由水因水化和蒸发逐渐减少，浆体变稠，逐渐失去塑性，胶体微粒逐渐凝聚成为晶体，晶体逐渐长大、共生和相互交错，使浆体产生强度，并不断增长，形成坚硬的石膏结构，这个过程称为石膏的硬化。

3. 建筑石膏的技术要求

建筑石膏为白色粉末，密度约为 2.60～2.75g/cm^3。堆积密度约为 800～1000kg/m^3。根据国家标准《建筑石膏》（GB/T 9776—2008）标准规定，建筑石膏按照 2h 抗折强度分为 3.0、2.0、1.6 三个等级，其基本技术要求见表 3-5。

表 3-5　建筑石膏的物理力学性能

等级	细度（0.2mm 方孔筛筛余）（%）	凝结时间（min）		2h 强度（MPa）	
		初凝	终凝	抗折	抗压
3.0	≤10	≥3	≤30	≥3.0	≥6.0
2.0				≥2.0	≥4.0
1.6				≥1.6	≥3.0

4. 建筑石膏的技术性质

（1）凝结硬化快

建筑石膏凝结硬化过程很快，建筑石膏加水后 3min 可达到初凝，30min 可达到终凝。在室温自然干燥条件下，约 1 周时间可完全硬化。为了有足够的时间完成施工操作，可根据实际需要掺入缓凝剂来延长凝结时间，如硼砂、纸浆废液、骨胶、皮胶等。常用的石膏缓凝剂有硼砂、动物胶、酒精、柠檬酸等。

（2）孔隙率大，表观密度小，强度低

建筑石膏水化反应的理论需水量只占半水石膏质量的 18.6%，在使用中为使浆体具有足够的流动性，通常加水量可达 60%～80%，凝结硬化后，由于大量多余水分蒸发，在内部形成大量孔隙，孔隙率可达 50%～60%，因此建筑石膏表观密度小，强度低。

（3）硬化后体积微膨胀，装饰性好

建筑石膏在凝结硬化时具有微膨胀性，其体积膨胀率为 0.05%～0.15%。这一性质使得成型的石膏制品表面光滑，形体饱满，尺寸精确，加之石膏质地细腻，颜色洁白，因而具有良好的装饰性。

（4）具有一定的调温、调湿性

由于建筑石膏的孔隙率大，其制品的热容量大，且因多孔而产生的呼吸功能使吸湿性增强，当室内温度变化时，由于制品的“呼吸”作用，使环境温度、湿度能得到一定的调节。

（5）防火性好

建筑石膏硬化后的主要成分是含有两个结晶水的二水石膏，石膏制品遇火时，二水石膏中的结晶水蒸发，从而形成蒸汽幕，可有效地阻止火的蔓延，具有良好的防火效果。但二水石膏脱水后强度下降，故耐火性差。

（6）耐水性、抗冻性差

建筑石膏硬化后具有很强的吸湿性，在潮湿条件下，晶粒间的结合力减弱，导致强度的下降。如果长期浸泡在水中，水化生成物二水石膏晶体将逐渐溶解，导致破坏。倘若石膏制品吸水后受冻，会因孔隙中水分结冰膨胀而破坏。因此，石膏制品的耐水性和抗冻性均较差，不宜用于潮湿部位。

5. 建筑石膏的应用

（1）室内抹灰与粉刷

建筑石膏加砂、缓凝剂和水拌合成石膏砂浆，可用于室内抹灰，其表面光滑、细腻、洁白、美观，给人以舒适感。建筑石膏加水及缓凝剂，拌合成石膏浆体，可作为室内的粉刷涂料。

（2）建筑装饰制品

建筑石膏具有凝结快、体积稳定、装饰性强、无污染等特点，常用于制造建筑雕塑、建筑装饰制品。以石膏为主要原料，掺加少量纤维增强材料和胶料，加水搅拌成石膏浆体，利用石膏硬化后体积微膨胀的性能，将浆体注入各种各样的金属（或玻璃）模具中，就获得了花样、形状不同的石膏装饰制品。

（3）石膏板

石膏板具有轻质、保温、隔热、吸声、防火、调湿、尺寸稳定、可加工性好、成本低及施工方便等性能，是一种很有发展前途的新型板材，是良好的室内装饰材料。常见的石膏板主要有纸面石膏板及纤维石膏板。此外，各种新型的石膏板材仍在不断出现。石膏板可用于建筑物的内墙、顶棚等部位。

6. 建筑石膏的运输和储存

（1）建筑石膏在运输和储存时，不得受潮和混入杂物。

（2）建筑石膏自生产之日起，在正常运输与储存条件下，储存期为三个月。

任务二　水硬性胶凝材料

水泥是典型的水硬性胶凝材料，广泛应用于土木工程。水泥呈粉末状，与水混合后成为可塑性浆体，经一系列物理化学作用变成坚硬的石状固体，并能胶结散粒或块状材料成为整体。

水泥品种繁多，按组成水泥的基本物质——熟料的矿物组成，一般可分为：硅酸盐水泥、铝酸盐水泥、硫铝酸盐水泥、铁铝酸盐水泥等系列，其中以硅酸盐水泥生产量最大，应用最广泛。本单元将重点介绍通用硅酸盐水泥，在此基础上介绍其他几种常用水泥。

3.2.1　通用硅酸盐水泥

通用硅酸盐水泥是以硅酸盐水泥熟料和适量石膏及规定的混合材料制成的水硬性胶凝材料。按混合材料的品种和掺量分为硅酸盐水泥、普通硅酸盐水泥、矿渣硅酸盐水泥、火山灰质硅酸盐水泥、粉煤灰硅酸盐水泥和复合硅酸盐水泥。通用硅酸盐水泥的组分应符合表 3-6 的规定。

表 3-6　通用硅酸盐水泥的组分和代号（质量分数%）

品种	代号	组分				
		熟料+石膏	粒化高炉矿渣	火山灰质混合材料	粉煤灰	石灰石
硅酸盐水泥	P·Ⅰ	100	—	—	—	—
	P·Ⅱ	≥95	≤5	—	—	—
		≥95	—	—	—	≤5
普通硅酸盐水泥	P·O	≥80 且<95	>5 且≤20			—
矿渣硅酸盐水泥	P·S·A	≥50 且<80	>20 且≤50	—	—	—
	P·S·B	≥30 且<50	>50 且≤70	—	—	—
火山灰质硅酸盐水泥	P·P	≥60 且<80	—	>20 且≤40	—	—
粉煤灰硅酸盐水泥	P·F	≥60 且<80	—	—	>20 且≤40	—
复合硅酸盐水泥	P·C	≥50 且<80	>20 且≤50			

1. 硅酸盐水泥

硅酸盐水泥是通用硅酸盐水泥的基本品种。硅酸盐水泥分为两种类型，不掺混合材料的称为Ⅰ型硅酸盐水泥，代号 P·I；掺入不超过水泥质量5%的混合材料的称为Ⅱ型硅酸盐水泥，代号 P·Ⅱ。

1）硅酸盐水泥的生产

生产硅酸盐水泥的原料主要有石灰质原料、黏土质原料、校正原料三种。石灰质原料如石灰石、白垩等，主要提供 CaO；黏土质原料，如黏土、页岩等，主要提供 SiO_2、Al_2O_3及少量的 Fe_2O_3；校正原料，如铁矿粉、砂岩，主要提供 Fe_2O_3和 SiO_2。

生产硅酸盐水泥时，先把几种原材料按适当比例混合后，在磨机中磨成生料，然后将制得的生料入窑进行高温煅烧；再把烧好的熟料和适当的石膏及混合材料在磨机中磨细，即得到水泥。因此，水泥生产过程可概括为“两磨一烧”，其工艺流程如图 3-1 所示。

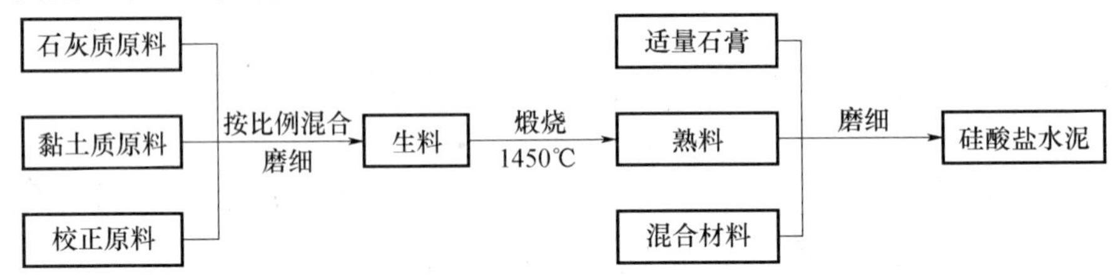

图 3-1　硅酸盐水泥生产工艺流程

在硅酸盐水泥生产中加入适量石膏的目的是延缓水泥的凝结速度，便于施工操作。作为缓凝剂的石膏，可采用天然石膏或工业副产石膏。石膏的掺量一般为水泥质量的 3%～5%，实际掺量可通过试验确定。

2）硅酸盐水泥熟料的矿物组成

硅酸盐水泥熟料主要由四种矿物组成，分别为：硅酸三钙（$3CaO \cdot SiO_2$），简写为 C_3S，含量 37%～60%；硅酸二钙（$2CaO \cdot SiO_2$），简写为 C_2S，含量 15%～37%；铝酸三钙（$3CaO \cdot Al_2O_3$），简写为 C_3A，含量 7%～15%；铁铝酸四钙（$4CaO \cdot Al_2O_3 \cdot Fe_2O_3$），简写为$C_4AF$,含量 10%～18%。硅酸盐水泥熟料除以上四种主要矿物外，还有少量在煅烧过程中未反应的氧化钙、氧化镁（称为游离氧化钙、游离氧化镁）及含碱矿物等，其总含量一般不超过水泥质量的 10%，若这些成分的含量过高，对水泥性能会产生不利影响。硅酸盐水泥熟料中四种主要矿物单独与水作用时，表现出不同的特性，见表 3-7。

表 3-7　各种熟料矿物单独与水作用的特性

矿物成分	硬化速度	早期强度	后期强度	水化热	耐腐蚀性
硅酸三钙（C_3S）	快	高	高	大	差
硅酸二钙（C_2S）	慢	低	高	小	好
铝酸三钙（C_3A）	最快	低	低	最大	最差
铁铝酸四钙（C_4AF）	快	中	低	中	中

由于水泥在水化过程中，熟料中四种矿物组成表现出不同的反应特性，因此可通过调整原材料的配料比例，来改变熟料矿物组成的相对含量，使水泥的性质发生相应变化，从而制得不同性能的水泥。如提高硅酸三钙含量，可制成高强水泥；适当降低硅酸三钙和铝酸三钙

含量、提高硅酸二钙含量，可制得中、低热水泥。

3）硅酸盐水泥的水化与凝结硬化

（1）硅酸盐水泥的水化

水泥加水拌合后，水泥颗粒立即分散于水中并与水发生化学反应，生成水化物，并放出一定热量。水泥熟料各种矿物水化的反应方程式如下：

$$2(3CaO \cdot SiO_2)+6H_2O \longrightarrow 3CaO \cdot 2SiO_2 \cdot 3H_2O+3Ca(OH)_2$$

$$2(2CaO \cdot SiO_2)+4H_2O \longrightarrow 3CaO \cdot 2SiO_2 \cdot 3H_2O+Ca(OH)_2$$

$$3CaO \cdot Al_2O_3+6H_2O \longrightarrow 3CaO \cdot Al_2O_3 \cdot 6H_2O$$

$$4CaO \cdot Al_2O_3 \cdot Fe_2O_3+7H_2O \longrightarrow 3CaO \cdot Al_2O_3 \cdot 6H_2O+CaO \cdot Fe_2O_3 \cdot H_2O$$

水泥单矿物水化后的产物主要为：水化硅酸钙（$3CaO \cdot 2SiO_2 \cdot 3H_2O$）、氢氧化钙［$Ca(OH)_2$］、水化铁酸钙（$CaO \cdot Fe_2O_3 \cdot H_2O$）和水化铝酸钙（$3CaO \cdot Al_2O_3 \cdot 6H_2O$）。另外，为了调节水泥的凝结时间，在熟料磨细时掺入了适量的石膏，这些石膏与部分水化铝酸钙反应，生成高硫型水化硫铝酸钙（又称钙矾石），其反应方程式如下：

$$3CaO \cdot Al_2O_3 \cdot 6H_2O+3(CaSO_4 \cdot 2H_2O)+19H_2O \longrightarrow$$
$$3CaO \cdot Al_2O_3 \cdot 3CaSO_4 \cdot 31H_2O$$

水化硫铝酸钙是一种难溶于水的针状晶体，沉淀在水泥颗粒表面，阻止了水分的进入，降低了水泥的水化速度，延缓了水泥的凝结时间。

经水化反应后生成的主要水化产物中水化硅酸钙和水化铁酸钙为凝胶体，具有强度贡献；氢氧化钙、水化铝酸钙和水化硫铝酸钙为晶体，它将使水泥石在外界条件下变得疏松，使水泥石强度下降，是影响硅酸盐水泥耐久性的主要因素。在完全水化的水泥石中，凝胶体约占70%，氢氧化钙约占20%。

（2）硅酸盐水泥的凝结硬化

水泥加水拌合后形成可塑性的水泥浆，随着水化反应的进行，水泥浆体逐渐变稠失去可塑性，但尚不具有强度，这一过程称为水泥的凝结。随着反应的继续进行，失去可塑性的水泥浆逐渐产生强度并发展成为坚硬的水泥石，这一过程称为水泥的硬化。凝结和硬化是人为划分的，实际上是一个连续的复杂的物理化学变化过程。

水泥加水拌合，未水化的水泥颗粒分散在水中，成为水泥浆体［图3-2（a）］。水泥颗粒与水接触很快发生水化反应，水泥颗粒的水化从其表面开始，生成的水化产物聚集在颗粒表面形成凝胶膜层。在水化初期，水化物不多，包有水化物膜层的水泥颗粒之间还是分离着的，水泥浆具有可塑性［图3-2（b）］。水泥颗粒不断水化，新生水化物不断增多使水化物膜层增厚，水泥颗粒相互接触形成凝聚结构［图3-2（c）］，凝聚结构的形成，水泥浆体开始失去可塑性，这就是水泥的初凝；随着以上过程不断进行，固态化物不断增多，水泥浆体完全失去可塑性，表现为终凝，并开始进入硬化阶段［图3-2（d）］。水泥进入硬化阶段后，水化速度逐渐减慢，水化物随时间的增长而逐渐增加，扩展到毛细孔中，使结构更加致密，强度相应提高。水泥的硬化可以持续很长时间，在适宜的环境温度和湿度条件下，水泥石强度会保持继续增长。

（3）影响硅酸盐水泥凝结硬化的因素

水泥的凝结硬化过程，也就是水泥强度的发展过程。了解影响水泥凝结硬化的主要因素十分重要，主要包括以下几个方面：

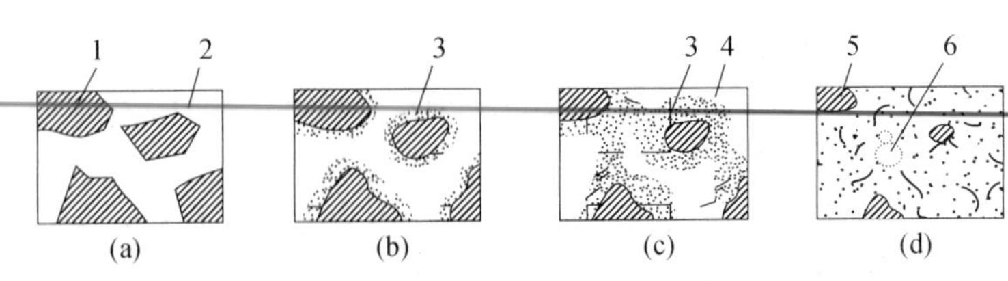

图 3-2 水泥凝结硬化过程示意图

1—水泥颗粒；2—水分；3—凝胶；4—晶体；5—水泥颗粒的未水化内核；6—毛细孔

① 水泥的熟料矿物组成

水泥熟料中各种矿物的凝结硬化特点不同，熟料的矿物组成直接影响着水泥水化与凝结硬化，当水泥中各矿物的相对含量不同时，水泥的凝结硬化特点就不同。

② 水泥的细度

水泥磨得越细，水泥颗粒平均粒径小，比表面积大，水化时与水接触的表面积越大，水化作用的发展就越迅速而充分，早期强度高。但水泥颗粒太细，相同的稀稠程度，用水量将增加，硬化后水泥石中的毛细孔增多，干缩增大，影响后期强度。同时，磨制过细的水泥能耗大，成本高。

③ 水灰比

水灰比是指水泥浆中水与水泥的质量之比。当水灰比较大时，水泥浆的可塑性好，水泥的初期水化反应得以充分进行。但当水灰比过大时，水泥颗粒间被水隔开的距离较远，颗粒间相互连接形成骨架结构所需的凝结时间较长，因此水泥浆凝结较慢，而且水泥浆中多余水分蒸发后形成的孔隙较多，造成水泥石的强度较低。

④ 环境的温度和湿度

温度对水泥的水化及凝结硬化的影响很大，通常，温度较高时，水泥的水化作用加速，从而凝结和硬化速度也就加快，所以采用蒸汽养护是加速凝结硬化的方法之一。温度降低时，则水化作用延缓，当环境温度低于 0℃时，水化反应停止。因此，冬季施工时，需要采用保湿措施，以保证水泥正常凝结和强度的正常发展。

水是水泥水化、硬化的必要条件。环境湿度大，水泥的水化及凝结硬化才能充分进行，若处于干燥环境中，水分蒸发快，当水分蒸发完毕后，水化作用将无法继续进行，硬化即行停止，强度不再增长。因此，使用水泥时必须注意养护，使水泥在适宜的温度及湿度环境中进行硬化，从而不断增长其强度。

⑤ 龄期

水泥水化是由表及里逐步深入进行的。随着时间的延续，水泥的水化程度不断增加。随着水泥颗粒内各熟料矿物水化程度的提高，凝胶体不断增加，毛细孔不断减少，使水泥石的强度随龄期增长而增加。一般情况下，水泥加水拌合后的前 28d 水化速度较快，强度发展也快；28d 之后，强度发展显著变慢。

⑥ 石膏掺量

生产水泥时掺入适量的石膏，主要是为了调节水泥的凝结硬化速度，作为缓凝剂使用。掺入石膏后，由于钙矾石晶体的生成，还能改善水泥石的早期强度。但如果石膏掺量过多，会在后期引起水泥石的膨胀而开裂破坏。

4）硅酸盐水泥的技术要求

国家标准《通用硅酸盐水泥》(GB 175—2007)，对硅酸盐水泥作出下列规定：

（1）化学指标

化学指标应符合表 3-8 的规定。

表 3-8　通用硅酸盐水泥的化学指标（质量分数%）

<table>
<tr><th>品种</th><th>代号</th><th>不溶物</th><th>烧失量</th><th>三氧化硫</th><th>氧化镁</th><th>氯离子</th></tr>
<tr><td rowspan="2">硅酸盐水泥</td><td>P·Ⅰ</td><td>≤0.75</td><td>≤3.0</td><td rowspan="3">≤3.5</td><td rowspan="3">≤5.0</td><td rowspan="8">≤0.06</td></tr>
<tr><td>P·Ⅱ</td><td>≤1.50</td><td>≤3.5</td></tr>
<tr><td>普通硅酸盐水泥</td><td>P·O</td><td>—</td><td>≤5.0</td></tr>
<tr><td rowspan="2">矿渣硅酸盐水泥</td><td>P·S·A</td><td>—</td><td>—</td><td rowspan="2">≤4.0</td><td>≤6.0</td></tr>
<tr><td>P·S·B</td><td>—</td><td>—</td><td>—</td></tr>
<tr><td>火山灰质硅酸盐水泥</td><td>P·P</td><td>—</td><td>—</td><td rowspan="3">≤3.5</td><td rowspan="3">≤6.0</td></tr>
<tr><td>粉煤灰硅酸盐水泥</td><td>P·F</td><td>—</td><td>—</td></tr>
<tr><td>复合硅酸盐水泥</td><td>P·C</td><td>—</td><td>—</td></tr>
</table>

（2）碱含量（选择性指标）

水泥中碱含量以 $Na_2O+0.658K_2O$ 计算值表示。若使用活性骨料，用户要求提供低碱水泥时，水泥中的碱含量应不大于 0.60%或由买卖双方协商确定。

（3）物理指标

① 凝结时间

水泥的凝结时间分为初凝时间和终凝时间。初凝时间是指从水泥浆加水拌合起到水泥浆失去可塑性所需的时间；终凝时间是指从水泥浆加水拌合起到水泥浆完全失去可塑性并开始产生强度所需的时间。国家标准规定，水泥的凝结时间是以标准稠度的水泥净浆，按规定的试验方法用水泥凝结时间测定仪测定。

为了便于施工，初凝时间不宜过短，以便有足够的时间对混凝土进行搅拌、运输、浇筑和振捣。而为了混凝土浇筑成型后尽快硬化，具有强度，故终凝时间不能太长。现行国家标准规定，硅酸盐水泥的初凝不小于 45min，终凝不大于 390min。

② 安定性

水泥体积安定性是指水泥在凝结硬化过程中体积变化的均匀性。如果水泥在硬化过程中体积变化不均匀，会导致水泥制品膨胀、翘曲、产生裂缝等。引起水泥体积安定性不良的原因一般是由于熟料中含有过多的游离氧化钙和游离氧化镁，以及掺入了过量的石膏。熟料中所含的游离氧化钙和游离氧化镁都是过烧的，熟化很慢，它们在水泥凝结硬化后才慢慢熟化，熟化过程中产生体积膨胀，使水泥石开裂。过量的石膏掺入将与已固化的水化铝酸钙作用生成水化硫铝酸钙晶体，体积膨胀约 1.5 倍，引起水泥石开裂。国家标准规定，通用硅酸盐水泥的体积安定性经沸煮法检验必须合格。

③ 强度

水泥的强度是水泥的重要技术指标，根据国家标准《通用硅酸盐水泥》（GB 175—2007）规定，硅酸盐水泥根据 3d 和 28d 的抗压强度和抗折强度分为 42.5、42.5R、52.5、52.5R、62.5、62.5R 六个强度等级，其中 R 表示早强型水泥。水泥强度不满足要求的为不合格品。不同强度等级的硅酸盐水泥，其各龄期的强度应符合表 3-9 中的数值。

表 3-9 硅酸盐水泥各龄期的强度要求（MPa）

品种	强度等级	抗压强度		抗折强度	
		3d	28d	3d	28d
硅酸盐水泥	42.5	≥17.0	≥42.5	≥3.5	≥6.5
	42.5R	≥22.0		≥4.0	
	52.5	≥23.0	≥52.5	≥4.0	≥7.0
	52.5R	≥27.0		≥5.0	
	62.5	≥28.0	≥62.5	≥5.0	≥8.0
	62.5R	≥32.0		≥5.5	

④ 细度（选择性指标）

水泥的细度是指水泥颗粒的粗细程度。水泥颗粒的粗细对水泥的性质有很大影响。水泥颗粒越细，与水反应的表面积就越大，水化较快而且较完全，早期强度和后期强度都较高，但在空气中的硬化收缩大，成本也高。如果水泥颗粒过粗则不利于水泥活性的发挥。因此，水泥颗粒粗细应适中，国家标准规定硅酸盐水泥的细度用比表面积表示，不小于 $300m^2/kg$。

5）硅酸盐水泥石的腐蚀与防止

硅酸盐水泥硬化后的水泥石在通常使用条件下有较好的耐久性。但当水泥石长时间被某些腐蚀性介质作用下，会使水泥石的结构遭到破坏，使其强度下降甚至全部溃散，这种现象称为水泥石的腐蚀。引起水泥石腐蚀的原因很多，作用亦甚为复杂，下面介绍几种典型介质的腐蚀作用。

（1）软水侵蚀

雨水、雪水、蒸馏水、冷凝水以及含重碳酸盐甚少的河水与湖水等均属于软水。当水泥石长期与这些水相接触时，会溶出氢氧化钙。在静水或无水压的水中，软水的侵蚀仅限于表面，影响不大。但在有流动的软水及压力水作用时，氢氧化钙不断溶解流失，而且由于水泥石中 $Ca(OH)_2$ 的溶失，碱度的降低还会引起其他水化物的分解溶蚀，使水泥石中孔隙不断增多，侵蚀不断深入，从而导致水泥石进一步破坏。硅酸盐水泥水化形成的水泥石中 $Ca(OH)_2$ 含量高达 20%，所以受软水侵蚀较为严重。

（2）酸类侵蚀

硅酸盐水泥水化形成物呈碱性，其中含有较多的 $Ca(OH)_2$，当遇到酸类或酸性水时则会发生中和反应，生成比 $Ca(OH)_2$ 溶解度大的盐类，导致水泥石受损破坏。

① 碳酸的侵蚀

在工业污水、地下水中常溶解有较多的二氧化碳，这种水对水泥石的侵蚀作用反应式如下：

$$Ca(OH)_2+CO_2+H_2O \longrightarrow CaCO_3+2H_2O$$

$$CaCO_3+CO_2+H_2O \longrightarrow Ca(HCO_3)_2$$

生成的碳酸氢钙溶解度大，易溶于水。由于碳酸氢钙的溶失以及水泥石中其他产物的分解，使水泥石结构破坏。

② 一般酸的侵蚀

由于水泥水化生成大量氢氧化钙，故硅酸盐水泥水化产物呈碱性，当遇到酸类或酸性水时则会发生中和反应，生成的化合物或者易溶于水，或体积膨胀，导致水泥石破坏。如盐酸、硫酸与氢氧化钙的化学反应式如下：

$$Ca(OH)_2 + 2HCl \longrightarrow CaCl_2 + 2H_2O$$

$$Ca(OH)_2 + H_2SO_4 \longrightarrow CaSO_4 \cdot 2H_2O$$

反应生成的 $CaCl_2$ 易溶于水，生成二水石膏（$CaSO_4 \cdot 2H_2O$）结晶膨胀，而且还会进一步引起硫酸盐的侵蚀，其破坏性更大。

(3) 盐类侵蚀

在海水及某些地下水中，常含有不同程度的硫酸盐、镁盐等，它们对水泥石都有不同程度的侵蚀作用。

① 硫酸盐侵蚀

在海水、地下水和某些工业废水中常含有钾、钠的硫酸盐，它们与水泥石中的氢氧化钙反应生成硫酸钙，硫酸钙又与水泥石中固态水化铝酸钙反应生成高硫型水化硫铝酸钙，其反应式如下：

$$3CaO \cdot Al_2O_3 \cdot 6H_2O + 3(CaSO_4 \cdot 2H_2O) + 19H_2O \longrightarrow 3CaO \cdot Al_2O_3 \cdot 3CaSO_4 \cdot 31H_2O$$

生成的高硫型水化硫铝酸钙含有大量结晶水，比原有体积增加 1.5 倍以上，在水泥石中造成极大的膨胀性破坏。高硫型水化硫铝酸钙呈针状结晶体，俗称为“水泥杆菌”。

② 镁盐侵蚀

海水和地下水中的硫酸镁和氯化镁与水泥石的氢氧化钙反应，生成松软而无胶凝能力的氢氧化镁，易溶于水的氯化钙及引起体积膨胀导致水泥石破坏的二水石膏，其反应式如下：

$$Ca(OH)_2 + MgSO_4 + 2H_2O \longrightarrow CaSO_4 \cdot 2H_2O + Mg(OH)_2$$

$$Ca(OH)_2 + MgCl_2 \longrightarrow CaCl_2 + Mg(OH)_2$$

反应生成的二水石膏还会进一步引起硫酸盐膨胀性破坏，其破坏性更大。

(4) 强碱侵蚀

碱类溶液如浓度不大时一般是无害的，但铝酸三钙含量较高的硅酸盐水泥遇到强碱（如氢氧化钠）也会产生破坏作用。氢氧化钠与水泥熟料中未水化的铝酸盐作用，生成易溶的铝酸钠，其反应式如下：

$$3CaO \cdot Al_2O_3 + 6NaOH \longrightarrow 3Na_2O \cdot Al_2O_3 + 3Ca(OH)_2$$

当水泥石被氢氧化钠溶液浸透后又在空气中干燥，与空气中的二氧化碳作用生成碳酸钠，碳酸钠在水泥石毛细孔中结晶沉积，可导致水泥石膨胀破坏。

水泥石的侵蚀过程是一个复杂的物理化学过程，它在遭受侵蚀作用时往往是几种侵蚀同时存在，互相影响。

(5) 防止水泥石侵蚀的措施

从以上分析可以看出，引起水泥石被侵蚀的内在因素主要有两个：一是水泥石中存在易被侵蚀的组分，如氢氧化钙、水化铝酸钙等；二是水泥石本身不密实，有很多毛细孔，为侵蚀介质进入其内部提供了通道，使侵蚀性介质易于进入内部引起破坏。根据水泥石侵蚀的原因，可采取下列措施防止水泥石的侵蚀：

① 根据水泥使用环境的特点，合理选用水泥品种。如在软水侵蚀条件下的工程，可选用水化产物中氢氧化钙 $Ca(OH)_2$ 含量少的水泥。采用铝酸三钙含量低于 5%的水泥，可提高抵抗硫酸盐侵蚀的能力。

② 提高水泥石的密实度。

由于水泥石水化时实际用水量是理论需水量 2～3 倍。多余的水蒸发后形成毛细通道，侵蚀介质容易进入水泥石内部，造成水泥石的侵蚀。在实际工程中，合理设计混凝土配合比，降低水灰比，仔细选择骨料，掺外加剂，以及改善施工方法等，可提高其抗侵蚀能力。

③ 表面加做保护层

在混凝土及砂浆表面加上耐侵蚀性高而且不透水的保护层，一般可用耐腐蚀的石料、陶瓷、塑料、沥青等材料覆盖于水泥石的表面隔断侵蚀性介质与水泥石的接触。

6）硅酸盐水泥的特性和应用

（1）凝结硬化快、强度高

硅酸盐水泥凝结硬化速度快，早期强度和后期强度都较高，适用于早期强度有较高要求的混凝土工程、高强混凝土结构和预应力混凝土工程。

（2）水化热大、抗冻性好

硅酸盐水泥中硫酸三钙和铝酸三钙的含量高，使早期放热量大，放热速度快，早期强度高，有利于冬季施工，但不宜用于大体积混凝土工程。硅酸盐水泥拌合物不易发生泌水，硬化后的水泥石结构密实，抗冻性好，适用于严寒地区遭受反复冻融的工程和抗冻性要求高的工程。

（3）干缩小、耐磨性好

硅酸盐水泥在硬化过程中，形成大量的水化硅酸钙凝胶体，使水泥石密实，游离水分少，不易产生干缩裂纹，可用于干燥环境工程。由于干缩小，表面不易起粉尘，因此耐磨性好，可用于路面与地面工程。

（4）抗碳化能力强

水泥硬化后水泥石显碱性，钢筋在碱性环境中表面生成一层钝化膜，由于水泥石中的氢氧化钙会与空气中的二氧化碳发生碳化反应生成碳酸钙，碳化会引起水泥石内部的碱度降低。当水泥石的碱度降低时，混凝土中的钢筋便失去钝化保护膜而锈蚀。硅酸盐水泥在水化后，水泥石中氢氧化钙含量高，碳化时水泥的碱度下降少，对钢筋的保护作用强，适用于空气中二氧化碳浓度较高的环境工程中。

（5）耐热性差

硅酸盐水泥石在温度超过 250℃ 时水化产物开始脱水，体积收缩强度下降，当受热 700℃ 以上将遭破坏。因此，硅酸盐水泥不宜用于耐热要求高的工程，也不宜用来配制耐热混凝土。

（6）耐腐蚀性差

硅酸盐水泥石中有大量的 $Ca(OH)_2$ 和水化铝酸钙，容易引起软水、酸类和盐类的侵蚀。因此硅酸盐水泥不宜用于经常与流动的淡水接触和压力水作用的工程，也不适用于海水和有腐蚀介质存在的工程。

2. 其他通用硅酸盐水泥

1）混合材料

混合材料是指在磨制水泥时加入的各种矿物材料。混合材料分为活性混合材料和非活性混合材料两种。

（1）活性混合材料

活性混合材料是指能与水泥熟料的水化产物 $Ca(OH)_2$、石灰或石膏等发生化学反应，并形成水硬性胶凝材料的矿物质材料。水泥中掺有活性混合材料能够改善其某些性质，常用的活性混合材料有粒化高炉矿渣、火山灰质混合材料及粉煤灰等。

① 粒化高炉矿渣

是高炉炼铁所得的以硅酸钙和铝酸钙为主要成分的熔融物，经急速冷却而成的颗粒。粒化高炉矿渣中含有活性 SiO_2 和活性 Al_2O_3，与水化产物 $Ca(OH)_2$、水等作用形成新的水化产物而产生凝胶作用。

② 火山灰质混合材料

火山灰质混合材料的品种很多，天然矿物材料有：火山灰、凝灰岩、浮石、硅藻土等；工业废渣和人工制造的有：天然煤矸石、煤渣、硅灰等。此类材料的活性成分也是活性 SiO_2 和活性 Al_2O_3，其潜在水硬性原理与粒化高炉矿渣相同。

③ 粉煤灰

是火力发电厂用收尘器从烟道中收集的灰粉，主要成分是活性 SiO_2 和活性 Al_2O_3，其潜在水硬性原理与粒化高炉矿渣相同。

（2）非活性混合材料

非活性混合材料是指在水泥中主要起填充作用，对水泥的基本物理化学性能无影响的矿物质材料。它们与水泥成分不起化学作用或化学作用很小，非活性混合材料掺入硅酸盐水泥中仅起提高水泥产量、降低生产成本、降低水泥强度等级和减少水化热等作用。常用的品种有：磨细石英砂、石灰石等。

2）普通硅酸盐水泥

普通硅酸盐水泥，简称普通水泥，代号为 P·O，水泥中熟料＋石膏的掺量应≥85%且<95%，允许掺入>5%且≤20%符合标准要求的活性混合材料，其中允许用不超过水泥质量 8%的非活性混合材料或不超过水泥质量 5%的符合标准要求的窑灰来代替。

（1）普通硅酸盐水泥的技术要求

普通硅酸盐水泥与硅酸盐水泥的技术要求相比较，其氧化镁含量、三氧化硫含量、氯离子含量、体积安定性及细度要求相同，凝结时间和强度要求不同。

① 凝结时间

普通硅酸盐水泥初凝不小于 45min，终凝不大于 600min。

② 强度

普通硅酸盐水泥的强度等级根据 3d 和 28d 龄期的抗折和抗压强度分为 42.5、42.5R、52.5、52.5R 四个强度等级，其中 R 表示早强型水泥。不同强度等级的普通硅酸盐水泥，其各龄期的强度应符合表 3-10 中的数值。

表 3-10　普通硅酸盐水泥各龄期的强度要求（MPa）

<table>
<tr><th rowspan="2">品种</th><th rowspan="2">强度等级</th><th colspan="2">抗压强度</th><th colspan="2">抗折强度</th></tr>
<tr><th>3d</th><th>28d</th><th>3d</th><th>28d</th></tr>
<tr><td rowspan="4">普通硅酸盐水泥</td><td>42.5</td><td>≥17.0</td><td rowspan="2">≥42.5</td><td>≥3.5</td><td rowspan="2">≥6.5</td></tr>
<tr><td>42.5R</td><td>≥22.0</td><td>≥4.0</td></tr>
<tr><td>52.5</td><td>≥23.0</td><td rowspan="2">≥52.5</td><td>≥4.0</td><td rowspan="2">≥7.0</td></tr>
<tr><td>52.5R</td><td>≥27.0</td><td>≥5.0</td></tr>
</table>

（2）普通硅酸盐水泥的性能及应用

普通硅酸盐水泥由于掺加的混合材料较少，绝大部分仍为硅酸盐水泥熟料，因此其性能与硅酸盐水泥相近。与硅酸盐水泥相比，早期硬化速度稍慢，抗冻性与耐磨性能也略差，耐热性、耐腐蚀性略有提高。其应用范围与硅酸盐水泥也相同，广泛用于各种混凝土或钢筋混凝土工程，是土木工程中用量最大的水泥品种之一。

3）矿渣硅酸盐水泥

矿渣硅酸盐水泥（简称矿渣水泥），根据粒化高炉矿渣掺量不同分为两个类型，矿渣掺量＞20％且≤50％的为A型，代号P·S·A；矿渣掺量＞50％且≤70％的为B型，代号P·S·B。其中允许用不超过水泥质量8％且符合标准要求的活性混合材料、非活性混合材料或符合标准要求的窑灰中的任一种材料代替。

（1）矿渣硅酸盐水泥的技术要求

矿渣硅酸盐水泥的凝结时间、体积安定性、氯离子含量的技术要求与普通硅酸盐水泥相同。

① 氧化镁含量

P·S·A型，要求氧化镁的含量≤6.0％，如果含量大于6.0％时，需进行压蒸安定性试验并合格。P·S·B型不作要求。

② 三氧化硫

矿渣硅酸盐水泥P·S·A型和P·S·B型三氧化硫含量≤4.0％。

③ 强度

矿渣硅酸盐水泥的强度等级根据3d和28d龄期的抗折和抗压强度分为32.5、32.5R、42.5、42.5R、52.5、52.5R六个强度等级，其中R表示早强型水泥。不同强度等级的矿渣硅酸盐水泥，其各龄期的强度应符合表3-11中的数值。

表3-11　矿渣、火山灰、粉煤灰、复合硅酸盐水泥各龄期的强度要求（MPa）

品种	强度等级	抗压强度		抗折强度	
		3d	28d	3d	28d
矿渣硅酸盐水泥 火山灰硅酸盐水泥 粉煤灰硅酸盐水泥 复合硅酸盐水泥	32.5	≥10.0	≥32.5	≥2.5	≥5.5
	32.5R	≥15.0		≥3.5	
	42.5	≥15.0	≥42.5	≥3.5	≥6.5
	42.5R	≥19.0		≥4.0	
	52.5	≥21.0	≥52.5	≥4.0	≥7.0
	52.5R	≥23.0		≥4.5	

④ 细度

矿渣硅酸盐水泥以筛余表示，80μm方孔筛筛余不大于10％或45μm方孔筛筛余不大于30％。

（2）矿渣硅酸盐水泥的性能及应用

① 早期强度发展慢，后期强度增长快。该水泥不适用于早期强度要求较高的工程。

② 水化热低。矿渣硅酸盐水泥中掺加了大量矿渣，水泥熟料相对减少，水化放热高的硅酸三钙和铝酸三钙含量也相对减少，因此，水化热低。可以用于大体积混凝土工程。

③ 耐腐蚀性好。矿渣水泥水化所析出的氢氧化钙较少，而且在与活性混合材料作用时，又消耗掉大量的氢氧化钙，水泥石中剩余的氢氧化钙含量就更少了，因此这种水泥抵抗软水、酸类、盐类的侵蚀能力明显提高。可用于海港、水工等受硫酸盐和软水侵蚀的混凝土工程。

④ 耐热性好。矿渣本身有一定的耐高温性，且硬化后水泥石中的氢氧化钙含量少，所以矿渣水泥适于高温环境。

⑤ 硬化时对温度、湿度敏感性强。适用于蒸汽养护的混凝土预制构件。

⑥ 抗碳化能力差。矿渣硅酸盐水泥硬化后的水泥石碱度低、抗碳化能力差，对防止钢筋锈蚀不利。一般不用于热处理车间的修建。

⑦ 抗冻性差。不适用于严寒地区，特别是严寒地区水位经常变动的部位。

4）火山灰质硅酸盐水泥、粉煤灰硅酸盐水泥、复合硅酸盐水泥

火山灰质硅酸盐水泥（简称火山灰水泥），代号为P·P。水泥中熟料和石膏的掺量为≥60%且<80%，混合材料为符合标准要求的火山灰质活性混合材料，其掺量为>20%且≤40%。

粉煤灰硅酸盐水泥（简称粉煤灰水泥），代号为P·F。水泥中熟料和石膏的掺量为≥60%且<80%，混合材料为符合标准要求的粉煤灰活性混合材料，其掺量为>20%且≤40%。

复合硅酸盐水泥（简称复合水泥），代号为P·C。水泥中熟料和石膏的掺量为≥50%且<80%，混合材料为两种或两种以上的符合标准的活性混合材料及非活性混合材料，掺量为>20%且≤50%，其中允许用不超过水泥质量8%且符合标准要求的窑灰代替，掺矿渣时混合材料掺量不得与矿渣硅酸盐水泥重复。

（1）火山灰质硅酸盐水泥、粉煤灰硅酸盐水泥、复合硅酸盐水泥的技术要求

这三种水泥的凝结时间、体积安定性、强度、细度、氯离子含量等技术要求与矿渣硅酸盐水泥相同。但是三氧化硫含量要求≤3.5%。氧化镁的含量要求≤6.0%，如果水泥中氧化镁含量大于6.0%时，需进行压蒸安定性试验并合格。

（2）火山灰质硅酸盐水泥、粉煤灰硅酸盐水泥、复合硅酸盐水泥的性能及应用

这三种水泥与矿渣硅酸盐水泥的性质和应用有许多共性，如：早期强度发展慢、后期强度增长快，水化热低，耐腐蚀性好，硬化时对温度、湿度敏感性强，抗碳化能力差，抗冻性差等。由于这三种水泥所加入的混合材料种类和掺加量不同，因此也各有不同的特点。

① 火山灰质硅酸盐水泥

火山灰质硅酸盐水泥抗渗性较高，因为火山灰质混合材料的结构特点是疏松多孔，水化时需水量较多，拌合物不易泌水，在潮湿环境下使用时，水化中产生较多的水化硅酸钙可增加结构致密程度，因此火山灰质硅酸盐水泥适用于有抗渗要求的混凝土工程。但处于干燥环境中，空气中的二氧化碳作用于表面的水化硅酸钙凝胶生成碳酸钙和氧化硅，易产生“起粉”现象，不适用于干燥环境的工程。

② 粉煤灰硅酸盐水泥

粉煤灰硅酸盐水泥干缩较小，抗裂性好。粉煤灰颗粒大多为球形颗粒，比表面积小，吸

附水少。因而粉煤灰硅酸盐水泥拌合物需水量较小，硬化过程中干缩率小，抗裂性好。所以粉煤灰硅酸盐水泥适用于大体积水工混凝土以及地下和海港工程等。

③ 复合硅酸盐水泥

复合硅酸盐水泥中掺入两种及两种以上混合材料，由于使用了复合混合材料，改变了水泥石的微观结构，从而改善水泥的性能。如矿渣水泥中掺入石灰石可以改善矿渣水泥的泌水性，提高早期强度，又能保证后期强度的增长。在需水性大的火山灰水泥中掺入矿渣等，能有效降低水泥需水量。如果以矿渣为主要混合材料时其性能与矿渣水泥接近，而当火山灰质混合材料为主时则接近火山灰水泥的性能。因此，复合水泥的使用，应清楚所掺入的主要混合材料。复合水泥包装袋上均标明了主要混合材料的名称。

3. 通用硅酸盐水泥的选用

硅酸盐水泥、普通硅酸盐水泥、矿渣硅酸盐水泥、火山灰质硅酸盐水泥、粉煤灰硅酸盐水泥和复合硅酸盐水泥是建设工程中的常用水泥，其选用可参照表 3-12 所示。

4. 通用硅酸盐水泥的包装、标志、运输和储存

（1）包装

水泥可以散装或袋装，袋装水泥每袋净含量为 50kg，且应不少于标志质量的 99%；随机抽取 20 袋总质量（含包装袋）应不少于 1000kg。其他包装形式由供需双方协商确定，但有关袋装质量要求，应符合上述规定。水泥包装袋应符合 GB 9774 的规定。

（2）标志

水泥包装袋上应清楚标明：执行标准、水泥品种、代号、强度等级、生产者名称、生产许可证标志（QS）及编号、出厂编号、包装日期、净含量。包装袋两侧应根据水泥的品种采用不同的颜色印刷水泥名称和强度等级，硅酸盐水泥和普通硅酸盐水泥采用红色；矿渣硅酸盐水泥采用绿色；火山灰质硅酸盐水泥、粉煤灰硅酸盐水泥和复合硅酸盐水泥采用黑色或蓝色。

散装发运时应提交与袋装标志相同内容的卡片。

（3）运输和储存

水泥在运输与储存时不得受潮和混入杂物，不同品种和强度等级的水泥在储运中避免混杂。

表 3-12　常用水泥的性能与使用

水泥	硅酸盐水泥	普通水泥	矿渣水泥	火山灰水泥	粉煤灰水泥	复合水泥
特性	1. 强度高； 2. 快硬早强； 3. 抗冻耐磨性好； 4. 水化热大； 5. 耐腐蚀性较差； 6. 耐热性较差	1. 早期强度较高； 2. 抗冻性较好； 3. 水化热较大； 4. 耐腐蚀性较差； 5. 耐热性较差	1. 强度早期低但后期增长快； 2. 强度发展对湿度敏感； 3. 水化热低； 4. 耐软水、海水、硫酸盐腐蚀性较好； 5. 耐热性较好； 6. 抗冻抗渗性较差	1. 抗渗性较好、耐热不及矿渣水泥、干缩大、耐磨性差； 2. 其他同矿渣水泥	1. 干缩性较小，抗裂性较好； 2. 其他同矿渣水泥	1. 早期强度较高； 2. 其他性能与所掺主要混合材料的水泥接近

续表

水泥	硅酸盐水泥	普通水泥	矿渣水泥	火山灰水泥	粉煤灰水泥	复合水泥
适用范围	1. 高强度混凝土； 2. 预应力混凝土； 3. 快硬早强结构； 4. 抗冻混凝土	1. 一般的混凝土； 2. 预应力混凝土； 3. 地下与水中结构； 4. 抗冻混凝土	1. 一般耐热要求的混凝土； 2. 大体积混凝土； 3. 蒸汽养护构件； 4. 一般混凝土构件； 5. 一般耐软水、海水、硫酸盐腐蚀要求的混凝土	1. 水中、地下、大体积混凝土、抗渗混凝土； 2. 其他同矿渣水泥	1. 地上、地下、与水中大体积混凝土； 2. 其他同矿渣水泥	1. 早期强度较高的工程； 2. 其他与掺主要混合材的水泥类似
不适用范围	1. 大体积混凝土； 2. 易受腐蚀的混凝土； 3. 耐热混凝土，高温养护混凝土		1. 早期强度要求较高的混凝土； 2. 严寒地区及处在水位升降的范围内的混凝土；抗渗性要求高的混凝土	1. 干燥环境及处在水位变化范围内的混凝土； 2. 耐磨要求的混凝土； 3. 其他同矿渣水泥	1. 抗碳化要求的混凝土； 2. 其他同火山灰质水泥； 3. 有抗渗要求的混凝土	与掺主要混合材的水泥类似

3.2.2　其他品种水泥

在土木工程中，除常用的通用硅酸盐水泥外，还需使用一些特性水泥和专用水泥。本部分主要介绍道路硅酸盐水泥、快硬硅酸盐水泥、抗硫酸盐硅酸盐水泥、白色硅酸盐水泥及铝酸盐水泥等。

1. 道路硅酸盐水泥

由道路硅酸盐水泥熟料，0%～10%活性混合材料和适量石膏磨细制成的水硬性胶凝材料，称为道路硅酸盐水泥，简称道路水泥。道路硅酸盐水泥熟料是以硅酸钙为主要成分和较多量的铁铝酸钙的硅酸盐水泥熟料。

（1）道路硅酸盐水泥的技术要求

① 氧化镁。道路水泥中氧化镁含量应不大于5.0%。

② 三氧化硫。道路水泥中三氧化硫含量应不大于3.5%。

③ 烧失量。道路水泥中的烧失量应不大于3.0%。

④ 比表面积。比表面积为300～450m^2/kg。

⑤ 凝结时间。初凝时间不早于1.5h，终凝时间不得迟于10h。

⑥ 安定性。用沸煮法检验必须合格。

⑦ 干缩率。28d干缩率应不大于0.10%。

⑧ 强度。道路硅酸盐水泥的强度等级按照3d和28d的抗压和抗折强度划分为32.5、42.5、52.5三个等级。各龄期的抗压强度和抗折强度不低于表3-13所示数值。

表3-13　水泥的等级与各龄期强度（MPa）

强度等级	抗折强度		抗压强度	
	3d	28d	3d	28d
32.5	3.5	6.5	16.0	32.5
42.5	4.0	7.0	21.0	42.5
52.5	5.0	7.5	26.0	52.5

（2）道路硅酸盐水泥的性能及应用

道路硅酸盐水泥抗折强度高、耐磨性好、干缩性小、抗冲击性好、抗冻性好，适用于公路路面、机场跑道等工程结构，也可用于要求较高的工厂地面和停车场等工程。

2. 中热硅酸盐水泥、低热硅酸盐水泥、低热矿渣硅酸盐水泥

中热硅酸盐水泥，简称中热水泥，代号 P・MH，以适当成分的硅酸盐水泥熟料，加入适量石膏，磨细制成的具有中等水化热的水硬性胶凝材料。

低热硅酸盐水泥，简称低热水泥，代号 P・LH，以适当成分的硅酸盐水泥熟料，加入适量石膏，磨细制成的具有低水化热的水硬性胶凝材料。

低热矿渣硅酸盐水泥，简称低热矿渣水泥，代号 P・SLH，以适当成分的硅酸盐水泥熟料，加入粒化高炉矿渣、适量石膏，磨细制成的具有低水化热的水硬性胶凝材料。

（1）技术要求

① 三氧化硫。水泥中三氧化硫的含量应不大于 3.5%。

② 凝结时间。初凝应不早于 60min，终凝应不迟于 12h。

③ 强度。水泥的强度等级按规定龄期的抗压强度和抗折强度划分，各龄期的抗压强度和抗折强度应不低于表 3-14 所列数值。

表 3-14　水泥的等级与各龄期强度（MPa）

品种	强度等级	抗压强度			抗折强度		
		3d	7d	28d	3d	7d	28d
中热水泥	42.5	12.0	22.0	42.5	3.0	4.5	6.5
低热水泥	42.5	—	13.0	42.5	—	3.5	6.5
低热矿渣水泥	32.5	—	12.0	32.5	—	3.0	5.5

（2）性能及应用

在大体积混凝土工程施工中，其内部的水化热比较集中，从而导致混凝土内外温差过大，出现裂缝。上述三种水泥适用于大体积混凝土工程以及要求水化热低的大坝。

3. 抗硫酸盐硅酸盐水泥

抗硫酸盐硅酸盐水泥按其抗硫酸盐性能分为中抗硫酸盐硅酸盐水泥和高抗硫酸盐硅酸盐水泥两类。

中抗硫酸盐硅酸盐水泥，以特定矿物组成的硅酸盐水泥熟料，加入适量石膏，磨细制成的具有抵抗中等浓度硫酸根离子侵蚀的水硬性胶凝材料，称为中抗硫酸盐硅酸盐水泥，简称中抗硫酸盐水泥，代号 P・MSR。

高抗硫酸盐硅酸盐水泥，以特定矿物组成的硅酸盐水泥熟料，加入适量石膏，磨细制成的具有抵抗较高浓度硫酸根离子侵蚀的水硬性胶凝材料，称为高抗硫酸盐硅酸盐水泥，简称高抗硫酸盐水泥，代号 P・HSR。

（1）抗硫酸盐硅酸盐水泥的技术要求

① 氧化镁。水泥中氧化镁的含量应不大于 5.0%。如果水泥经过压蒸安定性试验合格，则水泥中氧化镁的含量允许放宽到 6.0%。

② 三氧化硫。水泥中三氧化硫的含量不大于 2.5%。

③ 凝结时间。初凝不得早于45min，终凝不得迟于10h。

④ 强度。中抗硫酸盐硅酸盐水泥和高抗硫酸盐硅酸盐水泥强度等级分为32.5、42.5。水泥强度等级按规定龄期的抗压强度和抗折强度来划分，各龄期的抗压强度和抗折强度应不低于表3-15所列数值。

表3-15　水泥的等级与各龄期的强度（MPa）

分类	强度等级	抗压强度		抗折强度	
		3d	28d	3d	28d
中抗硫酸盐水泥、高抗硫酸盐水泥	32.5	10.0	32.5	2.5	6.0
	42.5	15.0	42.5	3.0	6.5

（2）抗硫酸盐硅酸盐水泥性能及应用

抗硫酸盐硅酸盐水泥的性能是抗硫酸盐侵蚀的能力较强，水化热较低。适用于受硫酸盐侵蚀的海港、水利、地下、道路和桥梁等工程。

4. 白色硅酸盐水泥

白色硅酸盐水泥是由氧化铁含量少的硅酸盐水泥熟料、适量石膏及规定的混合材料，磨细制成的水硬性胶凝材料称为白色硅酸盐水泥，简称白水泥，代号P·W。

（1）白色硅酸盐水泥的技术要求

① 三氧化硫。水泥中的三氧化硫的含量应不超过3.5%。

② 细度。80μm方孔筛筛余应不超过10%。

③ 凝结时间。初凝应不早于45min，终凝应不迟于10h。

④ 强度。白色硅酸盐水泥强度等级分为32.5、42.5、52.5。水泥强度等级按规定的抗压强度和抗折强度来划分，各强度等级的各龄期强度应不低于表3-16所列数值。

表3-16　水泥的等级与各龄期的强度（MPa）

强度等级	抗压强度		抗折强度	
	3d	28d	3d	28d
32.5	12.0	32.5	3.0	6.0
42.5	17.0	42.5	3.5	6.5
52.5	22.0	52.5	4.0	7.0

（2）白色硅酸盐水泥性能及应用

由白色硅酸盐水泥熟料、适量石膏和耐碱矿物颜料共同磨细，可制成彩色硅酸盐水泥。白色和彩色硅酸盐水泥，主要用于建筑物室内外装饰，可以配制装饰砂浆，如水磨石、水刷石、斩假石等及装饰混凝土。

5. 铝酸盐水泥

凡以铝酸钙为主的铝酸盐水泥熟料，磨细制成的水硬性胶凝材料称为铝酸盐水泥，代号CA。

（1）铝酸盐水泥的技术要求

① 细度。比表面积不小于 $300m^2/kg$，或 0.045mm 的筛余不大于 20%。

② 凝结时间。CA-50、CA-70、CA-80 的初凝时间不得早于 30min，终凝时间不得迟于 6h；CA-60 的初凝时间不得早于 60min，终凝时间不得迟于 18h。

③ 强度。

铝酸盐水泥按 Al_2O_3 含量百分数分为四类：CA-50（$50\% \leqslant Al_2O_3 < 60\%$）、CA-60（$60\% \leqslant Al_2O_3 < 68\%$）、CA-70（$68\% \leqslant Al_2O_3 < 77\%$）、CA-80（$77\% \leqslant Al_2O_3$）四类。各类型铝酸盐水泥各龄期的强度值不得低于表 3-17 中所列数值。

（2）铝酸盐水泥性能及应用

铝酸盐水泥具有快凝早强、水化热大、抗硫酸盐性能强、低收缩、耐热性好的特点，适于紧急抢修工程、冬期施工的工程和耐高温工程，还可以用来配制耐热混凝土、耐硫酸盐混凝土等。不宜用于大体积混凝土及高温潮湿环境中的工程。

表 3-17　水泥胶砂强度（MPa）

水泥类型	抗压强度				抗折强度			
	6h	1d	3d	28d	6h	1d	3d	28d
CA-50	20[①]	40	50	—	3.0[①]	5.5	6.5	—
CA-60	—	20	45	85	—	2.5	5.0	10.0
CA-70	—	30	40	—	—	5.0	6.0	—
CA-80	—	25	30	—	—	4.0	5.0	—

① 当用户需要时，生产厂应提供结果。

单元小结

本单元共为分两个任务，气硬性胶凝材料和水硬性胶凝材料。气硬性胶凝材料中主要介绍了石灰与建筑石膏的生产，技术要求，性质及应用等；水硬性胶凝材料主要介绍了通用硅酸盐水泥的生产、水化、凝结硬化、技术要求、性质及应用，此外还介绍了几种常用的其他品种水泥的特性及应用。水泥是建筑工程主要材料之一，通过本章的学习使学生掌握各种常用水泥的特性，能够根据实际工程所处环境合理的选用水泥品种。

单元思考题

1. 硅酸盐水泥熟料由哪几种主要矿物组成？各有何特性？
2. 在硅酸盐水泥生产中，加入石膏的作用是什么？
3. 影响硅酸盐水泥凝结硬化的主要因素有哪些？
4. 何谓水泥体积安定性？引起水泥体积安定性不良的原因有哪些？
5. 硅酸盐水泥侵蚀的类型有哪几种？如何防止水泥石的侵蚀？
6. 请为下列工程选择适宜的水泥品种。

（1）蒸汽养护的预制构件；

（2）厚大体积的混凝土工程；

（3）高温设备或窑炉的混凝土基础；

（4）严寒地区受冻融的混凝土工程；

（5）海港工程；

（6）高强混凝土工程；

（7）有抗渗要求的混凝土。

单元四　混凝土与建筑砂浆

学习目标：

1. 了解普通混凝土的组成及其基本组成材料的技术要求。
2. 掌握普通混凝土的主要技术性质及影响因素。
3. 了解普通混凝土的配合比计算。
4. 了解常用混凝土外加剂的种类及其作用效果。
5. 了解其他混凝土的特性及应用。
6. 掌握建筑砂浆的技术性能和对原材料的质量要求。
7. 了解砌筑砂浆的配合比设计。
8. 了解其他种类砂浆的特性及应用。

任务一　混凝土概述

混凝土是由胶凝材料，水和粗、细骨料按适当比例配合，拌制成拌合物，经一定时间后硬化而成的人造石材。目前，混凝土技术正朝着超高强、轻质、高耐久性、多功能和智能化方向发展。

4.1.1　混凝土的分类

1. 按表观密度分类

（1）重混凝土

表观密度大于 2600kg/m^{3}的混凝土。常用重晶石、铁矿石、铁屑等特别密实和特别重的骨料配制而成。

（2）普通混凝土

表观密度为 1950～2600kg/m^{3}之间。主要用砂、石子作骨料配制而成的。是土木工程中用量最大、用途最广泛的混凝土品种。

（3）轻混凝土

表观密度小于 1950kg/m^{3}的混凝土。包括轻骨料混凝土、多孔混凝土、大孔混凝土等。

2. 按所用胶凝材料分类

按所用胶凝材料种类不同分为水泥混凝土、沥青混凝土、石膏混凝土、水玻璃混凝土及聚合物混凝土等。

3. 按用途分类

按用途不同分为结构用混凝土、防水混凝土、装饰混凝土、防射线混凝土、装饰混凝土、隔热混凝土、耐酸混凝土、耐热混凝土等。

4.1.2　混凝土的特点

1. 混凝土的优点

① 性能多样化，通过调整组成材料的品种及配合比，可配制成不同性能的混凝土，满足工程上不同的需要。

② 混凝土在凝结硬化前具有良好的可塑性，可根据工程需要浇筑成各种形状和大小的构件，既可现场浇筑成型，也可预制。

③ 混凝土硬化后抗压强度高，耐久性好。近年来高强混凝土的抗压强度可达 100MPa 以上，同时具备较高的抗渗、抗冻、抗腐蚀性，可保持混凝土结构长期使用性能的稳定。

④ 混凝土与钢筋有良好的粘结性，且两者线膨胀系数相近，浇筑成钢筋混凝土，可有效改善抗拉强度低的缺陷，扩大了其应用范围。

2. 混凝土的缺点

① 混凝土具有自重大，比强度低，抗拉强度低，呈脆性，抗裂性差。

② 在施工中影响质量的因素较多，难以得到精确控制。

任务二　普通混凝土的组成材料

在土木工程中，用量大、用途广泛的是以水泥为胶凝材料的普通水泥混凝土，通常简称为普通混凝土。普通混凝土是指以水泥为胶凝材料，砂子和石子为骨料，经加水搅拌、浇筑成型、凝结固化成具有一定强度的人造石材。在混凝土中水泥与水形成水泥浆，在混凝土硬化前，起填充、包裹、润滑的作用，使拌合物具有良好的可塑性而便于施工。混凝土硬化后，起胶结作用，将砂、石粘结成为一个整体，使其具有一定的强度。砂、石在混凝土中起骨架作用，故分别称为细骨料、粗骨料，可抑制混凝土的体积收缩，减少水泥用量，提高混凝土的强度及耐久性。

混凝土的技术性质在很大程度上是由原材料的性质及其相对含量决定的，同时也与施工工艺有关。因此，为了达到保证混凝土质量的目的，就必须了解其原材料的性质和质量要求，才能合理地选择原材料。

4.2.1　水泥

水泥是普通混凝土中重要的组成材料，其品种和数量的确定会影响混凝土的和易性、强度、耐久性及经济性。因此，配制混凝土时，应合理地选择水泥品种和强度等级。

1. 水泥品种的选择

水泥品种应根据混凝土的工程性质、所处环境要求进行选择。常用水泥品种的选用见表 4-1。

2. 水泥强度等级的选择

水泥强度等级的选择，应与混凝土设计强度等级相适应。若用低强度等级的水泥配制高强度等级混凝土，会使水泥用量过大而不经济，同时也会对混凝土产生不利影响。反之，用高强度等级的水泥配制低强度等级混凝土，则水泥用量会偏少，从而影响混凝土的和易性和耐久性。对于一般强度混凝土，水泥强度等级宜为混凝土强度等级的 1.5～2.0 倍。高强度混凝土，水泥强度等级可取混凝土强度等级的 0.9～1.5 倍。

表 4-1　常用水泥的选用

<table>
<tr><th colspan="2">混凝土工程特点或所处的环境条件</th><th>优先选用</th><th>可以使用</th><th>不宜使用</th></tr>
<tr><td rowspan="4">普通
混凝土</td><td>1. 在普通气候环境中的混凝土</td><td>普通硅酸盐水泥</td><td>矿渣硅酸盐水泥
火山灰硅酸盐水泥
粉煤灰硅酸盐水泥</td><td></td></tr>
<tr><td>2. 在干燥环境中的混凝土</td><td>普通硅酸盐水泥</td><td>普通硅酸盐水泥</td><td>粉煤灰硅酸盐水泥
火山灰硅酸盐水泥</td></tr>
<tr><td>3. 在高湿环境中或长期处于水中的混凝土</td><td>矿渣硅酸盐水泥</td><td>普通硅酸盐水泥
火山灰硅酸盐水泥
粉煤灰硅酸盐水泥</td><td></td></tr>
<tr><td>4. 厚大体积的混凝土</td><td>煤灰硅酸盐水泥
矿渣硅酸盐水泥
火山灰质硅酸盐水泥</td><td>普通硅酸盐水泥</td><td>硅酸盐水泥
快硬硅酸盐水泥</td></tr>
<tr><td rowspan="6">有特殊
要求的
混凝土</td><td>1. 要求快硬的混凝土</td><td>快硬硅酸盐水泥
硅酸盐水泥</td><td>普通硅酸盐水泥</td><td>矿渣硅酸盐水泥
火山灰硅酸盐水泥
粉煤灰硅酸盐水泥
复合硅酸盐水泥</td></tr>
<tr><td>2. 高强（大于 C40 级）的混凝土</td><td>硅酸盐水泥</td><td>普通硅酸盐水泥
矿渣硅酸盐水泥</td><td>火山灰硅酸盐水泥
粉煤灰硅酸盐水泥</td></tr>
<tr><td>3. 严寒地区的露天混凝土和处在水位升降范围内的混凝土</td><td>普通硅酸盐水泥</td><td>矿渣硅酸盐水泥</td><td>火山灰硅酸盐水泥
粉煤灰硅酸盐水泥</td></tr>
<tr><td>4. 严寒地区处在水位升降范围内的混凝土</td><td>普通硅酸盐水泥</td><td></td><td>火山灰硅酸盐水泥
矿渣硅酸盐水泥
粉煤灰硅酸盐水泥
复合硅酸盐水泥</td></tr>
<tr><td>5. 有抗渗性要求的混凝土</td><td>普通硅酸盐水泥
火山灰硅酸盐水泥</td><td></td><td>矿渣硅酸盐水泥</td></tr>
<tr><td>6. 有耐磨性要求的混凝土</td><td>硅酸盐水泥
普通硅酸盐水泥</td><td>矿渣硅酸盐水泥</td><td>火山灰硅酸盐水泥</td></tr>
</table>

4.2.2　细骨料

根据国家标准《建筑用砂》（GB/T 14684—2011）规定，粒径为 150μm～4.75mm 的骨料称为细骨料。

1. 细骨料的种类及特性

砂按产源分为天然砂、机制砂两类。天然砂是自然生成的，经人工开采和筛分的粒径小于 4.75mm 的岩石颗粒，包括河砂、湖砂、山砂、淡化海砂，但不包括软质、风化的岩石颗粒。机制砂是经除土处理，由机械破碎、筛分制成的，粒径小于 4.75mm 的岩石、矿山尾矿或工业废渣颗粒，但不包括软质、风化的颗粒，俗称人工砂。

《建筑用砂》根据砂的技术要求分为Ⅰ类、Ⅱ类和Ⅲ类。Ⅰ类砂宜用于配制强度等级大于C60的混凝土；Ⅱ类砂宜用于配制强度等级为C30～C60及有抗冻、抗渗或其他要求的混凝土；Ⅲ类砂宜用于配制强度等级小于C30的混凝土和建筑砂浆。

2. 细骨料的技术要求

(1) 粗细程度与颗粒级配

砂的粗细程度是指不同粒径的砂粒混合在一起的平均粗细程度。通常用细度模数（M_x）表示。细度模数（M_x）越大，表示砂越粗，比表面积越小；细度模数（M_x）越小，则表示砂比表面积越大，砂越细。

砂的颗粒级配是指大小不同粒径的砂粒相互间的搭配情况。如图4-1所示，如果是相同粒径的砂，空隙最大；用两种不同粒径的砂搭配起来，空隙就减小了；用三种不同粒径的砂搭配，空隙就更小了。因此，要想减小砂粒间的空隙，就必须要有大小不同粒径的砂互相搭配。良好的颗粒级配是粗颗粒的空隙恰好由中颗粒填充，中颗粒的空隙恰好由细颗粒填充，如此逐级填充使砂形成最致密的堆积状态，空隙率达到最小，从而达到节约水泥，提高混凝土综合性能的目标。

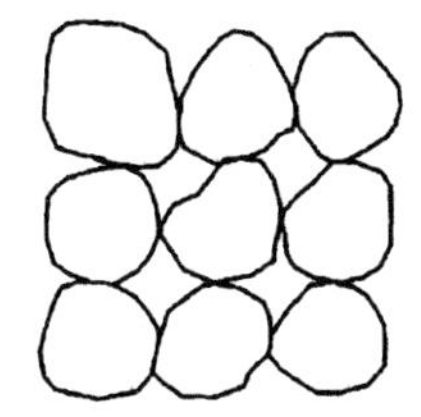
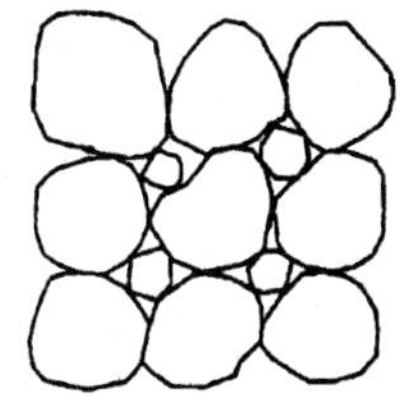
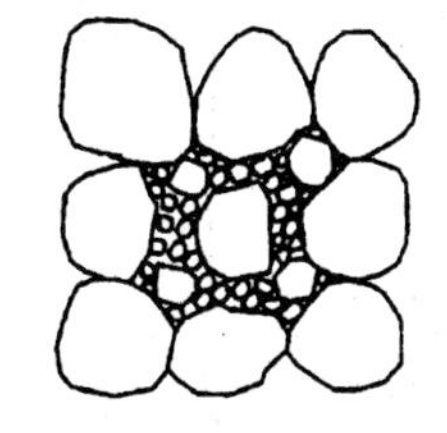

图4-1 颗粒级配示意图

砂的粗细程度和颗粒级配用筛分析方法测定，粗细程度用细度模数表示，颗粒级配用级配区表示。根据《建设用砂》(GB/T 14684—2011)，筛分析是用一套孔径为4.75mm、2.36mm、1.18mm、0.600mm、0.300mm、0.150mm的标准筛，将500g干砂由粗到细依次过筛，称量各筛上的筛余量 m_i (g)，计算各筛上的分计筛余百分率 a_i (%)，再计算累计筛余百分率 A_i (%)。a_i 和 A_i 的计算关系见表4-2。（JGJ 52—2006采用的筛孔尺寸为5.00mm、2.50mm、1.25mm、0.630mm、0.315mm及0.160mm。其测试和计算方法均相同，目前混凝土行业普遍采用该标准。）

表4-2 筛余量、分计筛余百分率、累计筛余百分率的关系

筛孔尺寸 (mm)	筛余量 m_i (g)	分计筛余百分率 a_i (%)	累计筛余百分率 A_i (%)
4.75	m_1	a_1	$A_1 = a_1$
2.36	m_2	a_2	$A_2 = a_1 + a_2$
1.18	m_3	a_3	$A_3 = a_1 + a_2 + a_3$
0.6	m_4	a_4	$A_4 = a_1 + a_2 + a_3 + a_4$
0.3	m_5	a_5	$A_5 = a_1 + a_2 + a_3 + a_4 + a_5$
0.15	m_6	a_6	$A_6 = a_1 + a_2 + a_3 + a_4 + a_5 + a_6$

注：$a_i = m_i/500$。

细度模数根据下式计算（精确至0.01）：

$$M_x = \frac{(A_2 + A_3 + A_4 + A_5 + A_6) - 5A_1}{100 - A_1}$$

根据细度模数 M_x 大小将砂按下列分类：M_x 在 3.7～3.1 为粗砂，M_x 在 3.0～2.3 为中砂，M_x 在 2.2～1.6 为细砂。

砂的颗粒级配根据各筛的累计筛余百分率，评定砂的级配。以累计筛余百分率为纵坐标，筛孔尺寸为横坐标，根据表 4-3 所列的级区可绘制 1、2、3 级配区的筛分曲线，如图 4-2 所示。在筛分曲线上可以直观地分析砂的颗粒级配优劣。

表 4-3　砂的颗粒级配区范围

筛孔尺寸（mm）	累计筛余（%）		
	1 区	2 区	3 区
9.50	0	0	0
4.75	10～0	10～0	10～0
2.36	35～5	25～0	15～0
1.18	65～35	50～10	25～0
0.600	85～71	70～41	40～16
0.300	95～80	92～70	85～55
0.150	100～90	100～90	100～90

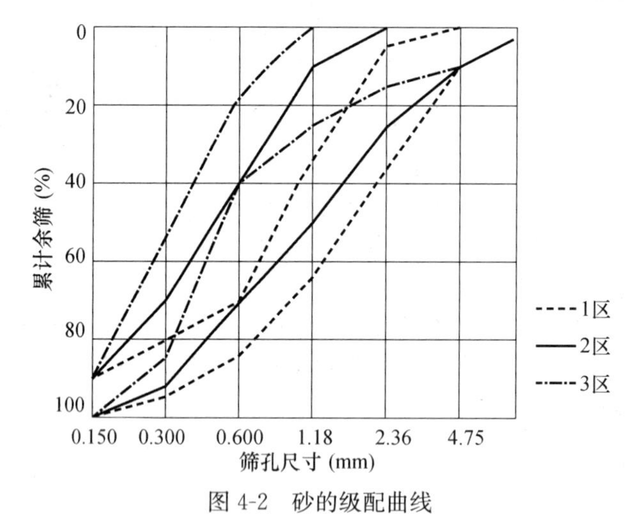

图 4-2　砂的级配曲线

（2）砂的含泥量、石粉含量和泥块含量

含泥量是指天然砂中粒径小于 75μm 的颗粒含量。泥通常包裹在砂颗粒表面，妨碍了水泥浆与砂的有效粘结，使混凝土的强度、耐久性降低。

石粉含量是指机制砂中粒径小于 75μm 的颗粒含量。一般认为过多的石粉含量会妨碍水泥与骨料的粘结，对混凝土不利，但是适量的石粉可以完善混凝土细骨料的级配，提高混凝土密实性，进而提高混凝土的性能。

泥块含量是指砂中原粒径大于 1.18mm，经水浸洗、手捏后小于 600μm 的颗粒含量。当砂中含有泥块时，会形成混凝土中的薄弱部分，影响混凝土的质量，应严格控制其含量。

（3）有害物质

细骨料中的有害物质主要有云母、轻物质、有机物、硫化物及硫酸盐、氯化物等。这些物质黏附在砂的表面或夹杂其中，妨碍水泥与砂的粘接，从而降低混凝土的强度和耐久性。

另外，有机物、硫化物和硫酸盐对水泥石有腐蚀作用，从而影响混凝土的性能。因此，对有害物质的含量必须加以限制。《建筑用砂》对有害物质含量的限值见表4-4。

表4-4　有害物质限量

类别	Ⅰ	Ⅱ	Ⅲ
云母（按质量计）（%）	≤1.0	≤2.0	
轻物质（按质量计）（%）	≤1.0		
有机物	合格		
硫化物及硫酸盐（按 SO_3 质量计）（%）	≤0.5		
氯化物（以氯离子质量计）（%）	≤0.01	≤0.02	≤0.06
贝壳（按质量计）（%）[a]	≤3.0	≤5.0	≤8.0

a 该指标仅适用于海砂，其他砂种不作要求。

（4）坚固性

砂的坚固性是指砂在自然风化和其他外界物理化学因素作用下抵抗破裂的能力。采用硫酸钠溶液法进行试验，测定砂样经五次循环后其质量损失率，其指标应符合表4-5所列要求。机制砂除了要满足表4-5中的规定外，压碎指标还应满足表4-6所列。

表4-5　坚固性指标

类别	Ⅰ	Ⅱ	Ⅲ
质量损失（%）	≤8		≤10

表4-6　压碎指标

类别	Ⅰ	Ⅱ	Ⅲ
单级最大压碎指标（%）	≤20	≤25	≤30

4.2.3　粗骨料

1. 粗骨料的种类及特性

粗骨料一般指颗粒粒径大于4.75mm的骨料，建筑用石分为卵石和碎石两大类。卵石是由于自然风化、水流搬运和分选、堆积形成的岩石颗粒。碎石是由天然岩石或卵石经机械破碎、筛分而制成的。根据《建设用卵石、碎石》（GB/T 14685—2011）规定，按卵石和碎石的技术要求分为Ⅰ类、Ⅱ类、Ⅲ类。Ⅰ类用于强度等级大于C60的混凝土；Ⅱ类用于强度等级C30～C60的混凝土；Ⅲ类用于强度等级小于C30的混凝土。

2. 粗骨料的技术要求

1）最大粒径和颗粒级配

（1）最大粒径

粗骨料公称粒级的上限称为该粒级的最大粒径。如公称粒级5～20mm的粗骨料其最大粒径为20mm。最大粒径反映了粗骨料的平均粗细程度。粗骨料最大粒径增大时，在质量相同的条件下，其总表面积减小，有利于节约水泥。因此，尽可能选用较大粒径的粗骨料。但最大粒径过大，节约水泥的效率不再明显，而且会降低混凝土的抗拉强度，影响施工质量。在确定石子的最大粒径时需要综合考虑各种因素。根据《混凝土结构工程施工质量验收规范》（GB 50204—2002）的规定：混凝土用的粗骨料，其最大颗粒粒径不得超过构件截面最小尺寸的 1/4，且不得超过钢筋最小净间距的 3/4；对混凝土实心板，骨料的最大粒径不宜超过板厚的 1/3，且不得超过 40mm。

（2）颗粒级配

粗骨料的级配原理与细骨料基本相同，也是通过筛分试验来确定，所采用的标准筛孔径为（mm）：2.36、4.75、9.50、16.0、19.0、26.5、31.5、37.5、53.0、63.0、75.0 和 90.0 的方孔筛。根据试验得出的各筛分计筛余量计算分计筛余百分率及累计筛余百分率。粗骨料的颗粒级配分为连续粒级和单粒粒级，其颗粒级配应符合表 4-7 所列规定。

表 4-7　颗粒级配

公称粒级（mm）		累计筛余（%）											
		方孔筛（mm）											
		2.36	4.75	9.50	16.0	19.0	26.5	31.5	37.5	53.0	63.0	75.0	90
连续粒级	5～16	95～100	85～100	30～60	0～10	0							
	5～20	95～100	90～100	40～80	—	0～10	0						
	5～25	95～100	90～100	—	30～70	—	0～5	0					
	5～31.5	95～100	90～100	70～90	—	15～45	—	0～5	0				
	5～40	—	95～100	70～90	—	30～65	—	—	0～5	0			
单粒粒级	5～10	95～100	80～100	0～15	0								
	10～16		95～100	80～100	0～15								
	10～20		95～100	85～100		0～15	0						
	16～25			95～100	55～70	25～40	0～10						
	16～31.5		95～100		85～100			0～10	0				
	20～40			95～100		80～100			0～10	0			
	40～80					95～100			70～100		30～60	0～10	0

连续粒级指 5mm 以上至最大粒径 D_{max}，各粒级均占一定比例，且在一定范围内。连续粒级的颗粒大小搭配连续合理，配制的混凝土和易性好，不易发生离析现象。单粒粒级石子主要用于组合成具有要求级配的连续粒级，或与连续粒级混合使用，用以改善级配或配成较大粒度的连续粒级。

2）含泥量和泥块含量

卵石、碎石的含泥量和泥块含量应符合表 4-8 所列的规定。

表 4-8　含泥量和泥块含量

类别	Ⅰ	Ⅱ	Ⅲ
含泥量（按质量计）（%）	≤0.5	≤1.0	≤1.5
泥块含量（按质量计）（%）	0	≤0.2	≤0.5

3）针片状颗粒含量

卵石和碎石颗粒的长度大于该颗粒所属相应粒级的平均粒径 2.4 倍者为针状颗粒；厚度小于平均粒径 0.4 倍者为片状颗粒（平均粒径指该粒级上、下限粒径的平均值）。针片状颗粒易折断，其含量多时，会降低新拌混凝土的流动性和硬化后混凝土的强度。因此，其含量应予控制，应符合表 4-9 所列的规定。

表 4-9　针、片状颗粒含量

类别	Ⅰ	Ⅱ	Ⅲ
针、片状颗粒总含量（按质量计）（%）	≤5	≤10	≤15

4）有害物质

卵石和碎石中有害物质限量应符合表 4-10 所列的规定。

表 4-10　有害物质限量

类别	Ⅰ	Ⅱ	Ⅲ
有机物	合格	合格	合格
硫化物及硫酸盐（按 SO_3 质量计）（%）	≤0.5	≤1.0	≤1.0

5）坚固性

卵石、碎石在自然风化和其他外界物理化学因素作用下抵抗破裂的能力。采用硫酸钠溶液法进行试验，卵石和碎石经五次循环后，其质量损失应符合表 4-11 所列的规定。

表 4-11　坚固性指标

类别	Ⅰ	Ⅱ	Ⅲ
质量损失（%）	≤5	≤8	≤12

6）强度

根据国家标准规定，碎石和卵石的强度可用岩石的抗压强度或压碎值指标两种方法表示。岩石的抗压强度采用 50mm×50mm×50mm 的立方体试件或 ϕ50mm×50mm 的圆柱体试件测定。一般要求其抗压强度大于配制混凝土强度的 1.5 倍，且不小于 45MPa（饱水）。在水饱和状态下，其抗压强度火成岩应不小于 80MPa，变质岩应不小于 60MPa，水成岩应不小于 30MPa。

压碎值指标是将 9.5～19mm 的石子 m 克，装入专用试样筒中，施加 200kN 的荷载，卸载后用孔径 2.36mm 的筛子筛去被压碎的细粒，称量筛余，计作 m_1。则压碎指标值 δ_a 按下式计算：

$$\delta_a = \frac{m_0 - m_1}{m_0} \times 100\%$$

式中　δ_a——压碎指标，%；

m_0——试样的质量，g；

m_1——压碎试验后筛余的试样质量，g。

压碎指标值越小，说明粗骨料抵抗受压破碎的能力越强。碎石和卵石的压碎指标值应符合表 4-12 所列的规定。

表 4-12　压碎指标

类别	Ⅰ	Ⅱ	Ⅲ
碎石压碎指标（%）	≤10	≤20	≤30
卵石压碎指标（%）	≤12	≤14	≤16

4.2.4 水

混凝土用水是混凝土拌合用水和混凝土养护用水的总称，包括：饮用水、地表水、地下水、再生水、混凝土企业设备洗刷水和海水等。混凝土用水宜采用饮用水，当采用其他水源时，水质应符合《混凝土用水标准》（JGJ 63—2006）的规定，见表4-13。对于设计使用年限为100年的结构混凝土，氯离子含量不得超过500mg/L；对使用钢丝或热处理钢筋的预应力混凝土，氯离子含量不得超过350mg/L。

表4-13 混凝土拌合用水水质要求

项目	预应力混凝土	钢筋混凝土	素混凝土
pH值	≥5.0	≥4.5	≥4.5
不溶物（mg/L）	≤2000	≤2000	≤5000
可溶物（mg/L）	≤2000	≤5000	≤10000
Cl^-（mg/L）	≤500	≤1000	≤3500
SO_4^{2-}（mg/L）	≤600	≤2000	≤2700
碱含量（mg/L）	≤1500	≤1500	≤1500

任务三 普通混凝土的技术性质

混凝土的技术性质常以混凝土拌合物和硬化混凝土分别研究。混凝土拌合物的主要技术性质是和易性。硬化混凝土的主要技术性质是强度、变形性及耐久性等。

4.3.1 混凝土拌合物的和易性

1. 和易性的概念

和易性是指混凝土拌合物易于施工操作（拌合、运输、浇筑、振捣等）并能获得质量均匀、成型密实的混凝土的性能。和易性是一项综合技术性质，包括流动性、粘聚性和保水性三方面含义。

流动性指混凝土拌合物在本身自重或机械振捣作用下产生流动，能均匀密实地填满模板的性能。

粘聚性是指混凝土拌合物的各种组成材料在施工过程中具有一定的粘聚力，不致产生分层和离析现象。

保水性是指混凝土拌合物在施工过程中具有一定的保持水分的能力，不致产生严重的泌水现象。

混凝土拌合物的流动性、粘聚性和保水性，它们之间既相互联系，又相互矛盾。流动性增大时，往往又会使粘聚性和保水性变差。粘聚性好时保水性往往也好；不同的工程对混凝土拌合物和易性的要求也不同，应根据具体工程特点既要有所侧重，又要全面考虑。

2. 和易性的测定方法

评定混凝土拌合物和易性的方法是测定其流动性，根据直观经验观察其粘聚性和保水性。《普通混凝土拌合物性能试验方法标准》（GB/T 50080—2002）规定，混凝土拌合物的流动性可采用坍落度法和维勃稠度法测定。对塑性混凝土采用坍落度法测定，坍落度值小于10mm的干硬性混凝土拌合物采用维勃稠度法测定。

（1）坍落度法

在平整、润滑且不吸水的操作面上放置坍落度筒，将按规定配合比配制的混凝土拌合物分三次装入筒内，分层用捣棒插捣密实，装满后刮平，然后提起坍落度筒，测量筒高与坍落后混凝土试体最高点之间的高度差，即为坍落度值（单位 mm），如图 4-3 所示。坍落度值越大，表示混凝土拌合物的流动性越大。

在测定坍落度的同时，同时观察拌合物的粘聚性和保水性。用捣棒在已坍落的拌合物锥体侧面轻轻敲打，如锥体逐渐下沉，表示粘聚性良好，如锥体突然倒塌，部分崩裂或出现离析现象，则表示粘聚性不好。坍落度筒提起后，若有较多的稀浆从锥体底部析出，部分混凝土因失浆而骨料外露，则表示保水性不好，如无稀浆或有少量稀浆自底部析出，则表明保水性良好。

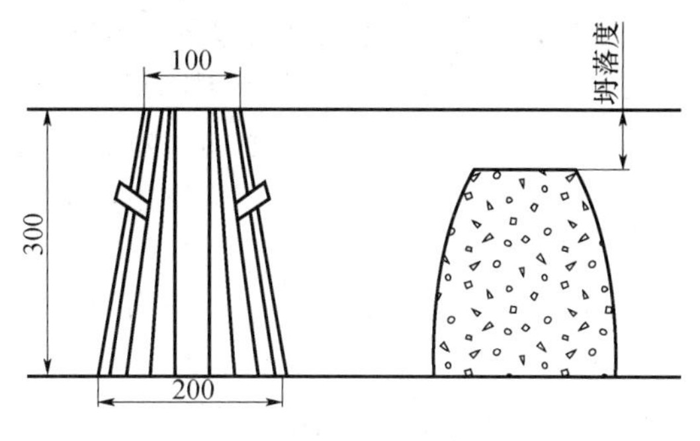

图 4-3　坍落度的测定（单位：mm）

根据《普通混凝土配合比设计规程》（JGJ 55—2011），混凝土拌合物根据坍落度大小，可分为四级：干硬性混凝土（坍落度小于 10mm）、塑性混凝土（坍落度为 10～90mm）、流动性混凝土（坍落度为 100～150mm）和大流动性混凝土（坍落度不低于 160mm）。

（2）维勃稠度法

将坍落度筒置于振动台的圆桶内，把拌制好的混凝土拌合物分层装填，装满后刮平提起坍落度筒，将维勃稠度仪上的透明圆盘转至试体顶面，使之与试体轻轻接触，然后启动震动台。同时由秒表计时，振动至透明圆盘底面被水泥浆布满的瞬间关闭振动台并停止秒表，由秒表读出的时间，即是该拌合物的维勃稠度值（单位 s）。维勃稠度值越大，说明混凝土拌合物的流动性越小。

3. 影响混凝土拌合物和易性的主要因素

（1）胶凝材料

水泥对混凝土拌合物和易性的影响主要是水泥的品种和水泥细度的影响。若拌合水量相同，不同品种的水泥配制的混凝土拌合物其流动性也不一样，需水量大的水泥比需水量小的水泥配制的拌合物流动性要小。例如，用矿渣水泥或火山灰水泥拌制的混凝土拌合物，其流动性较用普通水泥拌制的小。水泥颗粒越细，总表面积越大，润湿颗粒表面及吸附在颗粒表面的水越多，在其他条件相同的情况下，拌合物的流动性小。此外，矿物掺合料的特性也是影响混凝土拌合物和易性的重要因素。

（2）水泥浆的数量

混凝土拌合物中的水泥浆，赋予混凝土拌合物一定的流动性。在水胶比不变的情况下，单位体积拌合物内，水泥浆数量越多，拌合物流动性越大。但若水泥浆过多，则会出现流浆现象；若水泥浆过少，则骨料之间缺少粘结物质，易使拌合物发生离析和崩坍。因此，混凝土拌合物中水泥浆的数量应以满足流动性要求为度，不宜过多或过少。

（3）水胶比

水胶比即每立方米混凝土中水和胶凝材料质量之比（当胶凝材料仅有水泥时，又称水灰比），用 W/B 表示。在水泥用量、骨料用量均不变的情况下，水胶比增大（即水的用量增大），拌合物的流动性增大；反之则减小。但水胶比过大，会造成拌合物的粘聚性和保水性不良；水胶比过小，会使拌合物的流动性过低。

（4）砂率

砂率是指混凝土中砂的质量占砂、石总质量的百分率。砂率大小的确定原则是砂子填充满石子的空隙并略有富余。富余的砂子在粗骨料之间起滚珠作用，能减小粗骨料之间的摩擦力。砂率过小，不能保证粗骨料之间有足够的砂浆层，会降低拌合物的流动性，且粘聚性和保水性变差。砂率在一定范围内增大时，混凝土拌合物的流动性会提高，但超过一定范围后，流动性反而随砂率的增加而降低。因为随着砂率的增大，骨料的总表面积必随之增大，润湿骨料的水分需增多，在单位用水量一定的条件下，混凝土拌合物的流动性会降低。

（5）温度和时间

环境温度升高，混凝土拌合物的流动性降低。这是因为温度升高可加速水泥的水化，增加水分的蒸发，坍落度损失也快。据测定，温度每增高10℃，拌合物的坍落度将减小20～40mm。混凝土拌合物随时间的延长会逐渐变得干稠，流动性降低。这是由于拌合物中的一些水分被骨料吸收，一些水分蒸发，一部分水分与水泥发生水化反应。

（6）其他因素的影响

骨料种类及形状、外加剂等，对混凝土的和易性都会产生一定影响。如表面光滑的骨料，河砂、卵石，其拌合物的流动性较大；在混凝土拌合物中掺入外加剂（如减水剂），能显著改善其和易性。

4.3.2 混凝土的强度

混凝土的强度有抗压强度、抗拉强度、抗折强度及抗剪强度等。其中混凝土抗压强度最大，抗拉强度最小，故混凝土主要用于承受压力作用。

1. 混凝土立方体抗压强度

按照国家标准《普通混凝土力学性能试验方法标准》（GB/T 50081—2002）的规定，制作边长为150mm的立方体试件，在标准养护条件［温度（20±2)℃，相对湿度95%以上］下至28d龄期，按照标准试验方法测得的抗压强度值，称为混凝土立方体抗压强度，以f_{cu}表示。

测定混凝土立方体抗压强度时，也可根据粗骨料的最大粒径而采用非标准试件，测定结果需折算，折算系数见表4-14。当混凝土强度等级大于等于C60时，宜采用标准试件；用非标准试件时尺寸折算系数应由试验确定。

表4-14 混凝土试件尺寸及折算系数

骨料最大粒径（mm）	试件尺寸（mm）	换算系数
≤31.5	100×100×100	0.95
≤40	150×150×150	1.00
≤63	200×200×200	1.05

2. 混凝土立方体抗压强度标准值及强度等级

混凝土立方体抗压强度标准值是指按标准方法制作和养护的边长为150mm的立方体试件，在28d龄期，用标准试验方法测得的强度总体分布中具有不低于95%保证率的抗压强度值，用$f_{cu,k}$表示。

混凝土强度等级应按照混凝土立方体抗压强度标准值确定。采用符号C与立方体抗压强度的标准值（单位 MPa）表示，有 C15、C20、C25、C30、C35、C40、C45、C50、C55、C60、C65、C70、C75、C80 等 14 个等级。

3. 混凝土轴心抗压强度

混凝土的强度等级是采用立方体试件来确定的，但在实际结构中，钢筋混凝土受压构件多为棱柱体或圆柱体。为了能更好地反映混凝土的实际抗压性能，在计算钢筋混凝土受压构件时，常采用混凝土的轴心抗压强度作为设计依据。

采用 150mm×150mm×300mm 的棱柱体作为标准试件，在标准条件下养护至 28d 龄期，按照标准试验方法测得的抗压强度为混凝土的轴心抗压强度。

试验表明，混凝土的轴心抗压强度与立方体抗压强度之比约为 0.7～0.8。

4. 混凝土的抗拉强度

混凝土是脆性材料，其抗拉强度很低，只有抗压强度的 1/20～1/10，且随着混凝土强度等级的提高，比值有所降低。因此，在钢筋混凝土结构设计时，不考虑混凝土承受的拉力（考虑钢筋承受的拉应力），但抗拉强度对混凝土的抗裂性具有重要作用，是结构设计时确定混凝土抗裂度的重要指标，有时也用它来间接衡量混凝土与钢筋的粘结强度。

5. 影响混凝土强度的主要因素

（1）水泥强度等级和水胶比

水泥强度等级和水胶比是影响混凝土强度最重要的因素。因为混凝土的强度主要取决于水泥石的强度及其与骨料间的粘结力，而水泥石的强度及其与骨料间的粘结力，又取决于水泥的强度等级和水胶比的大小。在混凝土配合比相同、成型工艺相同、养护条件相同的条件下，所用水泥的强度等级越高，制成的混凝土强度等级也越高。

水胶比是反映水与胶凝材料质量之比的一个参数。一般来说，水泥水化时所需的结合水，一般只占水泥质量的 23%左右，但在拌制混凝土拌合物时，为了获得必要的流动性，通常需提高水胶比，这样在混凝土硬化后，多余的水分就挥发而形成众多的孔隙，影响混凝土的强度和耐久性。试验证明，混凝土的强度在一定范围内，随着水胶比的增大而降低，呈曲线关系，如图 4-4 所示；而混凝土强度与胶水比的关系，则呈直线关系，如图 4-5 所示。

混凝土强度与胶凝材料强度及胶水比之间的线性经验公式，即：

$$f_{cu,0}=\alpha_a f_b\left(\frac{B}{W}-\alpha_b\right)$$

式中　$f_{cu,0}$——混凝土 28d 的立方体抗压强度，MPa；

f_b——胶凝材料 28d 抗压强度实测值，MPa；

α_a、α_b——回归系数。

根据《普通混凝土配合比设计规程》（JGJ 55—2011），回归系数 α_a、α_b 宜按下列规定确定：① 回归系数 α_a、α_b 应根据工程所使用的原材料，通过试验建立的水胶比与混凝土强度关系式确定；② 当不具备上述试验统计资料时，可按表 4-15 所列选用。

表 4-15　回归系数（α_a、α_b）取值表

系数 \ 粗骨料品种	碎　石	卵　石
α_a	0.53	0.49
α_b	0.20	0.13

（2）养护的温度与湿度

混凝土浇筑后必须保持足够的湿度和温度，才能保证胶凝材料的不断水化，以使混凝土的强度不断发展。养护温度高，水泥早期水化越快，混凝土的早期强度越高。但如果混凝土早期养护温度过高（40℃以上），则会因水泥水化产物来不及扩散而使混凝土后期强度降低。当温度降至0℃以下时，混凝土中的水分大部分结冰，不仅强度停止发展，而且混凝土内部还可能因结冰膨胀而破坏，使混凝土的强度降低。

湿度是决定水泥能否正常进行水化作用的必要条件。浇筑后的混凝土所处的环境湿度适宜，水泥的水化反应将顺利进行，混凝土强度得以充分发展。若环境湿度较低，则水泥不能正常进行水化作用，甚至停止水化，混凝土强度将严重降低或停止发展。冬期施工，尤其要注意采取保温措施，以免混凝土早期受冻破坏；夏期施工的混凝土，要经常洒水保持混凝土构件潮湿。

（3）养护时间（龄期）

混凝土在正常养护条件下，强度将随龄期的增长而提高。混凝土的强度在最初7～14d内发展较快，28d后逐渐变慢，如果能长期保持适当的温度与湿度，其强度会一直有所增长。

（4）骨料的影响

骨料本身的强度一般大于水泥石的强度。当骨料中有害杂质含量较多、级配不良均不利于混凝土强度的提高。表面粗糙并富有棱角的骨料，与水泥石的粘接力较强，但达到同样流动性时，需水量大。随着水胶比变大，强度会降低。试验证明，水胶比小于0.4时，用碎石配制的混凝土比用卵石配制的混凝土强度高30％～40％，但随着水胶比的增大，两者的差异就不明显了。另外，在相同水胶比和坍落度的条件下，混凝土强度随骨灰比（骨料与胶凝材料质量之比）的增大而提高。

（5）施工因素的影响

混凝土施工工艺复杂，在其施工过程中易受到各种不确定性随机因素的影响。配料的准确性、振捣的密实程度、现场养护条件的控制以及施工单位的技术和管理水平都会影响混凝土强度的变化。因此，在混凝土施工过程中一定要严格遵守施工规范，确保混凝土强度。

4.3.3 混凝土的变形

混凝土在硬化和使用过程中，会受到各种因素作用而产生变形，归纳起来可分为两类，即非荷载作用下的变形和荷载作用下的变形。

1. 非荷载作用下的变形

（1）化学收缩

由于水泥水化生成物的体积比反应前物质的总体积小，从而引起混凝土的收缩称为化学收缩。化学收缩随混凝土硬化龄期的延长而增加，一般在混凝土成型后40d内收缩值增长较快，以后逐渐趋于稳定。化学收缩是不能恢复的，其收缩值很小，对混凝土结构没有破坏作用。

（2）干湿变形

混凝土因周围环境湿度的变化，会产生干燥收缩和湿胀，统称为干湿变形。当混凝土在水中硬化时，水泥凝胶体中胶体离子的吸附水膜增厚，胶体离子间距离增大，使混凝土产生微小膨胀，即湿胀。湿胀变形量很小，对混凝土无危害。混凝土在空气中硬化时，首先失去自由水；继续干燥时，毛细管水蒸发，使毛细孔中形成负压产生收缩；再继续干燥，则吸附水蒸发，引起凝胶体失水而紧缩。以上这些作用的结果导致混凝土产生干缩变形。混凝土的干缩变形在重新吸水后大部分可以恢复，但仍有一部分不可恢复。

（3）温度变形

混凝土的热胀冷缩变形称为温度变形。一般情况下，温度每改变1℃，1m³混凝土将产生0.01mm膨胀或收缩变形。混凝土是热的不良导体，传热很慢，使大体积混凝土内外产生较大的温差，从而在混凝土外表面产生很大的拉应力，严重时会使混凝土产生裂缝。因此，在大体积混凝土施工时，须采取一些措施，如使用低热水泥、减少水泥用量等，来减小混凝土内外温差，以防止混凝土产生裂缝。

2. 荷载作用下的变形

1）在短期荷载作用下的变形

（1）混凝土的弹塑性变形

混凝土是由水泥石、砂、石子等组成的不均匀复合材料，是一种弹塑性体。它在受力时，既会产生可以恢复的弹性变形，又会产生不可恢复的塑性变形，其应力与应变之间的关系不是直线而是曲线，卸荷后弹性变形恢复了，而残留下塑性变形。

（2）混凝土的变形模量

在应力-应变曲线上任一点的应力与其应变的比值，叫做混凝土在该应力下的变形模量。在计算钢筋混凝土的变形、裂缝开展及大体积混凝土的温度应力时，均需知道该时混凝土的变形模量。在混凝土结构或钢筋混凝土结构设计中，常采用一种按标准方法测得的静力受压弹性模量E。混凝土的弹性模量主要取决于骨料和水泥石的弹性模量。由于水泥石的弹性模量一般低于骨料的弹性模量，所以混凝土的弹性模量一般略低于其骨料的弹性模量。在材料质量不变的条件下，混凝土的骨料含量较多、水胶比较小、养护较好及龄期较长时，混凝土的弹性模量就较大。

2）徐变

混凝土在长期荷载作用下会发生徐变。所谓徐变是指混凝土在长期恒载作用下，随着时间的延长，沿作用力方向发生的变形，即随时间而发展的变形。混凝土的徐变在加荷早期增长较快，一般要延续2～3年才趋于稳定。当混凝土卸载后，一部分变形瞬时恢复，另一部分要过一段时间才能恢复（称为徐变恢复），剩余的变形是不可恢复部分，称作残余变形。

混凝土的徐变对大体积混凝土，能消除一部分由于温度变形所产生的破坏应力。对钢筋混凝土构件来说，能消除钢筋混凝土内的应力集中，使应力较均匀地重新分布。但在预应力钢筋混凝土结构中，混凝土的徐变，将使钢筋的预加应力受到损失。

4.3.4　混凝土的耐久性

混凝土在所处的自然环境及使用条件下，抵抗各种破坏因素的作用，长期保持强度和外观完整性，维持混凝土结构的安全和正常使用的能力称为混凝土的耐久性。混凝土的耐久性是一项综合技术指标，包括抗渗性、抗冻性、抗侵蚀性、抗碳化性能及碱-骨料反应等。

1. 混凝土的抗渗性

混凝土的抗渗性是指混凝土抵抗压力液体（水、油等）渗透的能力。抗渗性是混凝土耐久性的一项重要指标，它直接影响混凝土的抗冻性、抗腐蚀性等其他耐久性指标。混凝土的抗渗性用抗渗等级表示。抗渗等级是以28d龄期的标准试件，按标准试验方法进行试验，所能承受的最大水压力来确定。有P4、P6、P8、P10、P12等不同的抗渗等级，分别表示能抵抗0.4MPa、0.6MPa、0.8MPa、1.0MPa、1.2MPa的水压力而不出现渗透现象。抗渗等级大于或等于P6的混凝土称为抗渗混凝土。

混凝土的抗渗性主要与其密实度及内部孔隙的大小和构造有关。内部的孔隙形成连通的渗水通道，混凝土施工成型时，振捣不实产生的蜂窝、孔洞，混凝土硬化后因干缩或热胀等变形形成的裂缝，都会引起混凝土渗水。可采取掺加引气剂、减小水胶比、选用级配良好的骨料、加强振捣和养护等措施来提高其抗渗性。

2. 混凝土的抗冻性

混凝土的抗冻性是指混凝土在水饱和状态下，能经受多次冻融循环作用而不破坏，同时也不严重降低强度的性能。混凝土的抗冻性用抗冻等级表示。抗冻等级是以28d龄期的混凝土标准试件，在吸水饱和后承受反复冻融循环，以强度损失率不超过25%，质量损失率不超过5%时所能承受的最大循环次数来表示。混凝土的抗冻等级有F50、F100、F150、F200、F250、F300、F350、F400。混凝土的密实度、孔隙构造和数量、孔隙的充水程度是决定抗冻性的重要因素。密实的混凝土和具有封闭孔隙的混凝土，其抗冻性都很高。因此可采用掺入减水剂、引气剂或防冻剂；减小水胶比；选择好的骨料级配；加强振捣和养护等措施来提高其抗冻性。

3. 混凝土抗侵蚀性

混凝土抗侵蚀性是指混凝土抵抗外界侵蚀性介质破坏作用的能力。当混凝土所处的环境有侵蚀性介质时，必须对混凝土提出抗侵蚀性的要求，混凝土的抗侵蚀性与水泥及矿物掺合料的品种及混凝土的密实度、孔隙特征等有关。密实度越高，外界的侵蚀性介质越不易侵入，抗侵蚀性越好。提高混凝土的抗侵蚀性应根据工程所处环境合理选择水泥品种，常用水泥品种的选用详见单元三。

4. 混凝土的碳化

水泥水化生成氢氧化钙，所以硬化后的混凝土呈碱性。碱性物质使钢筋表面形成保护膜，对钢筋有良好的保护作用。

混凝土的碳化作用是指混凝土中的$Ca(OH)_2$与空气中的CO_2作用生成$CaCO_3$和水，使混凝土碱度降低的过程。混凝土的碳化又称为中性化。这个过程由表及里逐渐向混凝土内部扩散。碳化后使混凝土的碱度降低，减弱了对钢筋的保护作用，易引起钢筋锈蚀。碳化放出的水分有助于水泥的水化作用，而且碳化后生成$CaCO_3$，减少了水泥石内部的孔隙，可使混凝土的抗压强度增大，但是由于混凝土的碳化层产生碳化收缩，对其核心形成压力，而表面碳化层产生拉应力，可产生微细裂缝，使混凝土抗拉、抗折强度降低。碳化需要一定的湿度条件才能进行，相对湿度在50%～70%的条件下，碳化速度最快。混凝土所处环境，影响碳化进程。二氧化碳的浓度越大，碳化速度越快。

5. 碱-骨料反应

水泥中的碱（Na_2O、K_2O）与骨料中的活性二氧化硅发生化学反应，生成碱-硅酸凝胶吸水后，体积膨胀约3倍以上，导致混凝土产生膨胀开裂而破坏，这种现象称为碱-骨料反应。产生碱-骨料反应的原因：一是水泥中碱（Na_2O或K_2O）的含量较高；二是骨料中含有活性氧化硅成分；三是有水存在。在实际工程中可选用低碱度水泥；选用非活性骨料等方法预防混凝土碱-骨料反应。

6. 提高混凝土耐久性的措施

混凝土所处的环境条件不同，对耐久性的要求也不相同。综上所述，影响混凝土的耐久性因素主要有组成材料的品种与质量、混凝土本身的密实度、施工质量、孔隙率和孔隙特征等，提高混凝土耐久性的措施主要有以下几个方面：

① 根据环境条件，选择合适品种的水泥。

② 控制混凝土的最大水胶比和最小胶凝材料用量。混凝土的密实度与水胶比有直接关系，而保证水泥的用量，也是提高混凝土密实性的前提条件，实践证明，最大水胶比和最小胶凝材料用量是控制耐久性的两个有效指标。

③ 选用较好的砂、石骨料，注意改善颗粒级配。质量良好的砂、石骨料，是保证混凝土耐久性的重要条件。近年来研究成果表明，在骨料中掺入粒径在砂和水泥之间的超细矿物粉料，可有效改善混凝土的颗粒级配，提高混凝土的耐久性。

④ 掺入引气剂或减水剂，提高混凝土的耐久性。

⑤ 严格控制混凝土施工质量，提高混凝土的耐久性。

任务四　混凝土外加剂

混凝土外加剂是一种在混凝土搅拌之前或拌制过程中加入的，用以改善新拌混凝土和（或）硬化混凝土性能的材料，称为混凝土外加剂，简称外加剂。其掺量一般不超过水泥质量的5%。虽掺量很少，但对混凝土和易性、强度、耐久性、经济性都有明显的改善，常称为混凝土的第五组分。

4.4.1　外加剂的分类

根据国家标准《混凝土外加剂定义、分类、命名与术语》（GB/T 8075—2005）的规定，混凝土外加剂按其主要使用功能分为四类：

① 改善混凝土拌合物流变性能的外加剂，包括各种减水剂和泵送剂等；

② 调节混凝土凝结时间、硬化性能的外加剂，包括缓凝剂、促凝剂、速凝剂等；

③ 改善混凝土耐久性的外加剂，包括引气剂、防水剂、阻锈剂和矿物外加剂等；

④ 改善混凝土其他性能的外加剂，包括膨胀剂、防冻剂、着色剂等。

4.4.2　常用的混凝土外加剂

1. 减水剂

减水剂是指在保证混凝土坍落度不变的条件下，能减少拌合用水量的外加剂。

（1）减水剂的作用机理

减水剂一般属于表面活性剂。表面活性剂是指具有显著改变液体表面能力或两相间界面能力的物质。其分子由亲水基因和憎水基因两个部分组成。表面活性剂加入水溶液中后，即溶解于水溶液，并从溶液中向界面富集，作定向排列，其亲水基团指向溶液，憎水基团指向空气，形成定向吸附膜，从而降低水的表面能力和两相间的界面能力，这种现象称作表面活性。具有表面活性的物质，有润湿、乳化、分散、润滑、起泡和洗涤等作用。

水泥加水拌合后，由于水泥颗粒间具有分子引力作用，产生许多絮状物而形成絮凝结构，使部分游离水被包裹在其中，从而降低了混凝土拌合物的流动性。当加入适量减水剂后，减水剂分子定向吸附于水泥颗粒表面，使水泥的颗粒表面带有相同的电荷，产生静电斥力使水泥颗粒分开，从而导致絮状结构解体释放出游离水，有效地增加了混凝土拌合物的流动性。当水泥颗粒表面吸附足够的减水剂后，在水泥颗粒表面形成一层稳定的溶剂化水膜，这层水膜是很好的润滑剂，有助于水泥颗粒的滑动，从而使混凝土的流动性进一步提高。

（2）减水剂的作用效果

① 在保持原配合比不变的条件下，可提高混凝土拌合物的流动性，且不影响混凝土的强度。

② 在保持混凝土强度和坍落度不变，可节约水泥用量。

③ 在保持流动性及胶凝材料用量不变的条件下，可减少拌合用水，使水胶比下降，从而提高混凝土的强度和耐久性。

④ 改善了混凝土的孔结构，使混凝土的密实度提高，从而提高了混凝土的抗渗性、抗冻性及抗侵蚀性等方面的性能，提高了混凝土的耐久性。

（3）常用减水剂

减水剂按其减水作用的大小，可分为普通减水剂和高效减水剂两类。常用减水剂的品种及减水效果见表 4-16。

表 4-16　常用减水剂

<table>
<tr><th colspan="2" rowspan="2">类别</th><th colspan="2">普通减水剂</th><th colspan="2">高效减水剂</th></tr>
<tr><th>木质素系</th><th>糖蜜系</th><th>多环芳香族磺酸盐系（萘系）</th><th>水溶性树脂系</th></tr>
<tr><td colspan="2">主要品种</td><td>木质素磺酸钙（木钙）
木质素磺酸钠（木钙）
木质素磺酸镁（木钙）</td><td>3FG、TF、ST</td><td>NNO、NF、FDN、UNF、JN、MF、SN-2、NHJ、SP-1、DH、JW-1 等</td><td>SM、CRS 等</td></tr>
<tr><td colspan="2">主要成分</td><td>木质素磺酸钙
木质素磺酸钠
木质素磺酸镁</td><td>矿渣、废蜜经石灰中和处理而成</td><td>芳香族硫酸盐甲醛缩合物</td><td>三聚氢胺树脂磺酸（SM）
古玛隆-茚树脂磺酸钠（CRS）</td></tr>
<tr><td colspan="2">适宜掺量（占水泥质量%）</td><td>0.2～0.3</td><td>0.2～0.3</td><td>0.2～1.0</td><td>0.5～2.0</td></tr>
<tr><td rowspan="4">效果</td><td>减水率（%）</td><td>10 左右</td><td>6～10</td><td>15～25</td><td>18～30</td></tr>
<tr><td>早强</td><td></td><td></td><td>明显</td><td>显著</td></tr>
<tr><td>缓凝</td><td>1～3h</td><td>3h 以上</td><td></td><td></td></tr>
<tr><td>引气（%）</td><td>1～2</td><td></td><td>一般为非引气或引气<2</td><td><2</td></tr>
</table>

2. 早强剂

早强剂是加速混凝土早期强度发展的外加剂。早强剂主要有氯盐类，硫酸盐类、有机胺三类以及它们组成的复合早强剂。常用早强剂见表 4-17。

表 4-17　常用早强剂

类别	氯盐类	硫酸盐类	有机胺类	复　合　类
常用品种	氯化钙	硫酸钠（元明粉）	三乙醇胺	① 三乙醇胺(A)＋氯化钠(B) ② 三乙醇胺(A)＋亚硝酸钠(B)＋氯化钠(C) ③ 三乙醇胺(A)＋亚硝酸钠(B)＋二水石膏(C) ④ 硫酸盐复合早强剂(NC)
适宜掺量（占水泥质量%）	0.5～1.0	0.5～2.0	0.02～0.05 一般不单独用，常与其他早强剂复合用	① (A) 0.05＋(B) 0.5 ② (A) 0.05＋(B) 0.5＋(C) 0.5 ③ (A) 0.05＋(B) 1.0＋(C) 2.0 ④ (NC) 2.0～4.0
早强效果	显著 3d 强度可提高 50%～100%； 7d 强度可提高 20%～40%	显著 掺1.5%时达到混凝土设计强度70%的时间可缩短一半	显著 早期强度可提高50%左右，28d强度不变或稍有提高	显著 2d 强度可提高 70% 28d 强度可提高 20%

3. 引气剂

引气剂是指在混凝土搅拌过程中能引入大量均匀分布、稳定而封闭的微小气泡且能保留在硬化混凝土中的外加剂。引气剂是外加剂中重要的一类。引气剂的种类按化学组成可分为松香树脂类、烷基苯磺酸类、脂肪酸磺酸类等。目前常用的引气剂主要有松香热聚物、松香皂和烷基苯磺酸盐等。其中，以松香热聚物的效果最好、最常使用。

引气剂可减少混凝土拌合物泌水离析、改善混凝土拌合物的和易性。大量均匀分布的封闭气泡切断了混凝土中的毛细管渗水通道，改变了混凝土的孔结构，提高硬化混凝土抗冻性和抗渗性。大量气泡的存在减少了混凝土的有效受力面积，使混凝土强度有所降低。引气剂主要用于抗冻混凝土、抗渗混凝土、抗硫酸盐混凝土等，但引气剂不宜用于蒸汽养护的混凝土和预应力混凝土。

4. 缓凝剂

缓凝剂是指延长混凝土凝结时间的外加剂。缓凝剂常用的品种见表 4-18。

表 4-18　常用缓凝剂

类别	品种	掺量（占水泥质量）(%)	延缓凝结时间（h）
糖类	糖、蜜等	0.2～0.5（水剂） 0.1～0.3（粉剂）	2～4
木质素磺酸盐类	木质素磺酸钙（钠）等	0.2～0.3	2～3
羟基羧酸盐及其盐类	柠檬酸、酒石酸钾（钠）等	0.03～0.1	4～10
无机盐类	锌盐、硼酸盐、磷酸盐等	0.1～0.2	

缓凝剂具有缓凝、减水、降低水化热的作用，对钢筋也无锈蚀作用。适用于长时间运输的混凝土、高温季节施工的混凝土或大体积混凝土。不适用于有早强要求的混凝土及蒸养混凝土。

5. 防冻剂

防冻剂是指能使混凝土在负温下硬化，并在规定养护条件下达到预期性能的外加剂。常用的防冻剂有氯盐类，主要是氯化钙和氯化钠。具有降低冰点作用，但对钢筋有锈蚀作用，适用于无筋混凝土；氯盐阻锈类，由氯盐与亚硝酸钠阻锈剂复合而成。具有降低冰点、早强、阻锈等作用，适用于钢筋混凝土；无氯盐类，由硝酸盐、亚硝酸盐、碳酸盐、乙酸钠或尿素复合而成，可用于钢筋混凝土工程和预应力钢筋混凝土工程。

6. 速凝剂

速凝剂是指能使混凝土迅速凝结硬化的外加剂。常用的速凝剂见表4-19。

表4-19　常用速凝剂

种类	红星1型	711型	782型
主要成分	铝酸钠＋碳酸钠＋生石灰	铝氧熟料＋无水石膏	矾泥＋铝氧熟料＋生石灰
适宜掺量（占水泥质量）(%)	2.5～4.0	3.0～5.0	5.0～7.0
初凝时间（min）	≥5		
终凝时间（min）	≤10		
强度	1d产生强度，1d强度可提高2～3倍，28d强度为不掺的80%～90%		

速凝剂主要用于矿山井巷、铁路隧洞、引水涵洞、地下厂房等工程以及喷射混凝土工程。

4.4.3　使用外加剂的注意事项

① 混凝土外加剂品种很多，效果各异。外加剂品种的选择，应根据工程需要、施工条件、混凝土原材料等因素通过试验确定。不同品种外加剂复合使用时，应注意其相容性和对混凝土性能的影响。

② 外加剂一般掺入量都很少，有的只占水泥质量的万分之几，且外加剂掺量对混凝土性能影响较大，所以必须严格而准确地加以控制。因此，外加剂的掺量要认真确定；要掺量过小，往往达不到预期效果；掺量过大，则会影响混凝土的质量，甚至造成事故；因此，应通过试验试配确定最佳掺量。

③ 外加剂一般不能直接投入混凝土搅拌机内，应配制成合适浓度的溶液，随水加入搅拌机进行搅拌。对于不溶于水的外加剂，应与适量水泥或砂混合均匀后再加入搅拌机内。

任务五　普通混凝土的配合比设计

混凝土的配合比是指混凝土中各组成材料数量之间的比例关系。混凝土的配合比一般有两种表示方法，一是用1m^{3}混凝土中水泥、矿物掺合料、水、细骨料、粗骨料的实际用量（kg）按顺序表达，如水泥210kg、矿物掺合料100kg、水155kg、砂750kg、石子1200kg；另一种是以水泥的质量为1，矿物掺合料、砂、石依次以相对质量比及水胶比表达。

4.5.1　混凝土配合比设计的基本要求

① 满足混凝土结构设计要求的强度等级。

② 满足施工条件所要求的混凝土拌合物的和易性。

③ 满足工程所处环境对混凝土耐久性的要求。

④ 在满足上述三项要求的前提下，考虑经济原则，尽可能节约水泥，降低混凝土成本。

4.5.2　混凝土配合比设计的资料准备

在设计混凝土配合比之前，必须通过调查研究，预先掌握下列基本资料。

① 了解工程设计要求的混凝土强度等级和强度标准差，以便确定混凝土的配制强度。

② 了解工程所处环境对混凝土耐久性的要求，以便确定所配制混凝土的最大水胶比和最小水泥用量。

③ 了解结构构件的截面尺寸及钢筋配置情况，以便确定混凝土骨料的最大粒径。

④ 掌握原材料的性能指标，包括水泥的品种、强度等级、密度；砂、石骨料的种类、级配、最大粒径、表观密度等；拌合用水的水质情况；外加剂的品种、性能、掺量等。

4.5.3　混凝土配合比设计的三个参数

混凝土配合比设计实质上就是确定胶凝材料、水、细骨料、粗骨料和外加剂这几种基本组成材料用量之间的相对比例关系，水和胶凝材料之间的比例关系常用水胶比表示；砂和石子间的比例关系常用砂率表示；骨料与胶凝材料之间的比例关系常用单位用水量来反映。水胶比、砂率和单位用水量是混凝土配合比三个重要参数。正确地确定这三个参数，就能使混凝土满足配合比设计的基本要求。

4.5.4　混凝土配合比设计的步骤

根据《普通混凝土配合比设计规程》（JGJ 55—2011），混凝土的配合比设计一般分三步进行。首先按照已选择的原材料性能以及对混凝土的技术要求等进行初步计算，得出初步配合比；再经试验室试拌、调整，得出基准配合比；然后经过强度检验（如有其他性能要求，应进行相应检验）定出满足设计和施工要求的较经济合理的试验室配合比（又称设计配合比）；最后根据施工现场砂、石的含水情况对试验室配合比进行修正，求出施工配合比。

1. 初步计算配合比

1）混凝土配制强度的确定

为使混凝土的强度保证率能满足国家标准的要求，考虑到实际施工条件与试验室条件的差别，故在混凝土配合比设计时，必须使混凝土的试配强度高于设计强度等级。根据《普通混凝土配合比设计规程》（JGJ 55—2011），混凝土的配制强度计算如下：

（1）当混凝土的设计强度等级小于C60时，配制强度应按下式确定：

$$f_{cu,0} \geqslant f_{cu,k} + 1.645\sigma$$

式中　$f_{cu,0}$——混凝土配制强度，MPa；

$f_{cu,k}$——混凝土立方体抗压强度标准值，这里取混凝土的设计强度等级值，MPa；

σ——混凝土强度标准差，MPa。

混凝土强度标准差σ的确定方法如下。

① 当具有近1～3个月的同一品种、同一强度等级混凝土的强度资料，且试件组数不小于30时，其混凝土强度标准差σ应按下式计算：

$$\sigma=\sqrt{\frac{\sum_{i=1}^{n}f_{cu,i}^{2}-nm_{f_{cu}}^{2}}{n-1}}$$

式中　σ——混凝土强度标准差；

$f_{cu,i}$——第 i 组的试件强度，MPa；

$m_{f_{cu}}$——n 组试件的强度平均值，MPa；

n——试件组数。

对于强度等级不大于 C30 的混凝土，当混凝土强度标准差计算值不小于 3.0MPa 时，应按上式计算结果取值；当混凝土强度标准差计算值小于 3.0MPa 时，应取 3.0MPa。

对于强度等级大于 C30 且小于 C60 的混凝土，当混凝土强度标准差计算值不小于 4.0MPa 时，应按上式计算结果取值；当混凝土强度标准差计算值小于 4.0MPa 时，应取 4.0MPa。

② 当没有近期的同一品种、同一强度等级混凝土强度资料时，其强度标准差可按表 4-20 所列取值。

表 4-20　标准差 σ 值（MPa）

混凝土强度标准值	≤C20	C25～C45	C50～C55
Σ	4.0	5.0	6.0

（2）当设计强度等级不小于 C60 时，配制强度应按下式确定：

$$f_{cu,0}\geqslant 1.15f_{cu,k}$$

2）确定水胶比 W/B

当混凝土强度等级小于 C60 时，混凝土水胶比宜按下式计算：

$$W/B=\frac{\alpha_a f_b}{f_{cu,0}+\alpha_a\alpha_b f_b}$$

式中　W/B——混凝土水胶比；

α_a、α_b——回归系数；

f_b——胶凝材料 28d 胶砂抗压强度，MPa。

（1）回归系数的确定：

① 根据工程所使用的原材料，通过试验建立的水胶比与混凝土强度关系式来确定；

② 当不具备上述试验统计资料时，可按表 4-21 所列选用。

表 4-21　回归系数（α_a、α_b）取值表

系数 \ 粗骨料品种	碎　石	卵　石
α_a	0.53	0.49
α_b	0.20	0.13

（2）当胶凝材料 28d 胶砂抗压强度值（f_b）无实测值时，可按下式计算：

$$f_b=\gamma_f\gamma_s f_{ce}$$

式中　γ_f、γ_s——分别为粉煤灰影响系数和粒化高炉矿渣粉影响系数，可按表 4-22 所列选用；

f_{ce}——水泥 28d 胶砂抗压强度，MPa，可实测，也可按下述公式计算。

表 4-22　粉煤灰影响系数（γ_f）和粒化高炉矿渣粉影响系数（γ_s）

掺量（%）＼种类	粉煤灰影响系数 γ_f	粒化高炉矿渣粉影响系数 γ_s
0	1.00	1.00
10	0.85～0.95	1.00
20	0.75～0.85	0.95～1.00
30	0.65～0.75	0.90～1.00
40	0.55～0.65	0.80～0.90
50	—	0.70～0.85

当水泥 28d 胶砂抗压强度（f_{ce}）无实测值时，可按下式计算：

$$f_{ce}=\gamma_c f_{ce,g}$$

式中　γ_c——水泥强度等级值的富余系数，可按实际统计资料确定；当缺乏实际统计资料时，也可按表 4-23 所列选用；

$f_{ce,g}$——水泥强度等级值，MPa。

表 4-23　水泥强度等级值的富余系数（γ_c）

水泥强度等级值	32.5	42.5	52.5
富余系数	1.12	1.16	1.10

3）确定用水量和外加剂用量

（1）干硬性和塑性混凝土用水量的确定

① 混凝土水胶比在 0.40～0.80 范围时，可按表 4-24 和表 4-25 所列选取。

表 4-24　干硬性混凝土的用水量（kg/m^3）

拌合物稠度		卵石最大公称粒径（mm）			碎石最大公称粒径（mm）		
项目	指标	10.0	20.0	40.0	16.0	20.0	40.0
维勃稠度（s）	16～20	175	160	145	180	170	155
	11～15	180	165	150	185	175	160
	5～10	185	170	155	190	180	165

表 4-25　塑性混凝土的用水量（kg/m^3）

拌合物稠度		卵石最大公称粒径（mm）				碎石最大公称粒径（mm）			
项目	指标	10.0	20.0	31.5	40.0	16.0	20.0	31.5	40.0
坍落度（mm）	10～30	190	170	160	150	200	185	175	165
	35～50	200	180	170	160	210	195	185	175
	55～70	210	190	180	170	220	205	195	185
	75～90	215	195	185	175	230	215	205	195

注：1. 本表用水量系采用中砂时的取值。采用细砂时，每立方米混凝土用水量可增加 5～10kg；采用粗砂时，可减少 5～10kg；

2. 掺用矿物掺合料和外加剂时，用水量应相应调整。

② 混凝土水胶比小于 0.40 时，可通过试验确定。

（2）流动性和大流动性混凝土的用水量

① 掺外加剂时的混凝土用水量可按下式计算：

$$m_{w0}=m'_{w0}(1-\beta)$$

式中 m_{w0}——计算配合比每立方米混凝土的用水量，kg/m³；

m'_{w0}——未掺外加剂时推定的满足实际坍落度要求的每立方米混凝土用水量，kg/m³，以表 4-25 中 90mm 坍落度的用水量为基础，按每增大 20mm 坍落度相应增加 5kg/m³ 用水量来计算，当坍落度增大到 180mm 以上时，随坍落度相应增加的用水量可减少；

β——外加剂的减水率，%，应经混凝土试验确定。

② 每立方米混凝土中外加剂用量应按下式计算：

$$m_{a0}=m_{b0}\beta_a$$

式中 m_{a0}——计算配合比每立方米混凝土中外加剂用量，kg/m³；

m_{b0}——计算配合比每立方米混凝土中胶凝材料用量，kg/m³；

β_a——外加剂掺量，%，应经混凝土试验确定。

4）计算每立方米混凝土的胶凝材料用量、矿物掺合料和水泥用量

① 根据已初步确定的水胶比和选用的单位用水量，可计算出胶凝材料用量。

$$m_{b0}=\frac{m_{w0}}{W/B}$$

式中 m_{b0}——每立方米混凝土中胶凝材料用量，kg/m³；

m_{w0}——每立方米混凝土的用水量，kg/m³；

W/B——混凝土水胶比。

② 计算每立方米混凝土矿物掺合料用量。

$$m_{f0}=m_{b0}\beta_f$$

式中 m_{f0}——每立方米混凝土中掺合料用量，kg/m³；

β_f——矿物掺合料掺量，%，可结合表 4-26 和表 4-27 进行确定。

表 4-26 钢筋混凝土中矿物掺合料最大的掺量

矿物掺合料种类	水胶比	最大掺量（%）	
		采用硅酸盐水泥时	采用普通硅酸盐水泥时
粉煤灰	≤0.40	45	35
	>0.40	40	30
粒化高炉矿渣粉	≤0.40	65	55
	>0.40	55	45
钢渣粉	—	30	20
磷渣粉	—	30	20
硅灰	—	10	10
复合掺合料	≤0.40	65	55
	>0.40	55	45

注：1. 采用其他通用硅酸盐水泥时，宜将水泥混合材掺量 20%以上的混合材量计入矿物掺合料；

2. 复合掺合料各组分的掺量不宜超过单掺时的最大掺量；

3. 在混合使用两种以上掺合料时，矿物掺合料总量应符合表中复合掺合料的规定。

表 4-27　预应力混凝土中矿物掺合料最大掺量

矿物掺合料种类	水胶比	最大掺量（%）	
		采用硅酸盐水泥时	采用普通硅酸盐水泥时
粉煤灰	≤0.40	35	30
	>0.40	25	20
粒化高炉矿渣粉	≤0.40	55	45
	>0.40	45	35
钢渣粉	—	20	10
磷渣粉	—	20	10
硅灰	—	10	10
复合掺合料	≤0.40	55	45
	>0.40	45	35

注：1. 采用其他通用硅酸盐水泥时，宜将水泥混合材掺量 20%以上的混合材量计入矿物掺合料；

2. 复合掺合料各组分的掺量不宜超过单掺时的最大掺量；

3. 在混合使用两种以上掺合料时，矿物掺合料总量应符合表中复合掺合料的规定。

③ 每立方米混凝土的水泥用量计算。

$$m_{c0}=m_{b0}-m_{f0}$$

式中　m_{c0}——每立方米混凝土中水泥用量，kg/m^3。

5）选用合理的砂率

砂率应根据骨料的技术指标、混凝土拌合物性能和施工要求，参考既有历史资料确定。当缺乏砂率的历史资料时，混凝土砂率的确定应符合下列规定：

① 坍落度小于 10mm 的混凝土，其砂率应经试验确定；

② 坍落度为 10～60mm 的混凝土，其砂率可根据粗骨料品种、最大公称粒径及水胶比按表 4-28 所列选取；

③ 坍落度大于 60mm 的混凝土，其砂率可经试验确定，也可在表 4-28 的基础上，按坍落度每增大 20mm、砂率增大 1%的幅度予以调整。

表 4-28　混凝土的砂率（质量分数%）

水胶比	卵石最大公称粒径（mm）			碎石最大公称粒径（mm）		
	10.0	20.0	40.0	16.0	20.0	40.0
0.40	26～32	25～31	24～30	30～35	29～34	27～32
0.50	30～35	29～34	28～33	33～38	32～37	30～35
0.60	33～38	32～37	31～36	36～41	35～40	33～38
0.70	36～41	35～40	34～39	39～44	38～43	36～41

注：1. 本表数值系中砂的选用砂率，对细砂或粗砂，可相应地减少或增大砂率；

2. 采用人工砂配制混凝土时，砂率可适当增大；

3. 只用一个单粒级粗骨料配制混凝土时，砂率应适当增大。

6）粗、细骨料用量

① 质量法。如果原材料情况比较稳定及相关技术指标符合标准要求，则所配制的混凝土拌合物的表观密度将接近一个固定值，这样可以先假设一个 $1m^3$ 混凝土拌合物的质量值。因此可列出下式：

$$\begin{cases} m_{f0}+m_{c0}+m_{g0}+m_{s0}+m_{w0}=m_{cp} \\ \beta_s=\dfrac{m_{s0}}{m_{g0}+m_{s0}}\times 100\% \end{cases}$$

式中　m_{cp}——每立方米混凝土拌合物的假定质量，kg/m³，其值可取 2350～2450kg/m³。

② 体积法。根据 1m³ 混凝土体积等于各组成材料绝对体积与所含空气体积之和，按下式计算：

$$\begin{cases} \dfrac{m_{f0}}{\rho_f}+\dfrac{m_{c0}}{\rho_c}+\dfrac{m_{g0}}{\rho_g}+\dfrac{m_{s0}}{\rho_s}+\dfrac{m_{w0}}{\rho_w}+0.01\alpha=1 \\ \beta_s=\dfrac{m_{s0}}{m_{g0}+m_{s0}}\times 100\% \end{cases}$$

式中　ρ_f——矿物掺合料密度，kg/m³；

ρ_c——水泥密度，kg/m³，可取 2900～3100kg/m³；

ρ_g——粗骨料的表观密度，kg/m³；

ρ_s——细骨料的表观密度，kg/m³；

ρ_w——水的密度，kg/m³，可取 1000kg/m³；

α——为混凝土的含气量百分数，在不使用引气剂或引气型外加剂时，α 可取 1。

通过以上六个步骤，得出初步计算配合比，供试配用。

2. 进行试配，提出基准配合比

以上求出的各材料用量是借助于一些经验公式和数据计算出来，或是利用经验资料查得的，因而不一定能够完全符合具体的工程实际情况，必须通过试拌调整，直到混凝土拌合物的和易性符合要求为止，然后提出供检验强度用的基准配合比。

① 按初步计算配合比，称取实际工程中使用的材料进行试拌。

② 混凝土配合比试配时，每盘混凝土的最小搅拌量应符合表 4-29 所列的规定；当采用机械搅拌时，其搅拌量不应小于搅拌机公称容量的 1/4，且不应大于搅拌机的公称容量。

表 4-29　混凝土试配的最小搅拌量

粗骨料最大公称粒径（mm）	拌合物数量（L）
≤31.5	20
40.0	25

③ 试配时材料称量的精确度：骨料为±1%，水泥及外加剂均为±0.5%。

④ 混凝土搅拌均匀后，检查拌合物的性能。当和易性不能满足要求时，应在保持水胶比不变的条件下相应调整用水量或砂率，一般调整幅度为 1%～2%，直到符合要求为止。然后提出供强度试验用的基准混凝土配合比。

3. 检验强度，确定试验室配合比

1）检验强度

经过和易性调整后得到的基准配合比，其水胶比选择不一定恰当，即混凝土的强度有可能不符合要求，所以应检验混凝土的强度。强度检验时应至少采用三个不同的配合比，其一为基准配合比，另外两个配合比的水胶比较基准配合比分别增加和减少 0.05，而其用水量应与基准配合比相同，砂率可分别增加和减少 1%。每种配合比制作一组（三块）试件，并经标准养护到 28d 时试压（在制作混凝土试件时，尚需检验混凝土的和易性及测定表观密度，并以此结果作为代表这一配合比的混凝土拌合物的性能值）。

2）确定试验室配合比

（1）由试验得出的三组水胶比及其对应的混凝土强度之间的关系，通过作图或计算求出与混凝土配制强度相适应的水胶比，并按下列原则确定 $1m^3$ 混凝土的材料用量。

① 用水量。取基准配合比中的用水量，并根据制作强度试件时测得的坍落度或维勃稠度进行适当的调整。

② 胶凝材料用量。应以用水量乘以确定的水胶比计算得出。

③ 粗、细骨料用量。取基本配合比中的粗、细骨料用量，并按选定的水胶比进行适当的调整。

（2）混凝土表观密度的校正。配合比经试配、调整和确定后，还需根据实测的混凝土表观密度（$\rho_{c,t}$）作必要的校正，其步骤如下。

① 计算混凝土拌合物的表观密度值（$\rho_{c,c}$）。

$$\rho_{c,c}=m_c+m_f+m_g+m_s+m_w$$

② 计算混凝土配合比校正系数 δ。

$$\delta=\frac{\rho_{c,t}}{\rho_{c,c}}$$

式中　$\rho_{c,t}$——混凝土拌合物的表观密度实测值，kg/m^3；

$\rho_{c,c}$——混凝土拌合物的表观密度计算值，kg/m^3。

③ 当混凝土拌合物的表观密度实测值 $\rho_{c,t}$ 与计算值 $\rho_{c,c}$ 之差的绝对值不超过计算值的 2％时，以上定出的配合比即为确定的试验室配合比；当二者之差超过计算值的 2％时，应将配合比中的每项材料用量均乘以校正系数。

4. 施工配合比

混凝土的试验室配合比中砂、石是以干燥状态（砂含水量率小于 0.5％，石子含水率小于 0.2％）为基准计算出的，而工地存放的砂、石是露天堆放的，都含有一定的水分，而且随着气候的变化，含水情况经常变化。所以，现场材料的实际称量应按工地砂、石的含水情况进行修正，同时用水量也应做相应修正。修正后的配合比，称为施工配合比。

现假定工地上砂的含水率为 $a\%$，石子的含水率为 $b\%$，则将上述试验室配合比换算为施工配合比，其材料称量为：

$$m'_c=m_c$$

$$m'_f=m_f$$

$$m'_s=m_s(1+a\%)$$

$$m'_g=m_g(1+b\%)$$

$$m'_w=m_w-a\%m_s-b\%m_g$$

式中　m'_c、m'_f、m'_s、m'_g、m'_w——分别为施工配合比中每立方米混凝土中水泥、矿物掺合料、砂、石子和水的用量，kg/m^3。

任务六　其他品种混凝土

4.6.1　轻混凝土

轻混凝土是表观密度小于 $1950kg/m^3$ 的混凝土。它在减轻结构质量、改善建筑物保温性能等方面显示出了较好的技术经济效果，是一种轻质、高强、多功能的新型混凝土。根据原料与制造工艺的不同可分为轻骨料混凝土、多孔混凝土和大孔混凝土。

1. 轻骨料混凝土

用轻粗骨料、轻砂（或普通砂）、水泥和水配制成的，干表观密度不大于 1950kg/m^3 的混凝土，称为轻骨料混凝土。轻骨料混凝土按细骨料的种类不同，又分为全轻混凝土（由轻砂做细骨料）和砂轻混凝土（由普通砂或部分轻砂做细骨料）。

轻骨料按其来源可分为天然轻骨料、人造轻骨料和工业废料轻骨料。天然轻骨料是天然形成的多孔岩石，经加工而成的轻骨料，如浮石、火山渣及轻砂等；人造轻骨料，是以地方材料为原料，经加工而成的轻骨料如陶粒、膨胀珍珠岩等；工业废料轻骨料，是以工业废料为原料，经加工而成的轻骨料如粉煤灰陶粒、自然煤矸石等。轻粗骨料按颗粒形状不同可分为圆球形、普通型和碎石型三种。

（1）和易性

由于轻骨料表面粗糙，吸水率较大，故对拌合物的流动性影响较大。与普通混凝土相比，轻骨料混凝土拌合物粘聚性和保水性好，但坍落度值较小，流动性较差。选择坍落度指标时，考虑到振捣成型时轻骨料吸入的水可能释出，加大流动性，故在工程条件相同的情况下，对轻骨料混凝土的坍落度要求值应比普通混凝土稍低些。

同普通混凝土一样，轻骨料混凝土的流动性主要取决于用水量。由于骨料吸水率大，因而拌合的用水量应由两部分组成，一部分为使拌合物获得要求流动性的水量，称为净用水量；另一部分为轻骨料 1h 吸水量，称为附加水量。

（2）强度

轻骨料混凝土的强度等级按立方体抗压强度标准值划分为 LC5.0、LC7.5、LC10、LC15、LC20、LC25、LC30、LC35、LC40、LC45、LC50、LC55、LC60，共 13 个强度等级，

与普通混凝土不同，由于轻粗骨料本身的强度较普通石子低，因此轻骨料混凝土在外力作用下的破坏不是沿联结面，而是轻骨料本身先破坏。对低强度的轻骨料混凝土，破坏也可能使水泥石先开裂。故影响轻骨料强度的因素除水泥强度、水灰比、龄期、养护条件外，还直接与轻粗骨料的强度有关。

（3）密度等级

轻骨料混凝土按其干表观密度可分为十四个等级，见表 4-30。某一密度等级轻骨料混凝土的密度标准值，可取该密度等级干表观密度变化范围的上限。

表 4-30　轻骨料混凝土的密度等级

密度等级	干表观密度的变化范围（kg/m^3）	密度等级	干表观密度的变化范围（kg/m^3）
600	560～650	1300	1260～1350
700	660～750	1400	1360～1450
800	760～850	1500	1460～1550
900	860～950	1600	1560～1650
1000	960～1050	1700	1660～1750
1100	1060～1150	1800	1760～1850
1200	1160～1250	1900	1860～1950

（4）轻骨料混凝土的应用

轻骨料混凝土的表观密度小，自重轻，保温隔热性好，有利于建筑物的节能，综合效益好。适用于高层及有保温要求的建筑工程，轻骨料混凝土根据其用途可分为保温轻骨料混凝土、结构保温轻骨料混凝土和结构轻骨料混凝土三大类，其用途见表 4-31。

表 4-31　轻骨料混凝土按用途分类

类别名称	混凝土强度等级的合理范围	混凝土密度等级的合理范围	用　途
保温轻骨料混凝土	LC5.0	≤800	主要用于保温的维护结构或热工构筑物
结构保温轻骨料混凝土	LC5.0 LC7.5 LC10 LC15	800～1400	主要用于既承重又保温的围护结构
结构轻骨料混凝土	LC15 LC20 LC25 LC30 LC35 LC40 LC45 LC50 LC55 LC60	1400～1900	主要用于承重构件或构筑物

2. 多孔混凝土

多孔混凝土是一种不用骨料，内部均匀分布着微小气泡的轻混凝土。多孔混凝土按形成气孔的方法不同，分为加气混凝土和泡沫混凝土两种。

加气混凝土是用含钙材料（水泥、石灰）、含硅材料（石英砂、粉煤灰等）和发气剂（铝粉）作为原料，经过磨细、配料、搅拌、浇筑、成型、切割和蒸压养护等工序生产而成。

泡沫混凝土是水泥浆和泡沫剂搅拌均匀后经硬化而成的混凝土。

多孔混凝土的孔隙率大，表观密度在 300～1200kg/m^3，热导率为 0.081～0.29W/(m·K)，保温性能好，可制成砌块、墙板、屋面板及保温制品，广泛应用于工业与民用建筑及保温工程中。

3. 大孔混凝土

大孔混凝土是以粒径相近的粗骨料、水泥、水，有时掺入外加剂，一般不含或仅掺少量细骨料配制而成的混凝土，分为无砂大孔混凝土和少砂大孔混凝土。大孔混凝土的粗骨料可采用普通石子，也可采用轻粗骨料制得。

普通大孔混凝土的表观密度一般为 1500～1950kg/m^3，抗压强度为 3.5～10MPa，多用于承重及保温的外墙体。轻骨料大孔混凝土的表观密度为 500～1500kg/m^3，抗压强度为 1.5～7.5MPa，适用于非承重的墙体。大孔混凝土的导热系数小，保温性能好，吸湿性能小，干缩小，抗冻性可达 15～20 次，水泥用量小，成本低。可用于制作墙体用的小型空心砌块和各种板材。

4.6.2 防水混凝土

防水混凝土也称抗渗混凝土，是指抗渗等级大于或等于 P6 的混凝土。为了提高混凝土的抗渗性，常采用合理选择原材料；掺入外加剂；提高混凝土的密实度以及改善混凝土内孔结构的方法来实现。

1. 普通防水混凝土

普通防水混凝土主要是通过严格控制骨料级配、水灰比、胶凝材料用量等方法，提高混凝土密实性，从而达到防水抗渗的目的。为此，普通防水混凝土所用的材料除应满足普通混凝土对原材料的要求外，原材料和配合比还应符合以下要求：水泥宜采用普通硅酸盐水泥；粗骨料宜采用连续级配，最大粒径不宜大于 40mm，含泥量不得大于 1.0%，泥块含量不得大于 0.5%；细骨料宜采用中砂，含泥量不得大于 3.0%，泥块含量不得大于 1.0%；抗渗混凝土宜掺加矿物掺合料，粉煤灰等级应为Ⅰ级或Ⅱ级；每立方米混凝土中的胶凝材料不宜小于 320kg；砂率宜为 35%～45%；最大水灰比应符合表 4-32 所列的规定。

表 4-32 抗渗混凝土最大水胶比

设计抗渗等级	最大水胶比	
	C20～C30	C30 以上
P6	0.60	0.55
P8～P12	0.55	0.50
>P12	0.50	0.45

2. 外加剂防水混凝土

外加剂防水混凝土是在混凝土中掺入外加剂，从而堵塞或隔断混凝土中的各种孔隙及渗水通道，以达到提高抗渗性能的一种混凝土。常用的外加剂有引气剂、防水剂、膨胀剂、减水剂等。

引气剂防水混凝土是在混凝土中加入极微量的引气剂，使混凝土内产生微小的封闭气泡，它们填充了混凝土孔隙，隔断了渗水通道，从而提高混凝土的密实度和抗渗性。常用的引气剂是松香热聚物，也可用松香皂和氯化钙的复合外加剂。氯化钙具有稳定气泡和提高混凝土的早期强度的作用。

3. 膨胀水泥防水混凝土

用膨胀水泥配制的防水混凝土，是依靠膨胀水泥水化产生的钙矾石等大量结晶体，填充孔隙空间，并改善混凝土的收缩变形性能，提高混凝土的抗渗和抗裂性能。

防水混凝土主要用于各种基础工程、水工构筑物、给排水构筑物（如水池、水塔等）以及有防水抗渗要求的屋面。

4.6.3 抗冻混凝土

抗冻混凝土是指抗冻等级不低于 F50 的混凝土。

混凝土的冻害主要是孔隙内的水结冰而产生体积膨胀，从而对混凝土孔壁形成的冰胀应力。为了提高混凝土的抗冻性，应从提高混凝土的密实度、减少水的渗入或在孔隙中留有释放冰胀体积的空间等方面给予解决。

行业标准《普通混凝土配合比设计规程》（JGJ 55—2011），对配制抗冻混凝土从原材料方面提出了以下规定：水泥应采用硅酸盐水泥或普通硅酸盐水泥；粗骨料宜选用连续级配，其含泥量不得大于1.0%，泥块含量不得大于0.5%；细骨料含泥量不得大于3.0%，泥块含量不得大于1.0%；粗、细骨料均应进行坚固性试验，并达到相关标准要求；抗冻等级不小于F100的抗冻混凝土宜掺用引气剂；在钢筋混凝土和预应力混凝土中不得掺用含有氯盐的防冻剂；在预应力混凝土中不得掺用含有亚硝酸盐或碳酸盐的防冻剂。

抗冻混凝土配合比的规定如下：最大水胶比和最小胶凝材料用量应表4-33所列的规定；复合矿物掺合料掺量应符合表4-34所列的规定；其他矿物掺合料掺量以及掺用的引气剂的最小含气量应符合标准规定。

抗冻混凝土主要应用于处于受潮的冻融环境中的混凝土工程，如道路、桥梁、飞机场跑道及地下水位升降活动的冻土层范围内的基础工程等。

表4-33　最大水胶比和最小胶凝材料用量

设计抗冻等级	最大水胶比		最小胶凝材料用量（kg/m³）
	无引气剂时	掺引气剂时	
F50	0.55	0.60	300
F100	0.50	0.55	320
不低于F150	—	0.50	350

表4-34　复合矿物掺合料最大掺量

水胶比	最大掺量（%）	
	采用硅酸盐水泥时	采用普通硅酸盐水泥时
≤0.40	60	50
>0.40	50	40

注：1. 采用其他通用硅酸盐水泥时，可将水泥混合材掺量20%以上的混合材量计入矿物掺合料；
2. 复合矿物掺合料中各矿物掺合料组分的掺量不宜超过《普通混凝土配合比设计规程》（JGJ 55—2011）规定的钢筋混凝土中矿物掺合料最大掺量。

4.6.4　高强混凝土

高强混凝土是指强度等级不低于C60的混凝土。高强混凝土的特点是：抗压强度高，变形小，能适应大跨度结构、重载受压构件及高层结构；致密坚硬，耐久性能好；在相同的受力条件下能减小构件体积，降低钢筋用量；脆性比普通混凝土高；抗拉、抗剪强度随抗压强度的提高而有所增长，但拉压力比和剪压比都随之降低。

行业标准《普通混凝土配合比设计规程》（JGJ 55—2011）对配制高强混凝土所用的原材料和高强混凝土的配合比设计作出下列规定。

（1）原材料

① 水泥应选用硅酸盐水泥或普通硅酸盐水泥；

② 粗骨料宜采用连续级配，其最大粒径不宜大于25.0mm，针、片状颗粒含量不宜大于5.0%，含泥量不应大于0.5%，泥块含量不宜大于0.2%；

③ 细骨料的细度模数宜为2.6～3.0，含泥量不应大于2.0%，泥块含量不应大于0.2%；

④ 宜采用减水率不小于25%的高性能减水剂；

⑤ 宜复合掺用粒化高炉矿渣粉、粉煤灰和硅灰等矿物掺合料；粉煤灰等级不应低于Ⅱ级；对于强度等级不低于C80的高强度混凝土宜掺用硅灰。

(2) 配合比

高强混凝土配合比应经试验确定。在缺乏试验依据的情况下，配合比设计宜符合下列要求：

① 水胶比、胶凝材料用量和砂率可按表4-35所列选取，并应经试配确定。

表4-35 水胶比、胶凝材料用量和砂率

强度等级	水胶比	胶凝材料用量（kg/m³）	砂率（%）
≥C60，<C80	0.28～0.34	480～560	35～42
≥C80，<C100	0.26～0.28	520～580	
C100	0.24～0.26	550～600	

② 外加剂和矿物掺合料的品种、掺量，应通过试配确定；矿物掺合料掺量宜为25%～40%；硅灰掺量不宜大于10%。

③ 水泥用量不宜大于500kg/m³。

④ 在试配过程中，应采用三个不同的配合比进行混凝土强度试验，其中一个可为依据上述计算后调整拌合物的试拌配合比，另外两个配合比的水胶比，宜较试拌配合比分别增加和减少0.02。

⑤ 高强混凝土设计配合比确定后，尚应采用该配合比进行不少于三盘混凝土的重复试验，每盘混凝土应至少成型一组试件，每组混凝土的抗压强度不应低于配制强度。

⑥ 高强混凝土抗压强度测定宜采用标准尺寸试件，使用非标准尺寸试件时，尺寸折算系数应由试验确定。

4.6.5 泵送混凝土

泵送混凝土是指可在施工现场通过压力泵及输送管道进行浇筑的混凝土。泵送混凝土宜选用硅酸盐水泥、普通硅酸盐水泥、矿渣硅酸盐水泥和粉煤灰硅酸盐水泥。粗骨料宜采用连续级配，其针片状颗粒含量不宜大于10%，粗骨料的最大公称粒径与输送管径之比宜符合表4-36所列的规定。细砂宜采用中砂，其通过公称直径为315μm筛孔的颗粒含量不宜少于15%。泵送混凝土应掺用泵送剂或减水剂，并宜掺用矿物掺合料。泵送混凝土配合比应符合下列规定：

① 胶凝材料用量不宜小于300kg/m³。

② 砂率宜为35%～45%。

泵送混凝土试配时应考虑坍落度经时损失。

表 4-36　粗骨料的最大公称粒径与输送管径之比

粗骨料品种	泵送高度（m）	粗骨料最大公称粒径与输送管径之比
碎石	<50	≤1∶3.0
	50～100	≤1∶4.0
	>100	≤1∶5.0
卵石	<50	≤1∶2.5
	50～100	≤1∶3.0
	>100	≤1∶4.0

4.6.6　大体积混凝土

大体积混凝土是指体积较大的、可能由胶凝材料水化热引起的温度应力导致有害裂缝的结构混凝土。大体积混凝土所用的原材料应符合下列规定：

① 水泥宜采用中、低热硅酸盐水泥或低热矿渣硅酸盐水泥，水泥的 3d 和 7d 水化热应符合现行国家标准《中热硅酸盐水泥 低热硅酸盐水泥 低热矿渣硅酸盐水泥》（GB 200—2003）规定。当采用硅酸盐水泥或普通硅酸盐水泥时，应掺加矿物掺合料，胶凝材料的 3d 和 7d 水化热分别不宜大于 240kJ/kg 和 270kJ/kg。水化热试验方法应按现行国家标准《水泥水化热测定方法》（GB/T 12959—2008）执行。

② 粗骨料宜为连续级配，最大公称粒径不宜小于 31.5mm，含泥量不应大于 1.0%。

③ 细骨料宜采用中砂，含泥量不应大于 3.0%。

④ 宜掺用矿物掺合料和缓凝型减水剂。

当采用混凝土 60d 或 90d 龄期的设计强度时，宜采用标准尺寸试件进行抗压强度试验。

大体积混凝土配合比应符合下列规定：

① 水胶比不宜大于 0.55，用水量不宜大于 175kg/m^3。

② 在保证混凝土性能要求的前提下，宜提高每立方米混凝土中的粗骨料用量；砂率宜为 38%～42%。

③ 在保证混凝土性能要求的前提下，应减少胶凝材料中的水泥用量，提高矿物掺合料掺量，矿物掺合料掺量应符合《普通混凝土配合比设计规程》（JGJ 55—2011）中的相关规定。

在配合比试配和调整时，控制混凝土绝热温升不宜大于 50℃。

大体积混凝土配合比应满足施工对混凝土凝结时间的要求。

任务七　建 筑 砂 浆

建筑砂浆是由胶凝材料、细骨料、掺加料和水按适当比例配合、拌制并经硬化而成的工程材料。是建筑工程中应用比较广泛、消耗量较大的建筑材料之一，主要用于砌筑、抹面、装饰工程。

建筑砂浆种类较多，按功能和用途不同，分为砌筑砂浆、抹面砂浆和特种砂浆；按胶凝材料不同可分为水泥砂浆、石灰砂浆、混合砂浆（包括水泥石灰砂浆、水泥黏土砂浆、石灰黏土砂浆、石灰粉煤灰砂浆等。

4.7.1 砌筑砂浆

将砖、石及砌块粘结成为砌体的砂浆，称为砌筑砂浆。砌筑砂浆在建筑工程中用量最大，它起着胶结块材、传递荷载的作用。

1. 组成材料

（1）胶凝材料

胶凝材料在砂浆中起着胶结的作用，常用的有水泥、石灰等，在选用时应根据所使用的环境、用途等合理选择胶凝材料种类，在干燥环境中既可选用气硬性胶凝材料，也可以选用水硬性胶凝材料；在潮湿环境中只能选用水泥作为胶凝材料。

配制砂浆可采用普通硅酸盐水泥、矿渣硅酸盐水泥、火山灰硅酸盐水泥等常用品种的水泥。水泥强度等级应根据砂浆品种及强度等级的要求进行选择。通常水泥强度等级一般为砂浆强度等级的4～5倍，水泥砂浆采用的水泥强度等级不宜超过32.5级。水泥混合砂浆采用的水泥强度等级不宜超过42.5级。

（2）细骨料

砂是砂浆中的细骨料，在砂浆中起着骨架和填充作用，影响砂浆的和易性和强度等技术性能。性能良好的细骨料可提高砂浆的和易性和强度，尤其能较好的抑制砂浆的收缩开裂。

砂浆中所用的砂应符合混凝土用砂的技术要求，由于砂浆层较薄，因此，对砂的最大粒径有所限制。用于毛石砌体的砂浆，砂的最大粒径应小于砂浆层厚度的1/5～1/4；用于光滑的抹面和勾缝的砂浆，应采用细砂，且砂子的粒径应小于1.2mm。用于装饰的砂浆，还可采用彩砂、石渣等。为了保证砂浆的质量，对砂中的含泥量也有要求。由于砂中含有少量泥，可改善砂浆的流动性和保水性，因此，砂浆用砂的含泥量可比混凝土略高。

（3）水

配制砂浆用水应符合现行行业标准《混凝土用水标准》(JGJ 63—2006)。

（4）掺加料

掺加料是为了改善砂浆和易性而加入的无机材料。常用的有石灰膏、粉煤灰、黏土膏等。

熟化后的石灰膏应用孔径不大于3mm×3mm的网过滤，熟化时间不得少于7d；磨细生石灰粉的熟化时间不得少于2d。沉淀池中储存的石灰膏，应保持膏体上面有一层水，以免石灰膏的碳化变质。严禁使用脱水硬化的石灰膏。采用黏土制备黏土膏时，应用搅拌机加水搅拌，通过孔径不大于3mm×3mm的网过滤，用比色法检验黏土中的有机物含量应浅于标准色。石灰膏、黏土膏适配时的稠度应控制在（120±5）mm。

2. 技术性质

砂浆的技术性质主要包括新拌砂浆的和易性、硬化砂浆的强度及粘结力。

1）新拌砂浆的和易性

和易性良好的砂浆能较容易地铺成均匀的薄层，且与基面紧密粘接，便于施工操作，保证工程质量。因此，新拌砂浆应具有良好的和易性。新拌砂浆的和易性包括流动性和保水性两个方面。

（1）流动性

砂浆的流动性也称稠度，是指在自重或外力作用下产生流动的性质。砂浆的稠度用“沉入度”表示，单位毫米（mm）。

砂浆的流动性用砂浆稠度仪测定沉入度值，以标准圆锥体在砂浆内自由沉入 10s，沉入深度用毫米（mm）表示。沉入度越大，砂浆流动性越好。砂浆的流动性应适宜，若流动性过大，硬化后强度将会降低；若流动性过小，不便于施工操作，灰缝不易填充。

砂浆稠度的选择要考虑砌体材料的种类、气候条件等因素。对于多孔吸水的砌体材料和干热的天气，则要求砂浆的流动性大些；对于密实的、吸水较少的基底材料，或在湿冷条件下施工时，砂浆的流动性应小些。根据《砌筑砂浆配合比设计规程》（JGJ/T 98—2010）的规定，砌筑砂浆施工时的稠度宜按表 4-37 所列选用。

表 4-37　砌筑砂浆的施工稠度

砌筑种类	施工稠度（mm）
烧结普通砖砌体、粉煤灰砖砌体	70～90
烧结多孔砖砌体、烧结空心砖砌体、轻集料混凝土小型砌块砌体、蒸压加气混凝土砌块砌体	60～80
混凝土砖砌体、普通混凝土小型空心砌块砌体、灰砂砖砌体	50～70
石砌体	30～50

（2）保水性

新拌砂浆的保水性是指砂浆保持水分的能力，也指砂浆中各组成材料不易分层离析的性质。砂浆的保水性用“分层度”表示，单位为毫米（mm）。

砂浆的保水性用砂浆分层度测定仪测定。将搅拌均匀的砂浆，先测其沉入度，然后将其装入分层度测定仪，静置 30min 后，去掉上部 200mm 厚的砂浆，再测其剩余部分砂浆的沉入度，两次沉入度的差值称为分层度。砂浆的分层度在 10～20mm 之间为宜，不得大于 30mm。分层度大于 30mm 的砂浆，容易产生离析，不便于施工；分层度接近于零的砂浆，容易发生干缩裂缝。

2）强度

砂浆的强度通常指立方体抗压强度，是将砂浆制成 70.7mm×70.7mm×70.7mm 的立方体标准试件，在温度为（20±2)℃，相对湿度不小于 90%的条件养护 28d，根据我国现行标准《建筑砂浆基本性能试验方法标准》（JGJ/T 70—2009）的规定，通过标准试验方法测定砂浆的抗压强度。根据抗压强度，将砂浆划分为 M2.5、M5.0、M7.5、M10、M15、M20 六个强度等级。

3）粘结力

砖石砌体是靠砂浆把许多块状的砖石材料粘结成为坚固的整体，因此要求砂浆对于砖石必须有一定的粘结力。砂浆粘结力的大小影响砌体的强度、耐久性、稳定性、抗震性等，与工程质量有密切关系。砌筑砂浆的粘结力随其强度的增大而提高，砂浆强度等级越高，粘结力越大。此外，砂浆的粘结力还与基层材料的表面状态、润湿情况、清洁程度及施工养护等条件有关，在粗糙的、润湿的、清洁的基层上使用且养护良好的砂浆与基层的粘结力较好。因此，砌筑前砖要浇水湿润，其含水率控制在 10%～15%左右，表面不沾泥土，砌筑后应加强养护，从而提高砂浆与砖之间的粘结力，保证砌筑质量。

3. 配合比设计

砌筑砂浆要根据工程类型及砌体部位的设计要求来选择砂浆的强度等级，再按所要求的强度等级确定其配合比。砂浆的配合比设计就是确定砂浆中各组成成分的用量，既要满足砂浆的强度要求，又要满足和易性要求，还应满足经济合理的要求。

常用的砌筑砂浆分为水泥砂浆和水泥混合砂浆，依据《砌筑砂浆配合比设计规程》（JGJ/T 98—2010）的规定，砌筑砂浆的配合比按如下方法设计。

1）水泥混合砂浆

（1）确定砂浆的试配强度

砂浆的试配强度应按下式计算：

$$f_{m,0}=kf_2$$

式中　$f_{m,0}$——砂浆的试配强度，MPa，应精确至0.1MPa；

f_2——砂浆的强度等级值，MPa，应精确至0.1MPa；

k——系数，按表4-38所列取值。

表4-38　砂浆强度标准差及 k 值

强度等级 施工水平	强度标准差 σ（MPa）							k
	M5	M7.5	M10	M15	M20	M25	M30	
优良	1.00	1.50	2.00	3.00	4.00	5.00	6.00	1.15
一般	1.25	1.88	2.50	3.75	5.00	6.25	7.50	1.20
较差	1.50	2.25	3.00	4.50	6.00	7.50	9.00	1.25

砂浆强度标准差的确定应符合下列规定：

① 当有统计资料时，砂浆强度标准差应按下式计算：

$$\sigma=\sqrt{\frac{\sum_{i=1}^{n}f_{m,i}^{2}-n\mu_{f_m}^{2}}{n-1}}$$

式中　$f_{m,i}$——统计周期内同一品种砂浆第 i 组试件的强度，MPa；

μ_{f_m}——统计周期内同一品种砂浆 n 组试件强度的平均值，MPa；

n——统计周期内同一品种砂浆试件的总组数，$n\geqslant 25$。

② 当无统计资料时，砂浆强度标准差可按表4-38取值。

（2）计算水泥用量

① 每立方米砂浆中的水泥用量，应按下式计算：

$$Q_c=1000\ (f_{m,0}-\beta)\ /\ (\alpha\cdot f_{ce})$$

式中　Q_c——每立方米砂浆的水泥用量，kg，应精确至1kg；

f_{ce}——水泥的实测强度，MPa，应精确至0.1MPa；

α、β——砂浆的特征系数，其中 α 取3.03，β 取−15.09。

注：各地也可由本地区的试验资料确定 α、β 值，统计用的试验组数不得少于30组。

② 在无法取得水泥的实测强度值时，可按下式计算：

$$f_{ce}=\gamma_c\cdot f_{ce,k}$$

式中　$f_{ce,k}$——水泥强度等级值，MPa；

γ_c——水泥强度等级值的富余系数，宜按实际统计资料确定；无统计资料时可取1.0。

（3）计算石灰膏用量

石灰膏用量应按下式计算：

$$Q_D = Q_A - Q_C$$

式中　Q_D——每立方米砂浆的石灰膏用量，kg，应精确至1kg；石灰膏使用时的稠度宜为（120±5）mm；

Q_C——每立方米砂浆的水泥用量，kg，应精确至1kg；

Q_A——每立方米砂浆中水泥和石灰膏总量，应精确至1kg，可为350kg。

（4）每立方米砂浆中的砂子用量，应按干燥状态（含水率小0.5%）的堆积密度值作为计算值（kg）。

（5）每立方米砂浆中的用水量，根据砂浆稠度等要求可选用210～310kg。但应注意以下几点：

① 混合砂浆中的用水量，不包括石灰膏中的水；

② 当采用细砂或粗砂时，用水量分别取上限和下限；

③ 稠度小于70mm时，用水量可小于下限；

④ 施工现场气候炎热或干燥季节，可酌量增加用水量。

（6）试配、调整与确定

① 试配检验、调整和易性，确定基准配合比。按计算配合比试配，测定其稠度和分层度，不满足要求则调整用水量或掺加料用量，直到符合要求为止，由此得到基准配合比。

② 砂浆强度调整与确定。检验强度时至少应采用三个不同的配合比，其中一个为基准配合比，另两个配合比的水泥用量按基准配合比分别增加和减少10%，在保证稠度、分层度合格的条件下，可将用水量或掺加料用量作相应调整。三组配合比分别成型、养护、测定28d强度，选定符合试配强度要求的且水泥用量最低的配合比作为砂浆配合比。

2）水泥砂浆配合比的选用

依据《砌筑砂浆配合比设计规程》（JGJ/T 98—2010）的规定，水泥砂浆的材料用量可按表4-39所列选用。

表4-39　每立方米水泥砂浆材料用量（kg/m^3）

强度等级	水泥	砂	用水量
M5	200～230	砂的堆积密度值	270～330
M7.5	230～260		
M10	260～290		
M15	290～330		
M20	340～400		
M25	360～410		
M30	430～480		

注：1. M15及M15以下强度等级水泥砂浆，水泥强度等级为32.5级；M15以上强度等级水泥砂浆，水泥强度等级为42.5级；

2. 当采用细砂或粗砂时，用水量分别取上限或下限；

3. 当稠度小于70mm时，用水量可小于下限；

4. 施工现场气候炎热或干燥季节，可酌量增加用水量；

5. 试配强度应按上述相应公式计算。

4.7.2 抹面砂浆

凡涂抹在建筑物或建筑构件表面的砂浆，统称为抹面砂浆。根据抹面砂浆的功能不同，抹面砂浆分为普通抹面砂浆、防水砂浆和装饰砂浆。抹面砂浆应具有良好的和易性，以易于抹成均匀平整的薄层，便于施工；还应有较高的粘结力，砂浆层应能与底面粘结牢固，长期使用不致开裂或脱落。抹面砂浆的组成材料与砌筑砂浆基本相同，但为了防止砂浆的开裂，有时需加入纤维增强材料：如麻刀、纸筋、玻璃纤维等；为了使其具有某些特殊功能也需要选用特殊骨料或掺加料。

1. 普通抹面砂浆

普通抹面砂浆具有保护建（构）筑物及装饰建筑物及建筑环境的效果。它可以抵抗风、雨、雪等自然环境对建筑物的侵蚀，提高建筑物的耐久性。此外，经过砂浆抹面的墙面或其他构件的表面又可以达到表面平整、光洁和美观的效果。

普通抹面砂浆一般分两层或三层施工，即底层、中层和面层。底层抹灰主要是使抹灰层和基层能牢固地粘结，因此，要求底层的砂浆应具有良好的和易性及较高的粘结力，同时也应有较好的保水性，以防止水分被底面材料吸收而影响砂浆的粘结力。砖墙的底层抹灰，多用石灰砂浆；混凝土墙面、柱面、梁的侧面、底面及顶棚表面等的底层抹灰，多用混合砂浆。中层抹灰主要的作用是找平；有时可省去不用。中层抹灰多用混合砂浆或石灰砂浆。面层抹灰则是起装饰的作用，即达到表面美观的效果，要求砂浆细腻抗裂。面层抹灰多用混合砂浆、麻刀石灰灰浆、纸筋石灰灰浆。

各种抹面砂浆配合比及其应用范围可参考表 4-40 所列。

表 4-40 各种抹面砂浆配合比参考表

材料	配合比（体积比）	应 用 范 围
石灰：砂	1：2～1：4	用于砖石墙表面（檐口、勒脚、女儿墙以及潮湿房间的墙除外）
石灰：黏土：砂	1：1：4～1：1：8	干燥环境的墙表面
石灰：石膏：砂	1：0.4：2～1：1：3	用于不潮湿房间木质表面
石灰：石膏：砂	1：0.6：2～1：1：3	用于不潮湿房间的墙及顶棚
石灰：石膏：砂	1：2：2～1：2：4	用于不潮湿房间的线脚及其他修饰工程
石灰：水泥：砂	1：0.5：4.5～1：1：5	用于檐口、勒脚、女儿墙外脚以及比较潮湿的部位
水泥：砂	1：3～1：2.5	用于浴室、潮湿车间等墙裙、勒脚等或地面基层
水泥：砂	1：2～1：1.5	用于地面、顶棚或墙面面层
水泥：砂	1：0.5～1：1	用于混凝土地面随时压光
水泥：黏土：砂：锯末	1：1：3：5	用于吸声粉刷
水泥：白石子	1：2～1：1	用于水磨石（打底用 1：2.5 水泥砂浆）

2. 装饰砂浆

装饰砂浆是涂抹在建筑物室内外表面，具有美观装饰效果的抹面砂浆。装饰砂浆所采用的胶凝材料除普通水泥、矿渣水泥等外，还可应用白水泥、彩色水泥等；骨料可采用普通砂、玻璃珠以及大理石或花岗岩破碎成的石渣等，也可根据装饰需要加入一些矿物颜料。装饰砂浆施工时，底层和中层的抹面砂浆与普通抹面砂浆基本相同。面层要选用具有一定颜色的胶凝材料和骨料以及采某种特殊的施工工艺，使表面呈现出各种不同的色彩、线条与花纹等装饰效果。

（1）拉毛

先用水泥砂浆做底层，再用水泥石灰砂浆做面层，在砂浆尚未凝结之前，用抹刀将表面拍拉成凹凸不平的形状。

（2）水磨石

水磨石是用普通水泥、白色水泥或彩色水泥拌合各种色彩的大理石渣、水按适当比例配合，经成型、养护、研磨、抛光等工序制作而成。水磨石多用于地面装饰，可事先设计图案和色彩，抛光后更具艺术效果。水磨石还可预制做成楼梯踏步、窗台板、踢脚板等多种建筑构件。

（3）水刷石

用颗粒细小（约5mm）的石渣拌成的砂浆做面层，待水泥初凝后，即喷水冲刷表面，使其石渣半露而不脱落。水刷石一般用于外墙装饰，具有一定的质感，经久耐用。

（4）干粘石

原料同水刷石，在水泥浆凝结之前，粘结粒径5mm以下的白色或彩色石渣、小石子、彩色玻璃、陶瓷碎粒等。要求石渣粘结均匀，牢固。干粘石的装饰效果、用途与水刷石相同，但减少了湿作业，可提高工作效率。干粘石在预制外墙板的生产中，有较多的应用。

（5）斩假石

斩假石又称为剁假石，砂浆的配制与水刷石基本一致，砂浆抹面硬化后，用斧刃将表面剁毛并露出石渣。斩假石表面具有粗面花岗岩的效果。一般用于室外柱面、栏杆、勒脚等处的装饰。

3. 防水砂浆

防水砂浆是一种抗渗性高的砂浆。防水砂浆层又称刚性防水层，适用于不受震动和具有一定刚度的混凝土或砖石砌体的表面，对于变形较大或可能发生不均匀沉降的建筑物，都不宜采用刚性防水层。防水砂浆按其组成可分为多层抹面水泥砂浆、掺防水剂防水砂浆、膨胀水泥防水砂浆和掺聚合物防水砂浆四类。

防水砂浆可以采用普通水泥砂浆，也可以在水泥砂浆中掺入防水剂来提高砂浆的抗渗能力。常用的防水剂有无机铝盐防水剂、氯化铁防水剂、金属皂类防水剂、有机硅防水剂及聚合物乳液等。防水砂浆的配合比一般采用水泥：砂＝1：2.5～3，水灰比在0.5～0.55之间。水泥应采用42.5级的普通硅酸盐水泥，砂子应采用级配良好的中砂。

防水砂浆的防渗效果在很大程度上取决于施工质量，因此施工时要严格控制原材料的质量和配合比。防水砂浆层一般分四层或五层施工，每层厚约5mm，每层在初凝前压实一遍，最后一层要进行压光。抹完后要加强养护，防止脱水过快造成干裂。总之，刚性防水层必须保证砂浆的密实性，对施工操作要求高，否则难以获得理想的防水效果。

4.7.3 特种砂浆

1. 绝热砂浆

绝热砂浆又称保温砂浆，是采用水泥、石灰和石膏等胶凝材料与膨胀珍珠岩、膨胀蛭石或陶砂等轻质多孔骨料，按一定比例配合制成的砂浆。保温砂浆具有保温隔热、轻质、吸声等性能，其导热系数为0.07～0.10W/(m·K)，可用于屋面保温层、保温墙壁以及供热管道保温层等处。

常用的保温砂浆有水泥膨胀珍珠岩砂浆、水泥膨胀蛭石砂浆和水泥石灰膨胀蛭石砂浆等。随着国内节能减排工作的推进，涌现出众多新型墙体保温材料，其中EPS（聚苯乙烯）颗粒保温砂浆就是一种得到广泛应用的新型外保温砂浆，其采用分层抹灰的工艺，最大厚度可达100mm，此砂浆具有保温、隔热、阻燃、耐久等优点。

2. 吸声砂浆

吸声砂浆，是指具有吸声功能的砂浆。一般绝热砂浆是由轻质多孔骨料制成的，因此也具有吸声性能。工程中常以水泥：石灰膏：砂：锯末=1：1：3：5（体积比）配制成吸声砂浆。或在石灰、石膏砂浆中加入矿棉或有机纤维类物质。吸声砂浆常用于厅堂的墙壁和顶棚的吸声。

3. 耐酸砂浆

以水玻璃与氟硅酸钠为胶凝材料，加入石英岩、花岗岩、铸石等耐酸粉料和细集料拌制并硬化而成的砂浆。水玻璃硬化后具有很好的耐酸性能。耐酸砂浆多用作衬砌材料、耐酸地面和耐酸容器的内壁防护层。

4. 防辐射砂浆

防辐射砂浆有重晶石砂浆和加硼水泥砂浆两种。

① 重晶石砂浆。用水泥、重晶石粉、重晶石砂加水制成，对X射线、γ射线起阻隔作用。

② 加硼水泥砂浆。往砂浆中掺加一定数量的硼化物（如硼砂、硼酸、碳化硼等）制成，具有抗中子辐射性能。常用配比为石灰：水泥：重晶石粉：硬硼酸钙粉=1：9：31：4（质量比），并加适量塑化剂。

单 元 小 结

本单元共为分七个任务。主要介绍了混凝土的分类及特点；普通混凝土基本组成材料的技术要求；混凝土拌合物的和易性，硬化混凝土的强度、变形及耐久性的相关知识；常用的混凝土外加剂；普通混凝土的配合比设计；其他品种的混凝土（轻混凝土、防水混凝土、抗冻混凝土、高强混凝土、泵送混凝土及大体积混凝土）以及建筑砂浆（砌筑砂浆、抹面砂浆和特种砂浆）。通过本单元的学习让学生了解建筑工程中重要的两种建筑材料，使学生在掌握基本知识的基础上，提高分析实际问题的能力。

单元思考题

1. 普通混凝土的组成材料有哪几种？在混凝土中各起什么作用？
2. 何谓是混凝土拌合物的和易性？包括哪几方面含义？如何评定混凝土的和易性？
3. 影响混凝土和易性的主要因素有哪些？
4. 影响混凝土强度的主要因素有哪些？
5. 何谓混凝土的抗渗性？
6. 混凝土配合比设计的基本要求是什么？
7. 砂浆的和易性包括哪几方面含义？各用什么指标表示？

单元五　墙体材料

学习目标：

1. 了解烧结普通砖、烧结多孔砖、烧结空心砖的技术要求，掌握其应用。

2. 了解蒸压灰砂砖和蒸压粉煤灰砖的技术要求，熟悉其应用。

3. 掌握普通混凝土小型空心砌块、轻集料混凝土小型空心砌块、蒸压加气混凝土砌块及粉煤灰砌块的应用。

墙体在建筑物中主要起承重、围护、保温、隔热、隔声和分隔空间的作用，是房屋建筑的重要组成部分。传统的墙体材料是烧结普通黏土砖，其体积小，砌筑速度慢，生产不利于环境保护，因此我国已严格限制烧结普通黏土砖的生产和使用。目前我国墙体材料的发展趋于轻质、高强、低能耗、大体积、充分利用工业废料方向发展，从而实现装配化施工。

任务一　砌墙砖

5.1.1　烧结普通砖

普通砖以黏土、页岩、粉煤灰、煤矸石等为原料，经成型、焙烧制得的无孔洞或孔洞率小于15%的砖，称为烧结普通砖。根据《烧结普通砖》（GB 5101—2003）的规定，烧结普通砖按其主要原料分为黏土砖（N）、页岩砖（Y）、煤矸石砖（M）和粉煤灰砖（F）。砖的外形为直角六面体，其规格为240mm×115mm×53mm（公称尺寸）。在烧结普通砖砌体中，加上灰缝10mm，每4块砖长、8块砖宽或16块砖厚均为1m。$1m^3$砌体需用砖512块。

1. 烧结普通砖的技术要求

强度、抗风化性能和放射性能合格的砖，根据尺寸偏差、外观质量、泛霜和石灰爆裂分为优等品（A）、一等品（B）、合格品（C）三个质量等级。

1）尺寸偏差

砖的外形为直角六面体，其公称尺寸为：长240mm、宽115mm、高53mm。尺寸偏差应符合表5-1所列规定。

表5-1　尺寸允许偏差（mm）

公称尺寸	优等品		一等品		合格品	
	样本平均偏差	样本极差≤	样本平均偏差	样本极差≤	样本平均偏差	样本极差≤
240	±2.0	6	±2.5	7	±3.0	8
115	±1.5	5	±2.0	6	±2.5	7
53	±1.5	4	±1.6	5	±2.0	6

2）外观质量

砖的外观质量应符合表 5-2 所列规定。

表 5-2　外观质量（mm）

<table>
<tr><th colspan="2">项　目</th><th>优等品</th><th>一等品</th><th>合格</th></tr>
<tr><td colspan="2">两条面高度差　≤</td><td>2</td><td>3</td><td>4</td></tr>
<tr><td colspan="2">弯曲　≤</td><td>2</td><td>3</td><td>4</td></tr>
<tr><td colspan="2">杂质凸出高度　≤</td><td>2</td><td>3</td><td>4</td></tr>
<tr><td colspan="2">缺棱掉角的三个破坏尺寸　不得同时大于</td><td>5</td><td>20</td><td>30</td></tr>
<tr><td rowspan="2">裂纹长度　≤</td><td>a. 大面上宽度方向及其延伸至条面的长度</td><td>30</td><td>60</td><td>60</td></tr>
<tr><td>b. 大面上长度方向及其延伸至顶面的长度或条顶面上水平裂纹的长度</td><td>50</td><td>80</td><td>100</td></tr>
<tr><td colspan="2">完整面[a]　不得少于</td><td>二条面和二顶面</td><td>一条面和一顶面</td><td></td></tr>
<tr><td colspan="2">颜色</td><td>基本一致</td><td>—</td><td></td></tr>
</table>

a. 凡有下列缺陷之一者，不得称为完整面：

（1）缺损在条面或顶面上造成的破坏面尺寸同时大于 10mm×10mm；

（2）条面或顶面上裂纹宽度大于 1mm，其长度超过 30mm；

（3）压陷、粘底、焦花在条面或顶面上的凹陷或凸出超过 2mm，区域尺寸同时大于 10mm×10mm；

注：为装饰而施加的色差，凹凸纹、拉毛、压花等不算作缺陷。

3）强度

烧结普通砖根据抗压强度分为 MU30、MU25、MU20、MU15、MU10 五个强度等级。其强度应符合表 5-3 所列规定。

表 5-3　烧结普通砖的强度

<table>
<tr><th rowspan="2">强度等级</th><th rowspan="2">抗压强度平均值 $\overline{f}$≥</th><th>变异系数 δ≤0.21</th><th>变异系数 δ≥0.21</th></tr>
<tr><th>强度标准值 f_k≥</th><th>单块最小抗压强度值 f_{min}≥</th></tr>
<tr><td>MU30</td><td>30.0</td><td>22.0</td><td>25.0</td></tr>
<tr><td>MU25</td><td>25.0</td><td>18.0</td><td>22.0</td></tr>
<tr><td>MU20</td><td>20.0</td><td>14.0</td><td>16.0</td></tr>
<tr><td>MU15</td><td>15.0</td><td>10.0</td><td>12.0</td></tr>
<tr><td>MU10</td><td>10.0</td><td>6.5</td><td>7.5</td></tr>
</table>

4）抗风化性能

抗风化性能是指在温度变化、干湿变化、冻融变化等物理因素作用下，材料不破坏并长期保持原有性质的能力。砖的抗风化性能是烧结普通砖耐久性的重要标志之一。

① 风化区的划分

《烧结普通砖》（GB 5101—2003）依据风化指数，全国风化区划分，见表 5-4。

表 5-4　风化区划分

严重风化区		非严重风化区	
1. 黑龙江省	11. 河北省	1. 山东省	11. 福建省
2. 吉林省	12. 北京市	2. 河南省	12. 台湾省
3. 辽宁省	13. 天津市	3. 安徽省	13. 广东省
4. 内蒙古自治区		4. 江苏省	14. 广西壮族自治区
5. 新疆维吾尔自治区		5. 湖北省	15. 海南省
6. 宁夏回族自治区		6. 江西省	16. 云南省
7. 甘肃省		7. 浙江省	17. 西藏自治区
8. 青海省		8. 四川省	18. 上海市
9. 陕西省		9. 贵州省	19. 重庆市
10. 山西省		10. 湖南省	

② 严重风化区中的 1、2、3、4、5 地区的砖必须进行冻融试验，其他地区砖的抗风化性能符合表 5-5 所列规定时可不做冻融试验，否则，必须进行冻融试验。

表 5-5　抗风化性能

<table>
<tr><th rowspan="3">砖种类</th><th colspan="4">严重风化区</th><th colspan="4">非严重风化区</th></tr>
<tr><th colspan="2">5h 沸煮吸水率（%）≤</th><th colspan="2">饱和系数≤</th><th colspan="2">5h 沸煮吸水率（%）≤</th><th colspan="2">饱和系数≤</th></tr>
<tr><th>平均值</th><th>单块最大值</th><th>平均值</th><th>单块最大值</th><th>平均值</th><th>单块最大值</th><th>平均值</th><th>单块最大值</th></tr>
<tr><td>黏土砖</td><td>18</td><td>20</td><td rowspan="2">0.85</td><td rowspan="2">0.87</td><td>19</td><td>20</td><td rowspan="2">0.88</td><td rowspan="2">0.90</td></tr>
<tr><td>粉煤灰砖</td><td>21</td><td>23</td><td>23</td><td>25</td></tr>
<tr><td>页岩砖</td><td rowspan="2">16</td><td rowspan="2">18</td><td rowspan="2">0.74</td><td rowspan="2">0.77</td><td rowspan="2">18</td><td rowspan="2">20</td><td rowspan="2">0.78</td><td rowspan="2">0.80</td></tr>
<tr><td>煤矸石砖</td></tr>
</table>

注：粉煤灰掺入量（体积比）小于 30%时，按黏土砖规定判定。

③ 冻融试验后，每块砖样不允许出现裂纹、分层、掉皮、缺棱、掉角等冻坏现象；质量损失不得大于 2%。

5）泛霜

泛霜是指原料中可溶性盐类随着砖内水分蒸发而在砖表面产生的盐析现象，一般为白色粉末，常在砖表面形成絮团状斑点。《烧结普通砖》（GB 5101—2003）规定，优等品砖不允许有泛霜现象，一等品砖不允许出现中等泛霜，合格品砖不允许出现严重泛霜。

6）石灰爆裂

如果原料中夹杂石灰石，则烧砖时石灰石将被烧成生石灰留在砖中，有时掺入的内燃料（煤渣）也会带入生石灰，这些生石灰在砖体内吸水消化时产生体积膨胀，导致砖发生胀裂破坏，这种现象称为石灰爆裂。石灰爆裂对砖砌体的影响较大，轻者影响美观，重者将使砖砌体强度降低直至破坏。

国家标准《烧结普通砖》（GB 5101—2003）规定：

（1）优等品

不允许出现最大破坏尺寸大于 2mm 的爆裂区域。

（2）一等品

① 最大破坏尺寸大于 2mm 且小于等于 10mm 的爆裂区域，每组砖样不得多于 15 处。

② 不允许出现最大破坏尺寸大于 10mm 的爆裂区域。

(3) 合格品

① 最大破坏尺寸大于 2mm 且小于等于 15mm 的爆裂区域，每组砖样不得多于 15 处，其中大于 10mm 的不得多于 7 处。

② 不允许出现最大破坏尺寸大于 15mm 的爆裂区域。

2. 烧结普通砖的特点与应用

烧结普通砖具有较高的强度，又因多孔结构而具有良好的绝热性、透气性和稳定性，还具有较好的耐久性及隔热隔声性能并且价格低廉，原料广泛、工艺简单，是历史悠久、应用范围广的砌体材料之一。

烧结普通砖除可用于砌筑承重墙体或非承重墙体外，还可砌筑砖柱、拱、烟囱、筒拱式过梁和基础等，也可与混凝土、保温隔热材料等配合使用。在砖砌体中配置适当的钢筋或钢丝网，可制成薄壳结构、钢筋砖过梁等。

5.1.2　烧结多孔砖和空心砖

1. 烧结多孔砖

烧结多孔砖是指以黏土、页岩、煤矸石、粉煤灰等为主要原料，经成型、干燥和焙烧而成，孔洞率等于或大于 25%，孔的尺寸小而数量多的砖。按主要原料分为黏土砖（N）、页岩砖（Y）、粉煤灰砖（F）、煤矸石砖（M）、淤泥砖（U）和固体废弃物砖（G）。砖的长度、宽度、高度应符合下列要求（mm）：290、240、190、180、140、115、90。其他规格尺寸由供需双方协商确定。

烧结多孔砖的尺寸允许偏差、外观质量、孔型孔结构及孔洞率、泛霜、石灰爆裂、抗风化性能、放射性核素限量等技术要求应符合《烧结多孔砖和多孔砌块》(GB 13544—2011) 的规定。

烧结多孔砖根据抗压强度分为 MU30、MU25、MU20、MU15、MU10 五个强度等级。各强度等级的强度应符合表 5-6 所列的规定。

表 5-6　强度等级（MPa）

强度等级	抗压强度平均值 $\bar{f}\geqslant$	强度标准值 $f_k\geqslant$
MU30	30.0	22.0
MU25	25.0	18.0
MU20	20.0	14.0
MU15	15.0	10.0
MU10	10.0	6.5

烧结多孔砖由于强度较高，在建筑工程中可代替普通砖，主要用于六层以下的承重墙体。

2. 烧结空心砖

烧结空心砖是以黏土、页岩、煤矸石等为主要原料，经焙烧而成的，孔洞率等于或大于 40%，孔的尺寸大而数量少的砖。按主要原料分为黏土空心砖（N）、页岩空心砖（Y）、煤矸石空心砖（M）、粉煤灰空心砖（F）、淤泥空心砖（U）、建筑渣土空心砖（Z）、其他固体废弃物空心砖（G）。

空心砖的外形为直角六面体，混水墙用空心砖，应在大面和条面上设有均匀分布的粉刷槽或类似结构，深度不小于2mm。空心砖的长度、宽度、高度尺寸应符合下列要求：

① 长度规格尺寸（mm）：390、290、240、190、180（175）、140。

② 宽度规格尺寸（mm）：190、180（175）、140、115。

③ 高度规格尺寸（mm）：180（175）、140、115、90。

其他规格尺寸由供需双方协商确定。

烧结空心砖的尺寸允许偏差、外观质量、孔洞排列及其结构、泛霜、石灰爆裂、抗风化性能、放射性核素限量等技术要求应符合《烧结空心砖和空心砌块》（GB/T 13545—2014）的规定。

烧结空心砖按抗压强度分为MU10.0、MU7.5、MU5.0、MU3.5。各强度等级的强度应符合表5-7所列的规定。

表5-7　强度等级（MPa）

强度等级	抗压强度		
	抗压强度平均值 $\overline{f}\geqslant$	变异系数 $\delta\leqslant0.21$	变异系数 $\delta>0.21$
		强度标准值 $f_k\geqslant$	单块最小抗压强度值 $f_{min}\geqslant$
MU10.0	10.0	7.0	8.0
MU7.5	7.5	5.0	5.8
MU5.0	5.0	3.5	4.0
MU3.5	3.5	2.5	2.8

烧结空心砖孔洞率在40%以上，因其质量较轻，强度不高，故多用作非承重墙，如多层建筑的内隔墙或框架结构的填充墙等。

5.1.3　非烧结砖

1. 蒸压灰砂砖

蒸压灰砂砖是以石灰和砂为主要原料，经磨细、混合搅拌、陈化、压制成型和蒸压养护而制成。《蒸压灰砂砖》（GB 11945—1999）规定，灰砂砖尺寸为240mm×115mm×53mm，按砖浸水24h后的抗压强度和抗折强度分为MU25、MU20、MU15、MU10四个强度等级，根据尺寸偏差和外观质量、强度及抗冻性分为优等品（A）、一等品（B）和合格品（C）三个质量等级。

强度等级大于MU15的砖可用于基础及其他建筑。MU10的砖仅可用于砌筑防潮层以上的墙体。长期受热200℃以上、受急冷急热或有酸性介质侵蚀的建筑部位应避免使用灰砂砖。

2. 蒸压粉煤灰砖

蒸压粉煤灰砖是以粉煤灰、石灰为主要原料，可掺加适量石膏等外加剂和其他集料，经坯料制备、压制成型、高压蒸汽养护而制成的砖。

根据《蒸压粉煤灰砖》(JC/T 239—2014) 的规定，砖的外形为直角六面体，其公称尺寸为：长度 240mm、宽度 115mm、高度 53mm。其他规格尺寸由供需双方协商后确定。按强度分为 MU10、MU15、MU20、MU25、MU30 五个强度等级。

蒸压粉煤灰砖可用于工业与民用建筑的墙体和基础，但用于基础或易受冻融和干湿交替作用的建筑部位时，必须使用 MU15 及以上强度等级的砖。用蒸压粉煤灰砖砌筑的建筑物，应适当增设圈梁及伸缩缝或其他措施，以避免或减少收缩裂缝。蒸压粉煤灰砖不得用于长期受热 (200℃以上)、受急冷急热和有酸性介质侵蚀的建筑部位。

任务二　砌　　块

砌块是近年来迅速发展起来的一种砌筑材料。砌块按尺寸大小分为小型砌块 (高度为 115～380mm)、中型砌块 (高度为 380～980mm) 和大型砌块 (高度大于 980mm)。砌块生产可充分利用地方资源和工业废料，制作方便，减轻房屋自重，由于砌块的尺寸比砖大，故用砌块来砌筑墙体还可提高施工速度。

5.2.1　普通混凝土小型砌块

普通混凝土小型砌块是以水泥、矿物掺合料、砂、石、水等作原料，经搅拌、振动成型、养护等工艺制成的小型砌块。包括空心砌块和实心砌块。

砌块的外形宜为直角六面体，常用块型的规格尺寸为：长度 (mm) 390；宽度 (mm) 90、120、140、190、240、290；高度 (mm) 90、140、190。其他规格尺寸可由供需双方协商确定。采用薄灰缝砌筑的块型，相关尺寸可作相应调整。

砌块按空心率分为空心砌块 (空心率不小于 25%，代号：H) 和实心砌块 (空心率小于 25%，代号：S)。

砌块按使用时砌筑墙的结构和受力情况，分为承重结构用砌块 (代号：L，简称承重砌块)、非承重结构用砌块 (代号：N，简称非承重砌块)。

根据《普通混凝土小型砌块》(GB/T 8239—2014) 的规定，普通混凝土小型砌块的抗压强度等级，见表 5-8。

表 5-8　砌块的强度等级 (MPa)

砌块种类	承重砌块 (L)	非承重砌块 (N)
空心砌块 (H)	7.5、10.0、15.0、20.0、25.0	5.0、7.5、10.0
实心砌块 (S)	15.0、20.0、25.0、30.0、35.0、40.0	10.0、15.0、20.0

5.2.2　轻集料混凝土小型空心砌块

用轻粗集料、轻砂 (或普通砂)、水泥和水等原材料配制而成的干表观密度不大于 1950kg/m³ 的混凝土制成的小型空心砌块。

根据《轻集料混凝土小型空心砌块》(GB/T 15229—2011) 规定，轻集料混凝土小型空心砌块主规格尺寸长×宽×高为 390mm×190mm×190mm，其他规格尺寸可由供需双方商定。其密度等级分为八级（kg/m³）：700、800、900、1000、1100、1200、1300、1400。除自燃煤矸石掺量不小于砌块质量35%的砌块外，其他砌块的最大密度等级为1200。其强度等级分为五级：MU2.5、MU3.5、MU5.0、MU7.5、MU10.0。各强度等级的强度应符合表5-9所列的规定；同一强度等级砌块的抗压强度和密度等级范围应同时满足表5-9的要求。

表5-9　强度等级

强度等级	抗压强度（MPa）		密度等级范围（kg/m³）
	平均值	最小值	
MU2.5	≥2.5	≥2.0	≤800
MU3.5	≥3.5	≥2.8	≤1000
MU5.0	≥5.0	≥4.0	≤1200
MU7.5	≥7.5	≥6.0	≤1200[a] ≤1300[b]
MU10.0	≥10.0	≥8.0	≤1200[a] ≤1400[b]

a 除自燃煤矸石掺量不小于砌块质量35%以外的其他砌块；

b 自燃煤矸石掺量不小于砌块质量35%的砌块。

注：当砌块的抗压强度同时满足2个强度等级或2个以上强度等级要求时，应以满足要求的最高强度等级为准。

轻集料混凝土小型空心砌块可用于建筑物的承重墙体和非承重墙体，因其绝热性能好也可用于既承重又保温或专门保温的墙体，特别适合高层建筑的填充墙和内隔墙。

5.2.3　蒸压加气混凝土砌块

蒸压加气混凝土砌块是以钙质材料和硅质材料加入铝粉，经成型、切割、蒸压养护而成的多孔轻质块体材料。

根据《蒸压加气混凝土砌块》（GB 11968—2006）规定，蒸压加气混凝土砌块的规格尺寸应符合表5-10所列要求。砌块按尺寸偏差与外观质量、干密度、抗压强度和抗冻性分为：优等品（A）和合格品（B）两个等级。蒸压加气混凝土砌块按抗压强度分为A1.0、A2.0、A2.5、A3.5、A5.0、A7.5、A10七个强度等级，见表5-11。干密度级别有：B03、B04、B05、B06、B07、B08六个级别，见表5-12。

表5-10　砌块的规格尺寸（mm）

长度（L）	宽度（B）	高度（H）
600	100　120　125 150　180　200 240　250　300	200　240　250　300

注：如需要其他规格，可由供需双方协商解决。

表 5-11　砌块的立方体抗压强度（MPa）

强度级别	立方体抗压强度	
	平均值不小于	单组最小值不小于
A1.0	1.0	0.8
A2.0	2.0	1.6
A2.5	2.5	2.0
A3.5	3.5	2.8
A5.0	5.0	4.0
A7.5	7.5	6.0
A10.0	10.0	8.0

表 5-12　砌块的干密度（kg/m^3）

干密度级别		B03	B04	B05	B06	B07	B08
干密度	优等品（A）≤	300	400	500	600	700	800
	合格品（B）≤	325	425	525	625	725	825

蒸压加气混凝土砌块具有质量轻、保温隔热性好、抗震性能强、易加工、施工方便等优点，适用于低层建筑的承重墙、钢筋混凝土框架结构的填充墙、多层建筑的隔墙以及其他非承重墙。在无可靠的防护措施时，加气混凝土砌块不得用于水中或高湿度环境、有侵蚀介质的环境以及长期处于高温环境中的建筑物。

5.2.4　粉煤灰砌块

粉煤灰砌块是以粉煤灰、石灰、石膏和骨料等为原料，加水搅拌、振动成型、蒸汽养护而成的。其主要规格尺寸为 880mm×380mm×240mm 和 880mm×430mm×240mm。粉煤灰砌块按其外观质量、尺寸偏差和干缩性能分为一等品（B）和合格品（C）两个质量等级。其强度等级按其立方体试件的抗压强度分为 10 级和 13 级两个等级。粉煤灰砌块的立方体抗压强度、碳化后强度、抗冻性、密度应满足表 5-13 的规定。

表 5-13　粉煤灰砌块的立方体抗压强度、碳化后强度、抗冻性能和密度

项　目	指　标	
	10 级	13 级
抗压强度（MPa）	3 块试件平均值不小于 10.0，单块最小值 8.0	3 块试件平均值不小于 13.0，单块最小值 10.5
人工碳化后强度（MPa）	不小于 6.0	不小于 7.5
抗冻性	冻融循环结束后，外观无明显疏松、剥落或裂缝，强度损失不大于 20%	
密度（kg/m^3）	不超过设计密度 10%	

粉煤灰砌块适用于一般工业与民用建筑物的墙体和基础。不宜用于长期受高温影响及经常受潮湿的承重墙，也不宜用于有酸性介质侵蚀的部位。

单 元 小 结

本单元共分为两个任务，砌墙砖和砌块。砌墙砖中主要介绍了烧结普通砖、烧结多孔砖、烧结空心砖、蒸压灰砂砖和蒸压粉煤灰砖的技术要求及其应用。砌块主要介绍了普通混凝土小型空心砌块、轻集料混凝土小型空心砌块、蒸压加气混凝土砌块及粉煤灰砌块的技术要求和应用。通过本单元的学习，让学生了解常用墙体材料，能够根据实际工程环境合理正确的选择材料。

单元思考题

1. 砖的泛霜原因是什么?
2. 砖的石灰爆裂原因是什么?
3. 烧结普通砖的标准尺寸是多少? 1m^3 砖砌体用砖多少块?
4. 多孔砖与空心砖有何异同点?
5. 为何要限制使用烧结黏土砖，发展新型墙体材料?

单元六　金属材料

学习目标：

1. 了解各种建筑钢材的应用范围与检测标准。
2. 了解钢材的腐蚀原因及防止腐蚀的措施。
3. 掌握建筑钢材的技术性质及其变化规律。

金属材料具有强度高、密度大、易于加工、导热和导电性能良好等特点，可制成各种铸件和型材、能焊接或铆接、便于装配和机械化施工。因此，金属材料广泛应用于铁路、桥梁、房屋建筑等各种工程中，是主要的建筑材料之一。尤其是近年来，高层和大跨度结构迅速发展，金属材料在建筑工程中的应用越来越多。

金属材料一般包括黑色金属和有色金属两大类。黑色金属是以铁元素为主要成分的金属及其合金，常用的黑色金属材料有钢和生铁，其中钢在建筑中应用最多。有色金属是除黑色金属以外的其他金属，如铝、铅、锌、铜、锡等金属及其合金，其中铝合金是一种重要的轻质材料和装饰材料。

任务一　钢的分类

钢是对含碳量质量百分比介于0.02％～2.04％之间的铁合金的统称。钢的化学成分可以有很大变化，只含碳元素的钢称为碳素钢（碳钢）或普通钢；在实际生产中，钢往往根据用途的不同含有不同的合金元素，比如：锰、镍、钒等。人类对钢的应用和研究历史相当悠久，但是直到19世纪贝氏炼钢法发明之前，钢的制取都是一项高成本低效率的工作。如今，钢以其低廉的价格、可靠的性能成为世界上使用最多的材料之一，是建筑业、制造业和人们日常生活中不可或缺的成分。

钢材的种类很多，性质各异，为了便于选用，钢有以下分类方式：

（1）钢按化学成分可分为碳素钢和合金钢两类

① 碳素钢

以铁碳合金为主，含碳量低于2.11％（含碳量高于2.11％为生铁），除含有极少的硅、锰和微量的硫、磷之外，不含别的合金元素的钢叫碳素钢。根据含碳量的不同可分为：低碳钢（含碳量小于0.25％），中碳钢（含碳量0.25％～0.60％），高碳钢（含碳量大于0.60％）。

② 合金钢

在碳素钢中，加入一定含量的合金元素（硅、锰、钛、钒、铬等），用于改善钢的性能或使其获得某些特殊性能的钢称为合金钢。按含合金元素总量的多少，又可分为：低合金钢（合金元素含量小于5％）；中合金钢（合金元素含量5％～10％）；高合金钢（合金元素含量大于10％）。

（2）钢按在熔炼过程中脱氧程度的不同分为：脱氧充分为脱氧镇静钢和特殊镇静钢（代号为Z和TZ），脱氧不充分为沸腾钢（代号为F），介于二者之间为半镇静钢（代号为b）。

（3）钢按用途可分为：结构用钢（钢结构用钢和混凝土结构用钢），工具钢（制作刀具、量具、模具等），特殊性能钢（不锈钢、耐酸钢、耐热钢、磁钢等）。

（4）钢按主要质量等级可分为：普通钢，优质钢，高级优质钢（主要对硫、磷等有害杂质的限制不同）。

任务二　钢材的技术性能

钢材的技术性能主要包括力学性能、工艺性能和化学性能等，其中力学性能是最主要的性能之一。

6.2.1　力学性能

1. 抗拉性能

抗拉性能是表示钢材性能的重要指标。钢材抗拉性能应采用拉伸试验测定。通过拉伸试验可以测得弹性极限、屈服强度、抗拉强度和伸长率，这些是钢材的重要技术指标。建筑钢材的强度指标，通常用屈服点和抗拉强度表示。如图 6-1 所示用低碳钢拉伸时的应力应变曲线图来阐明钢材的抗拉性能。

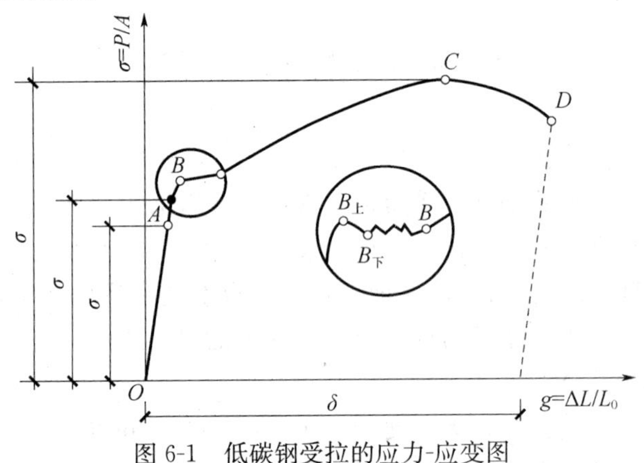

图 6-1　低碳钢受拉的应力-应变图

从图 6-1 中可以看出，低碳钢受拉经历了四个阶段：弹性阶段（$O\rightarrow A$）、屈服阶段（$A\rightarrow B$）、强化阶段（$B\rightarrow C$）和颈缩阶段（$C\rightarrow D$）。

① 屈服点（屈服强度）。OA 段为一条直线，说明应力和应变成正比关系。如卸去拉力，试件能恢复原状，这种性质即为弹性，该阶段为弹性阶段。应力 σ 与应变 ξ 的比值为常数，该常数为弹性模量 E（$E=\sigma/\xi$），弹性模量反映钢材抵抗变形的能力即刚度，是钢材在受力条件下计算结构变形的重要指标。

当试件的拉伸应力超过 A 点后，应力应变不再成正比关系，开始出现塑性变形进入屈服阶段 AB，下屈服点 B 下（此点较稳定，易测定）所对应的应力值为屈服强度或屈服点，用 f_y 表示。结构设计时一般以 f_y 作为强度值的依据。

对屈服现象不明显的中碳和高碳钢（硬钢），规定以生产残余变形为原标距长度的

0.2%所对应的应力值作为屈服强度，称为条件屈服点，用 $f_{0.2}$表示。

② 抗拉强度。BC 曲线逐步上升可以看出：试件在屈服阶段以后，其抵抗塑性变形的能力又重新提高，这一阶段称为强化阶段。对应于最高点 C 的应力值称为极限抗拉强度，简称抗拉强度，用 f_u表示。

设计中抗拉强度不能利用，但屈强比 f_y/f_u即屈服强度和抗拉强度之比却能反映钢材的利用率和结构的安全可靠性，屈服比越小，反映钢材受力超过屈服点工作时的可靠性越大，因而结构的安全性越高，但屈强比太小，则反映钢材不能有效地被利用，造成钢材浪费。建筑结构钢合理的屈强比一般为 0.60～0.75。

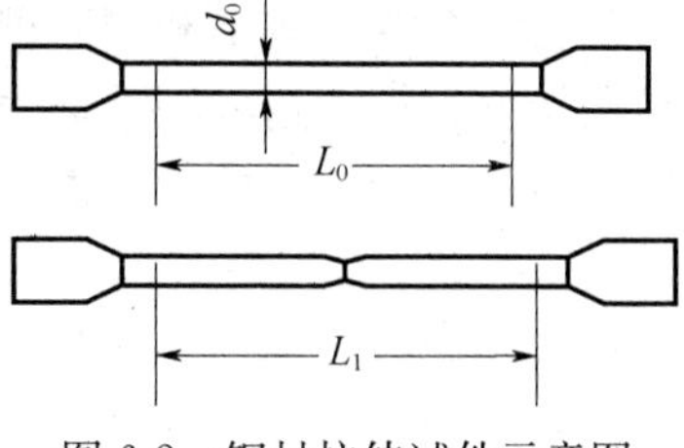

图 6-2　钢材拉伸试件示意图

③ 伸长率当曲线到达 C 点后，试件薄弱处急剧缩小，塑性变形迅速增加，产生“颈缩现象”直到断裂，如图6-2所示。试件拉断后测定出拉断后标距部分的长度 L_1，L_1 与试件原标距 L_0 比较，按下式可以计算出伸长率 δ。

$$\delta=[(L_1-L_0)/L_0]\times D$$

伸长率表征了钢材的塑性变形能力。由于在塑性变形时颈缩处的变形最大，故若原标距与试件的直径比之越大，则颈缩处伸长值在整个伸长值中的比重越小，因而计算所得的伸长率会小些。通常以 δ_5 和 δ_{10}分别表示 $L_0=5d_0$和 $L_0=10d_0$时的伸长率，d_0为试件直径。对同一种钢材，δ_5 大于 δ_{10}。

2. 冲击韧性

冲击韧性是指钢材抵抗冲击荷载而不被破坏的能力。冲击韧性指标是通过标准试件的弯曲冲击韧性试验确定的，如图 6-3 所示，以摆锤冲击试件刻槽的背面，使试件承受冲击弯曲而断裂。将试件冲断的缺口处单位面积商所消耗的功作为钢材的冲击韧性指标，用 α_k（J/cm^3）表示。α_k值越大，表示冲断试件时消耗的功越多，钢材的冲击韧性越好。

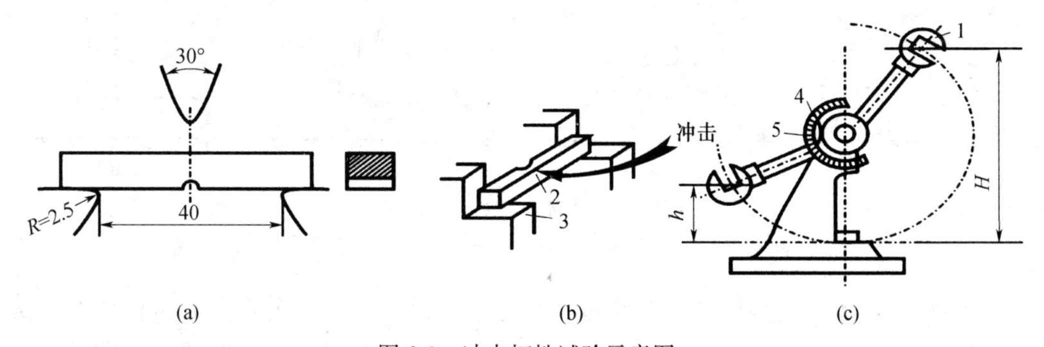

图 6-3　冲击韧性试验示意图

钢材的化学成分、内在缺陷、加工工艺及环境温度都会影响钢材的冲击韧性。试验表明，冲击韧性随温度的降低而下降，其规律是开始时下降较平缓，当达到一定温度范围时，冲击韧性会突然下降很多而程脆性，这种脆性称为钢材的冷脆性。此时的温度称为临界温度，其数值越低，说明钢材的低温冲击性能越好。所以在负温下使用的结构，应当选用脆性临界温度较工作温度低的钢材。

钢材随时间的延长，其强度提高，塑性和冲击韧性下降，这种现象称为时效，完成时效变化的过程可达数十年，但是钢材如经受冷加工变形，或使用中经受振动和反复荷载的作用，时效可迅速发展。因时效而导致性能改变的程度称为时效敏感性。对于承受动荷载的结构应该选用时效敏感性小的钢材。

因此，对于直接承受动荷载而且可能在负温下工作的重要结构必须进行钢的冲击韧性检验。

3. 耐疲劳性

钢材在交变（数值和方向都有变化）荷载的反复作用下，往往在应力远小于其抗拉强度时突然发生破坏，这种现象称为钢材的疲劳破坏。疲劳破坏的危险应力用疲劳极限来表示，疲劳极限是指疲劳试验中试件在交变应力作用下，在规定的周期基数内不发生断裂所能承受的最大应力。

钢材的疲劳破坏，一般认为是由拉应力引起的。因此，钢材的疲劳极限与抗拉强度有关，钢材的抗拉强度高，其疲劳极限也高。在设计承受交变荷载作用的结构时，应了解所用钢材的疲劳极限。

6.2.2 工艺性能

建筑钢材在使用前，大多需进行一定形式的加工。良好的工艺性能是钢制品或构件的质量保证，而且可以提高成品率，降低成本。冷弯性及焊接性能，均是钢材重要的工艺性能。

1. 冷弯性能

冷弯性能是指钢材在常温下承受弯曲变形的能力，是钢材重要的工艺性能。

衡量钢材冷弯性能的指标有两个，一个是试件的弯曲角度 α（90°/180°），另一个是弯心直径 d 与钢材的直径或厚度 a 的比值（d/a）来表示，如图 6-4 所示。

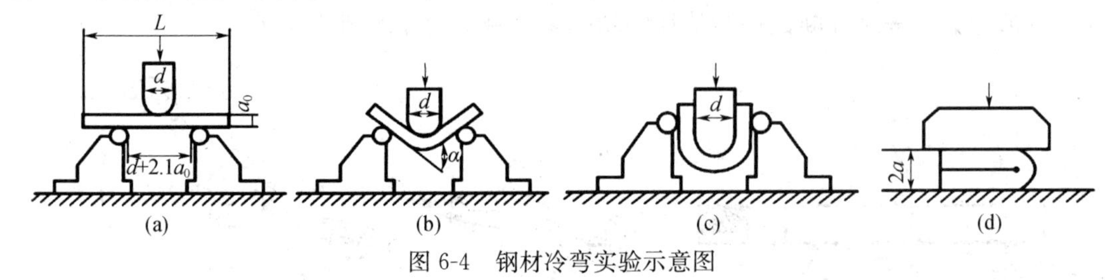

图 6-4 钢材冷弯实验示意图

（a）试件安装；（b）弯曲 90°；（c）弯曲 180°；（d）弯曲至两面重合

冷弯试验是将钢材按规定的弯曲角度和弯心直径进行弯曲，若弯曲后试件弯曲处无裂纹、起层及断裂现象，则认为冷弯性能合格；否则为不合格。钢材的弯曲角度 a 越大，弯心直径与钢材的直径或厚度的比值越小，表示钢材的冷弯性能越好。建筑构件在加工和制造过程中，常要把钢筋、钢板等钢材弯曲成一定的形状，这就需要钢材有较好的冷弯性能。钢材在弯曲过程中，受弯部位产生局部不均匀塑性变形，这种变形在一定程度上比伸长率更能反映钢材内部的组织状态、夹杂物、内应力等缺陷。冷弯试验也能对钢材的焊接质量进行严格的检验，能揭示焊接受弯表面是否存在未融合、裂缝及杂物等缺陷。

2. 焊接性能

钢材主要以焊接的形式应用于建筑工程中。焊接的质量取决于钢材与焊接材料的焊接性能及其焊接工艺。

钢材的焊接性能（又称可焊性）是指钢材在通常的焊接方法和工艺条件下获得良好焊接接头的性能。可焊性好的钢材焊接后不易形成裂纹、气孔等缺陷，焊头牢固可靠，焊缝及其附近热影响区的性能不低于母材的力学性能。

钢材的化学成分影响钢材的可焊性。一般碳含量越高，可焊性越低。碳含量小于0.25%的低碳钢具有优良的可焊性，高碳钢的焊接性能较差。钢材中加入合金元素如硅、锰、钛等，将增大焊接硬脆性，降低可焊性。

在建筑工程中，焊接结构应用广泛，如钢结构构件的连接，钢筋混凝土的钢筋骨架、接头的连接，以及预埋件的连接等，这就要求钢材具有良好的可焊接性。焊接结构用钢，宜选用碳含量较低的镇静钢。

钢材焊接应注意的问题为：冷拉钢筋的焊接应在冷拉之前进行；钢筋焊接之前，焊接部位应清除铁锈、熔渣、油污等；应尽量避免不同国家的进口钢筋之间或进口钢筋与国产钢筋之间的焊接。

6.2.3　影响钢材性质的主要因素

1. 钢材的化学成分

以生铁冶炼钢材，经过一定的工艺处理后，刚才中除主要含有铁和碳外，还含有少量的硅、锰、硫、磷、氧、氮等难以除净的化学元素。另外，在生产合金钢的工艺中，为了改善钢材的性能，还特意加入一些化学元素、如锰、硅、钒、钛等。

2. 化学元素对钢材性能的影响

① 碳（C）

碳是决定钢材性质的主要元素。钢材随含碳量的增加，强度和硬度相应提高，而塑性和韧性相应降低。当含量超过1%时，钢材的极限强度开始下降。建筑工程用钢含碳量不大于0.8%。此外含碳量过高还会增加钢的冷脆性和时效敏感性，降低抗腐蚀性和可焊性。

② 硅（Si）

硅是钢的主要合金元素，是为脱氧去硫而加入的。少量的硅对钢是有益的。当硅钢材中含量小于1%时，可提高钢材的强度，而对塑性和韧性影响不明显，但若硅含量超过1%时，会增加钢材的冷脆性，降低可焊性。

③ 锰（Mn）

锰是炼钢时为了脱氧而加入的元素，是我国低合金结构钢的主要合金元素。在炼钢过程中，锰和钢中的硫、氧化合成MnS和MnO，入渣排除，起到了脱氧排硫的作用。锰的含量一般在1%～2%范围内，它的作用主要是能显著提高钢材的强度和硬度，改善钢材的热加工性能和可焊性，几乎不降低钢材的塑性、韧性。但钢材中锰的含量过高，会降低钢材的塑性、韧性和可焊性。

④ 硫（S）

硫是钢材中极有害的元素，多以FeS夹杂物的形式存在于钢中。由于FeS熔点低，使钢材在热加工中内部产生裂痕，引起断裂，形成热脆现象。硫的存在，还会导致钢材的冲击韧性、可焊性及耐腐蚀性显著降低，故钢材中硫的含量应被严格控制，一般不应超过0.065%。

⑤ 磷（P）

磷是钢中的有害元素。含量提高，钢的强度和硬度增加，但会使钢材的塑性、韧性显著降低，可焊性变差，尤其在低温下，冲击韧性和塑性下降更突出。磷的偏析较严重，使钢材冷脆性增大，焊接时焊缝容易产生冷裂纹，所以磷是降低钢材可焊性的元素之一。

但磷可以提高钢的耐磨性和耐腐蚀性，在低合金钢中可配合其他元素作为合金元素使用。

⑥ 氧（O）

氧是钢中的有害元素，以 FeO 夹杂物的形式存在于钢中。可降低钢的机械性能，特别是韧性。氧有促进时效倾向的作用，使钢的可焊性降低。故钢中的氧含量一般不应超过 0.05%。

⑦ 氮（N）

氮对钢材的影响与碳、磷相似，使钢材的强度提高，塑性、韧性及冷弯性能显著下降。氮可加剧钢材的时效敏感性和冷脆性，降低可焊性。

⑧ 氢（H）

氢多数形成间隙固溶体，钢中溶氢会产生白点（圆圈状的断裂面）和内部裂纹，断口有白点的钢一般不能用于建筑结构。

⑨ 铝、钛、钒、铌

它们都是炼钢时的强脱氧剂，也是最常用的合金元素。适量加入钢内能改善钢材的组织，细化晶粒，显著提高强度，改善韧性和可焊性。

3. 冷加工与时效对钢性质的影响

（1）冷加工

冷加工是指钢材在常温下进行的机械加工。常见的冷加工方式有：冷拉、冷拔、冷轧、冷扭、刻痕等。钢材经冷加工产生塑性变形，从而提高其屈服强度降低韧性，这一过程称为冷加工强化处理。

钢材经冷拉前后及经过时效处理后的性能变化规律，可在拉力试验的应力-应变图中得到反映，如图 6-5 所示。将钢筋拉伸超过屈服强度 δ_s（s 点对应应力值）至冷拉控制应力 δ_c（c 点对应应力值），使之发生一定的塑性变形，然后卸载即得到冷拉钢筋。如果卸载立即再拉伸时，曲线沿 $o'cbf$ 变化，屈服点提高至 δ_c，表明冷加工对钢筋产生了强化作用。如果经过相当长的时间再拉伸，曲线沿 $o'c'b'f'$ 变化，屈服点提高到 $\delta_{c'}$（c′点对应应力值），抗拉强度提高至 $\delta_{b'}$（b'点对应应力值），表明钢筋经冷加工处理和时效后屈服强度和抗拉强度都得到提高，塑性和韧性相应降低。在一定范围内，冷加工变形程度越大，屈服强度提高越多，塑性和韧性降低越多。

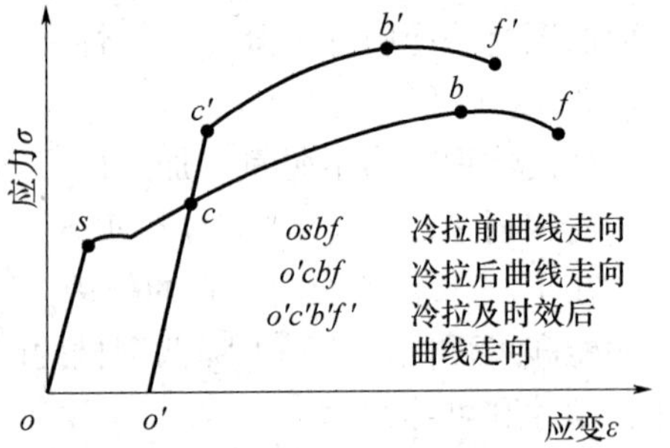

图 6-5　钢筋冷拉应力-应变曲线图

建筑工程中，常对钢材进行冷加工和时效处理来提高屈服强度，以节约钢材。冷拉和时效处理后的钢筋，在冷拉的同时还被调直和清除了锈皮，简化了施工工序。但对于受动荷载或经常处于负温条件下工作的钢结构，如桥梁、吊车梁、钢轨等结构用钢，应避免过大的脆性，防止出现突然断裂，应采用时效敏感性小的钢材。

（2）时效

钢材经过冷加工后，在常温下放置15～20d，或加热到100～200℃并保持2h左右，钢材的强度和硬度将进一步提高，塑性和韧性进一步下降，这种现象称为时效。前者称为自然时效，后者称为人工时效。

钢筋冷拉以后在经过时效处理，其屈服点、抗拉强度及硬度进一步提高，塑性及韧性继续降低。如图6-5所示，经冷加工和时效后，其应力一应变曲线变为$o'c'b'f'$，此时屈服强度点c'和抗拉强度点b'均较时效前有所提高。一般强度较低的钢材采用自然时效，而强度较高的钢材则采用人工时效。

因时效而导致钢材性能改变的程度称为时效敏感性。时效敏感性大的钢材，经时效后，其韧性、塑性改变较大。因此，对重要结构应选用时效敏感性小的钢材。

4. 热处理对钢性质的影响

热处理是将钢材按一定规则加热、保温和冷却，以获得需要性能的一种工艺过程，其目的是通过不同的工艺，改变钢的晶体组织从而改变钢的性质。热处理的方法有：退火、正火、淬火和回火。建筑工程所用钢材一般只在生产厂进行热处理，并以热处理状态供应。在施工现场，有时需对焊接钢材进行热处理。

6.2.4　建筑钢材的标准与使用

建筑钢材可分为钢结构用型钢和钢筋混凝土用钢筋。各种型钢和钢筋的性能主要取决于所用钢种及其加工方式。在建筑工程中，钢结构中所用各种型钢，钢筋混凝土结构所用的各种钢筋、钢丝、锚具等钢材，基本上都是碳素结构和低合金结构钢等钢种，经热轧或冷轧、冷拔、热处理工艺等加工而成。

1. 结构用钢材

（1）碳素结构钢（GB/T 700—2006）

碳素结构钢是碳素钢中的一类，可加工各种型钢、钢筋和钢丝，适用于一般结构和工程。

① 牌号表示方法按照国家标准《碳素结构钢》(GB/T 700—2006）的规定，碳素结构钢的牌号表示方法由屈服点的字母（Q）、屈服点数值（MPa）、质量等级和脱氧程度四个部分按顺序组成。碳素结构钢按屈服点的数值（MPa）划分为Q195、Q215、Q235、Q275四个牌号；质量等级分为A、B、C、D四个等级，质量按顺序逐级提高；脱氧程度分为沸腾钢（F）、镇静钢（Z）和特殊镇静钢（TZ），牌号表示时，Z、TZ可省略。例如：Q235-A.F表示屈服点不低于235MPa的A级沸腾钢；Q235-C表示屈服点不低于235MPa的C级镇静钢。

② 技术要求碳素结构钢的化学成分应符合表6-1的规定，力学性能应符合表6-2、表6-3的规定。从表6-2中可见，碳素结构钢随钢号的增大，强度和硬度增大，塑性、韧性和可加工性能逐步降低；同一钢号内质量等级越高，钢的质量越好。

碳素结构钢的冶炼方法采用氧气转炉。一般为热轧状态交货。表面质量也应符合有关规定。

③ 各类牌号钢材的性能和用途钢材随钢号的增大，含碳量增加，强度和硬度相应提高，而塑性和韧性则降低。

表 6-1　碳素结构钢号牌和化学成分（GB/T 700—2006）

牌号	统一数字代号	等级	厚度（或直径）(mm)	脱氧方法	化学成分（质量分数%）≤				
					C	Si	Mn	P	S
Q195	U11952	—	—	F. Z	0.12	0.30	0.50	0.035	0.040
Q215	U12152	A	—	F. Z	0.15	0.35	1.20	0.045	0.050
	U12155	B							0.045
Q235	U12352	A	—	F. Z	0.22	0.35	1.40	0.045	0.050
	U12355	B			0.20				0.045
	U12358	C		Z	0.17			0.040	0.040
	U12359	D		TZ				0.035	0.035
Q275	U12752	A	—	F. Z	0.24	0.35	1.50	0.045	0.050
	U12755	B	≤40	Z	0.21			0.045	0.045
			>40		0.22				
	U12758	C	—	Z	0.20			0.040	0.040
	U12759	D		TZ				0.035	0.035

注：经需方同意，Q235B的碳含量可不大于0.22%。

表 6-2　碳素结构钢的拉伸性能（GB/T 700—2006）

牌号	等级	屈服强度 R_{el}（N/mm²）						抗拉强度 R_m（N/mm²）	断后伸长率					冲击试验（V形缺口）	
		厚度（或直径）(mm)							厚度（或直径）					温度（℃）	冲击吸收功（纵向）≥
		≤16	16~40	40~60	60~100	100~150	150~200		≤40	40~60	60~100	100~150	150~200		
Q195	—	195	185	—	—	—	—	315~430	33	—	—	—	—	—	—
Q215	A	215	205	195	185	175	165	335~450	31	30	29	27	26	—	—
	B													+20	27°
Q235	A	235	225	215	215	195	185	370~500	26	25	24	22	21	—	—
	B													+20	27°
	C													0	
	D													−20	
Q275	A	275	265	255	245	225	215	410~540	22	21	20	18	17	—	—
	B													+20	27°
	C													0	
	D													−20	

注：1. Q195的屈服强度值仅供参考，不作交货条件；

2. 厚度大于100mm的钢材，抗拉强度下限允许降低20N/mm²。宽带钢抗拉强度上限不作交货条件；

3. 厚度小于25mm的Q235B级钢材，如供方能保证冲击吸收功值合格，经需方同意，可不做检验。

表 6-3　碳素结构钢的冷弯性能（GB/T 700—2006）

牌号	试样方向	冷弯试验 $B=2a$，180℃	
		钢材厚度（直径）(mm)	
		≤60	60～100
		弯心直径 d	
Q195	纵	0	—
	横	0.5a	
Q215	纵	0.5a	1.5a
	横	a	2a
Q235	纵	a	2a
	横	1.5a	2.5a
Q275	纵	1.5a	2.5a
	横	2a	3a

建筑工程中应用最广泛的是 Q235 号钢。其碳含量为 0.14%～0.22%，属于低碳钢，具有较高的强度，良好的塑性、韧性和可焊性，综合性能好，能满足一般钢结构和钢筋混凝土用钢要求，且成本较低。Q235 钢被大量制作成钢筋、型钢和钢板，用于建造房屋建筑、桥梁等。Q195、Q215 号钢，强度低，塑性和韧性较好，易于冷加工，常用于钢钉、铆钉、螺栓及铁丝等。Q215 号钢经冷加工后可代替 Q235 号钢使用。

Q255、Q275 号钢，强度较高，但塑性、韧性较差，不宜焊接和冷弯加工，主要用于轧制带肋钢筋、机械零件和工具等。

（2）低合金高强度结构钢（GB/T 1591—2008）

低合金高强度结构钢是在碳素结构钢的基础上加入总量小于 5%的合金元素形成的钢种。常用的合金元素有锰、硅、钒、钛、铌、铬、镍等，这些合金元素可使钢材的强度、塑性、耐腐蚀性、低温冲击韧性等得到显著的改善和提高。因此，它是综合性较为理想的建筑钢材，尤其在大跨度、承受动荷载和冲击荷载的结构中更适用。另外，与使用碳素钢相比，可节约钢材 20%～30%，而成本并不很高。

① 牌号表示方法根据国家标准《低合金高强度结构钢》(GB/T 1591—2008）的规定，低合金高强度结构钢的牌号表示方法由屈服点的字母（Q）、屈服点数值（MPa）和质量等级三个部分按顺序组成。低合金高强度结构钢按屈服点的数值（MPa）划分为 Q345、Q390、Q420、Q460、Q500、Q550、Q620、Q690 八个牌号；质量等级分为 A、B、C、D、E 五个等级，质量按顺序逐级提高。例如：Q390A 表示屈服点不低于 390MPa 的 A 级低合金高强度结构钢。

② 标准与选用低合金高强度结构钢的化学成分、力学性能应符合表 6-4、表 6-5 的规定。

当需要做弯曲试验时，牌号 Q345、Q390、Q420、Q460 等钢材厚度≤16mm，弯曲直径（d）取试样厚度（直径）(a）的 2 倍，钢材厚度大于 16～100mm 之间时，d 取 a 的 3 倍。

在钢结构中常采用低合金强度结构钢轧制的型钢、钢板来建造桥梁、高层及大跨度建筑。在重要的钢筋混凝土结构或预应力钢筋混凝土结构中，主要应用低合金钢加工成的热轧带肋钢筋。

表 6-4　低合金高强度结构钢的牌号和化学成分（GB/T 1591—2008）

<table>
<tr><th rowspan="3">牌号</th><th rowspan="3">质量等级</th><th colspan="15">化学成分（质量分数%）</th></tr>
<tr><th rowspan="2">C</th><th rowspan="2">Si</th><th rowspan="2">Mn</th><th>P</th><th>S</th><th>Nb</th><th>V</th><th>Ti</th><th>Cr</th><th>Ni</th><th>Cu</th><th>N</th><th>Mo</th><th>B</th><th>Als</th></tr>
<tr><th colspan="11">≤</th><th>≥</th></tr>
<tr><td rowspan="5">Q345</td><td>A</td><td rowspan="3">≤0.20</td><td rowspan="5">≤0.50</td><td rowspan="5">≤1.70</td><td>0.035</td><td>0.035</td><td rowspan="5">0.07</td><td rowspan="5">0.15</td><td rowspan="5">0.20</td><td rowspan="5">0.30</td><td rowspan="5">0.50</td><td rowspan="5">0.30</td><td rowspan="5">0.012</td><td rowspan="5">0.10</td><td rowspan="5">—</td><td rowspan="2">—</td></tr>
<tr><td>B</td><td>0.035</td><td>0.035</td></tr>
<tr><td>C</td><td>0.030</td><td>0.030</td><td rowspan="3">0.015</td></tr>
<tr><td>D</td><td rowspan="2">≤0.18</td><td>0.030</td><td>0.025</td></tr>
<tr><td>E</td><td>0.025</td><td>0.020</td></tr>
<tr><td rowspan="5">Q390</td><td>A</td><td rowspan="5">≤0.20</td><td rowspan="5">≤0.50</td><td rowspan="5">≤1.70</td><td>0.035</td><td>0.035</td><td rowspan="5">0.07</td><td rowspan="5">0.20</td><td rowspan="5">0.20</td><td rowspan="5">0.30</td><td rowspan="5">0.50</td><td rowspan="5">0.30</td><td rowspan="5">0.015</td><td rowspan="5">0.10</td><td rowspan="5">—</td><td rowspan="2">—</td></tr>
<tr><td>B</td><td>0.035</td><td>0.035</td></tr>
<tr><td>C</td><td>0.030</td><td>0.030</td><td rowspan="3">0.015</td></tr>
<tr><td>D</td><td>0.030</td><td>0.025</td></tr>
<tr><td>E</td><td>0.025</td><td>0.020</td></tr>
<tr><td rowspan="5">Q420</td><td>A</td><td rowspan="5">≤0.20</td><td rowspan="5">≤0.50</td><td rowspan="5">≤1.70</td><td>0.035</td><td>0.035</td><td rowspan="5">0.07</td><td rowspan="5">0.20</td><td rowspan="5">0.20</td><td rowspan="5">0.30</td><td rowspan="5">0.80</td><td rowspan="5">0.30</td><td rowspan="5">0.015</td><td rowspan="5">0.20</td><td rowspan="5">—</td><td rowspan="2">—</td></tr>
<tr><td>B</td><td>0.035</td><td>0.035</td></tr>
<tr><td>C</td><td>0.030</td><td>0.030</td><td rowspan="3">0.015</td></tr>
<tr><td>D</td><td>0.030</td><td>0.025</td></tr>
<tr><td>E</td><td>0.025</td><td>0.020</td></tr>
<tr><td rowspan="3">Q460</td><td>C</td><td rowspan="3">≤0.20</td><td rowspan="3">≤0.60</td><td rowspan="3">≤1.80</td><td>0.030</td><td>0.030</td><td rowspan="3">0.11</td><td rowspan="3">0.20</td><td rowspan="3">0.20</td><td rowspan="3">0.30</td><td rowspan="3">0.80</td><td rowspan="3">0.55</td><td rowspan="3">0.015</td><td rowspan="3">0.20</td><td rowspan="3">0.004</td><td rowspan="3">0.015</td></tr>
<tr><td>D</td><td>0.030</td><td>0.025</td></tr>
<tr><td>E</td><td>0.025</td><td>0.020</td></tr>
<tr><td rowspan="3">Q500</td><td>C</td><td rowspan="3">≤0.18</td><td rowspan="3">≤0.60</td><td rowspan="3">≤1.80</td><td>0.030</td><td>0.030</td><td rowspan="3">0.11</td><td rowspan="3">0.12</td><td rowspan="3">0.20</td><td rowspan="3">0.60</td><td rowspan="3">0.80</td><td rowspan="3">0.55</td><td rowspan="3">0.015</td><td rowspan="3">0.20</td><td rowspan="3">0.004</td><td rowspan="3">0.015</td></tr>
<tr><td>D</td><td>0.030</td><td>0.025</td></tr>
<tr><td>E</td><td>0.025</td><td>0.020</td></tr>
<tr><td rowspan="3">Q550</td><td>C</td><td rowspan="3">≤0.18</td><td rowspan="3">≤0.60</td><td rowspan="3">≤2.00</td><td>0.030</td><td>0.030</td><td rowspan="3">0.11</td><td rowspan="3">0.12</td><td rowspan="3">0.20</td><td rowspan="3">0.80</td><td rowspan="3">0.80</td><td rowspan="3">0.80</td><td rowspan="3">0.015</td><td rowspan="3">0.30</td><td rowspan="3">0.004</td><td rowspan="3">0.015</td></tr>
<tr><td>D</td><td>0.030</td><td>0.025</td></tr>
<tr><td>E</td><td>0.025</td><td>0.020</td></tr>
<tr><td rowspan="3">Q620</td><td>C</td><td rowspan="3">≤0.18</td><td rowspan="3">≤0.60</td><td rowspan="3">≤2.00</td><td>0.030</td><td>0.030</td><td rowspan="3">0.11</td><td rowspan="3">0.12</td><td rowspan="3">0.20</td><td rowspan="3">1.00</td><td rowspan="3">0.80</td><td rowspan="3">0.80</td><td rowspan="3">0.015</td><td rowspan="3">0.30</td><td rowspan="3">0.004</td><td rowspan="3">0.015</td></tr>
<tr><td>D</td><td>0.030</td><td>0.025</td></tr>
<tr><td>E</td><td>0.025</td><td>0.020</td></tr>
<tr><td rowspan="3">Q690</td><td>C</td><td rowspan="3">≤0.18</td><td rowspan="3">≤0.60</td><td rowspan="3">≤2.00</td><td>0.030</td><td>0.030</td><td rowspan="3">0.11</td><td rowspan="3">0.12</td><td rowspan="3">0.20</td><td rowspan="3">1.00</td><td rowspan="3">0.80</td><td rowspan="3">0.80</td><td rowspan="3">0.015</td><td rowspan="3">0.30</td><td rowspan="3">0.004</td><td rowspan="3">0.015</td></tr>
<tr><td>D</td><td>0.030</td><td>0.025</td></tr>
<tr><td>E</td><td>0.025</td><td>0.020</td></tr>
</table>

表 6-5　低合金高强结构钢的拉伸性能（GB/T 1591—2008）

牌号	质量等级	拉伸试验																					
		以下公称厚度（直径，边长）下屈服强度（MPa）									以下公称厚度（直径，边长）抗拉强度（MPa）							断后伸长率 A（%）公称厚度（直径，边长）					
		≤16mm	16～40mm	40～63mm	63～80mm	80～100mm	100～150mm	150～200mm	200～250mm	250～400mm	≤40mm	40～63mm	63～80mm	80～100mm	100～150mm	150～250mm	250～400mm	≤40mm	40～63mm	63～100mm	100～150mm	150～250mm	250～400mm
Q345	A、B、C	≥345	≥335	≥325	≥315	≥305	≥285	≥275	≥265	—	470～630	470～630	470～630	470～630	450～600	450～600	—	≥20	≥19	≥19	≥18	≥17	—
	D、E									≥265							450～600	≥21	≥20	≥20	≥19	≥18	≥
Q390	A、B、C、D、E	≥390	≥370	≥350	≥330	≥330	≥310	—	—	—	490～650	490～650	490～650	490～650	470～620	—	—	≥20	≥19	≥19	≥18	—	—
Q420	A、B、C、D、E	≥420	≥400	≥380	≥360	≥360	≥340	—	—	—	520～680	520～680	520～680	520～680	500～650	—	—	≥19	≥18	≥18	≥18	—	—
Q460	C、D、E	≥460	≥440	≥420	≥400	≥400	≥380	—	—	—	550～720	550～720	550～720	550～720	53～700	—	—	≥17	≥16	≥16	≥16	—	—

续表

牌号	质量等级	拉伸试验																					
		以下公称厚度（直径，边长）下屈服强度（MPa）									以下公称厚度（直径，边长）抗拉强度（MPa）							断后伸长率 A（%）公称厚度（直径，边长）					
		≤16mm	16～40mm	40～63mm	63～80mm	80～100mm	100～150mm	150～200mm	200～250mm	250～400mm	≤40mm	40～63mm	63～80mm	80～100mm	100～150mm	150～250mm	250～400mm	≤40mm	40～63mm	63～100mm	100～150mm	150～250mm	250～400mm
Q500	C																						
	D	≥500	≥480	≥470	≥450	≥440	—	—	—	—	610～770	600～760	590～750	540～730	—	—	—	≥17	≥17	≥17	—	—	—
	E																						
Q550	C																						
	D	≥550	≥530	≥520	≥500	≥490	—	—	—	—	670～830	620～810	600～790	590～780	—	—	—	≥16	≥16	≥16	—	—	—
	E																						
Q620	C																						
	D	≥620	≥600	≥590	≥570	—	—	—	—	—	710～880	690～880	670～860	—	—	—	—	≥15	≥15	≥15	—	—	—
	E																						
Q690	C																						
	D	≥690	≥670	≥660	≥640	—	—	—	—	—	770～940	750～920	730～900	—	—	—	—	≥14	≥14	≥14	—	—	—
	E																						

③ 选用合金元素加入钢材以后，改变了钢的组织、性能。以相近含碳量的 Q345 与 Q235 比，屈服强度提高了约 32%，同时具有良好的塑性、冲击韧性、焊接性及耐低温、耐腐蚀等，在相同使用条件下，可使碳素结构钢节省钢量 20%～30%。因此，和碳素结构钢相比较，采用低合金结构钢可减轻结构质量，延长使用寿命，特别是大跨度、大柱网结构，采用较高强度的低合金结构钢，经济技术效果更显著。

2. 钢筋混凝土结构用钢材

混凝土具有较高的抗压强度，但抗拉强度很低。若在混凝土中配置抗拉强度较高的钢筋，可大大扩展混凝土的应用范围，而混凝土又会对钢筋起保护作用。钢筋混凝土中所用的钢筋主要品种有热轧钢筋、冷加工钢筋、热处理钢筋、预应力混凝土用钢丝和钢绞线。按直条或盘条供货。

（1）热轧钢筋

用加热钢坯轧成的条形成品钢筋，称为热轧钢筋，它是建筑工程中用量最大的钢材品种之一，主要用于钢筋混凝土和预应力钢筋混凝土结构的配筋。

热轧钢筋按其轧制外形分为：热轧光圆钢筋（HPB）和热轧带肋钢筋（HRB）。光圆钢筋指经热轧成型，横截面通常为圆形，表面光滑的成品钢筋。带肋钢筋通常为圆形横截面且表面通常带有两条纵肋和沿长度方向均匀分布的横肋。按钢筋金相组织中晶粒度的粗细程度分为普通热轧带肋钢筋（HRB）和细晶粒热轧带肋钢筋（HRBF）两种。月牙肋钢筋的外形和截面如图 6-6 所示。带肋钢筋加强了钢筋与月牙肋钢筋外形和截面混凝土之间的粘结力，可有效防止混凝土与配筋之间发生相对位移。

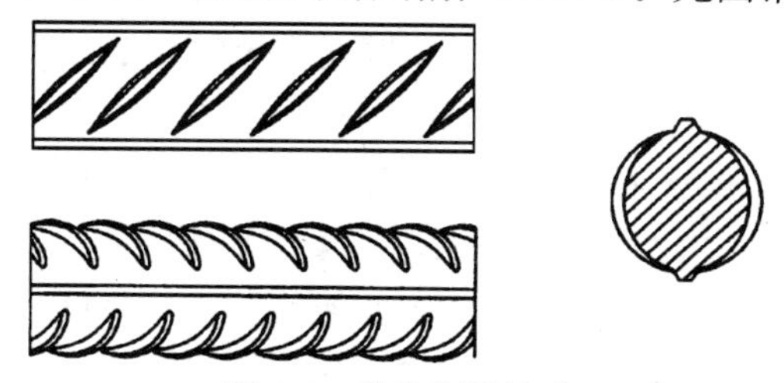

图 6-6　带肋钢筋外形

热轧钢筋的性能应符合《钢筋混凝土用钢　第 1 部分：热轧光圆钢筋》(GB 1499.1—2008) 和《钢筋混凝土用钢　第 2 部分：热轧带肋钢筋》(GB 1499.2—2007) 的规定，其力学性能和工艺性能见表 6-6。H、R、B 分别为热轧、带肋、钢筋三个词的英文首字母。

表 6-6　热轧带肋钢筋的性能

表面形状	牌号	公称直径 d（mm）	屈服强度 （MPa）	抗拉强度 （MPa）	断后伸长率 A（%）	最大力伸长率 （%）	弯曲试验弯心直径 （弯曲角度 180℃）
			≥				
光圆	HPB235 HPB300	6～22	235 300	370 420	25.0	10.0	d
热轧带肋钢筋	HRB335 HRBF335	6～25 28～40 40～50	335	455	17	7.5	$3d$ $4d$ $5d$
	HRB400 HRBF400	6～25 28～40 40～50	400	540	16		$4d$ $5d$ $6d$
	HRB500 HRBF500	6～25 28～40 40～50	500	630	15		$6d$ $7d$ $8d$

热轧光圆钢筋的牌号用 HPB235 及 HPB300 表示，是用 Q235 及 Q300 碳素结构钢轧制而成的光圆钢筋。它的强度较低，但具有塑性好，伸长率高，便于弯折成形，容易焊接等特点。热轧光圆钢筋可用作中、小型钢筋混凝土结构的主要受力钢筋，也可作为冷轧带肋钢筋的原材料，盘条还可作为冷拔低碳钢丝的原材料。

普通热轧带肋钢筋的牌号由 HRB 和牌号的屈服强度特征值构成，有 HRB335、HRB400、HRB500 三个牌号。H、R、B 分别为热轧（Hot rolled）、带肋（Ribbed）、钢筋（Bars）三个词的英文首位字母。HRB335 和 HRB400 用低合金镇静钢和半镇静钢轧制，以硅、锰作为主要固熔强化元素，其强度较高，塑性和可焊性均较好。钢筋表面轧有通长的纵肋和分布均匀的横肋，从而加强了钢筋混凝土之间的粘结力。用 HRB335、HRB400 级钢筋作为钢筋混凝土结构的受力钢筋，比使用 HRB235 级钢筋可节省钢材 40%～50%，因此广泛应用于大、中型钢筋混凝土结构的主筋，经冷拉处理后也可作为预应力筋。

HRB500 用中碳低合金镇静钢轧而成，其中以硅、锰为主要合金元素，使之在提高强度的同时保证其塑性和韧性，它是房屋建筑的主要预应力钢筋。使用前可进行冷拉处理，以提高屈服点，达到节省钢材的目的。经冷拉处理的钢筋，其屈服点不明显，设计时以冷拉应力统计值为强度依据。钢筋冷拉时在保证规定冷拉应力的同时，应控制冷拉伸长率不要过大，以免钢筋变脆。焊接时应采用适当的焊接的方法和焊后热处理工艺，以保证焊接接头及其热影响区域不产生淬硬组织，防止发生脆性断裂。

（2）预应力混凝土热处理钢筋

预应力混凝土热处理钢筋，是用热轧带肋钢筋经淬火和回火调质处理后的钢筋，通常，有直径（mm）：6、8、10 三种规格，其条件屈服强度为不小于 1325MPa，抗拉强度不小于 1470MPa，伸长率不小于 6%，1000h 应力松弛不大于 3.5%。按外形分为有纵肋和无纵肋两种，但都有横肋。钢筋热处理后卷成盘，使用时开盘钢筋自行伸直，按要求的长度切段。不能用电焊切割，也不能用焊接，以免引起强度下降或脆断。热处理钢筋在预应力结构中使用，具有与混凝土良好的粘结性、应力松弛率低，施工方便等优点。

（3）冷轧带肋钢筋

冷轧带肋钢筋是由热轧圆盘条冷轧后，在其表面带有沿长度方向均匀分布的三面或两面横肋的钢筋。与冷拔低碳钢丝相比，冷轧带肋钢筋具有强度高、塑性好、与混凝土粘结牢固、节约钢材、质量稳定等优点，广泛应用于中、小型预应力混凝土结构构件和普通钢筋混凝土结构构件中。

根据《冷轧带肋钢筋》(GB 13788—2008）的规定，冷轧带肋钢筋的牌号由 CRB 和钢筋的抗拉强度最小值构成。C、R、B 分别为冷轧（Cold rolled）、带肋（Ribbed）、钢筋（Bars）三个词的英文首位字母。冷轧带肋钢筋分为 CRB550、CRB650、CRB800、CRB970、CRB1170 五个牌号。CRB550 为普通钢筋混凝土用钢筋，其他牌号为预应力混凝土钢筋。CRB550 钢筋的公称直径范围为 4～12mm，CRB650 反以上牌号钢筋的公称直径为 4mm、5mm、6mm。

（4）冷拔低碳钢丝

冷拔低碳钢丝是将直径为 6.5mm 或 8mm 的碳素结构钢热轧盘条，在常温下通过拔丝机进行多次强力拉拔而成。冷拔低碳钢丝分甲级和乙级，甲级钢丝主要用做预应力筋，乙级钢丝用于焊接网片、绑扎骨架、箍筋和构造钢筋等。

（5）预应力混凝土用钢丝和钢绞线

预应力混凝土用钢丝是用优质碳素结构钢制成，抗拉强度高达1470～1770MPa，分为消除应力光圆钢丝（代号P）、消除应力刻痕钢丝（代号I）、消除应力螺旋肋钢丝（代号H）三种。刻痕钢丝和螺旋肋钢丝与混凝土的粘结力好，消除应力钢丝的塑性比冷拉钢丝好。

预应力混凝土用钢绞线是以数根优质碳素钢钢丝经绞捻后消除内应力制成的。根据钢丝的股数分为三种结构类型：1×2、1×3和1×7。1×7钢绞线以一根钢丝为芯，六根钢丝围绕其周围捻制而成。钢绞线与混凝土的粘结力较好。预应力钢丝和钢绞线具有强度高、柔韧性好、无接头、质量稳定、施工简便等优点，使用时按要求的长度切割，主要用于大跨度、大荷载、曲线配筋的预应力钢筋混凝土结构。

（6）钢筋（钢丝、钢绞线）品种的选用原则

在2011年7月1日实施的《混凝土结构设计规范》(GB 50010—2010）中。根据“四节一环保”的要求，提倡应用高强、高性能钢筋。根据钢筋混凝土构件对受力的性能要求，规定了以下混凝土结构用钢材品种的选用原则：

推广400MPa、500MPa级高强热轧带肋钢筋作为纵向受力的主导钢筋；限制并准备逐步淘汰335MPa级热带肋钢筋的应用；用300MPa级光圆钢筋取代235MPa级光圆钢筋。在规范的过渡期及对既有结构进行设计时，235MPa级光圆钢筋的强度设计值仍按已替代规范（GB 50010—2002）取值。

推广具有较好的延性、可焊性、机械连接性能及施工适应性的HRB系列普通热轧带肋钢筋。可采用控温轧制工艺生产的HRBF系列细晶带肋钢筋。

根据近年来，我国强度高，性能好的预应力钢筋（钢丝、钢绞线）已可充分供应的情况，故冷加工钢筋不再列入《混凝土结构设计规范》中。

应用预应力钢筋的新品种，包括高强、大直径的钢绞线、大直径预应力螺纹钢筋（精轧螺纹钢筋）和中强度预应力钢丝（以补充中等强度预应力筋的空缺，用于中、小跨度的预应力构件），淘汰锚固性能很差的刻痕钢丝。

（7）建筑结构用钢材的验收和复验

钢筋进场应有产品合格证，出厂检验报告，钢筋标牌等。

钢筋进场时需要进行外观质量检查，同时按照现行国家标准规定，抽取试件作力学性能检验，应符合有关标准规定方可使用。

外观检查全数进行，要求钢筋应平直，无损伤，表面不得有裂纹，油污，锈迹等。力学性能复验主要做拉伸试验和冷弯性能试验，测定屈服强度、抗拉强度、伸长率、冷弯性能等性能指标，衡量钢筋强度、塑性、工艺等性能。指标中有一项不合格则重新加倍取样检测，合格后方确定该批钢筋合格。当发现钢筋脆断、焊接性能不良或力学性能显著不正常等现象时，应对该批钢筋进行化学成分检验或其他专项检验。

按照同一批量、同一规格、同一炉号、同一出厂日期、同一交货状态的钢筋，每批质量不大于60t为一检验批，总量不足60t也为一个检验批，进行现场见证取样。冷拉钢筋每批质量不大于20t的同等级、同直径的冷拉钢筋为一个检验批。

钢筋取样时试样分为抗拉试件两根，冷弯试件两根。实验进行检验时，每一检验批至少应检验一个拉伸试件，一个弯曲试件。试件长度：冷拉试件长度一般≥500mm（500～

650mm)，冷弯试件长度一般≥250mm（250～350mm），取样时，从任一钢筋端头，截取500～1000mm的钢筋，余下部分在进行取样。

6.2.5 钢材的锈蚀、防止及防火

1. 钢材的锈蚀

钢材表面与周围介质发生化学反应遭到破坏的现象称为钢材的锈蚀。钢材锈蚀的现象普遍存在，特别是当周围环境有侵蚀性介质或湿度较大时，锈蚀情况就更为严重。锈蚀不仅会使钢材有效截面面积减小，浪费钢材，而且会形成程度不等的锈坑、锈斑，造成应力集中，加速结构破坏，还会显著降低钢材的强度、塑性、韧性等力学性能。

根据钢材表面与周围介质的作用原理，锈蚀可分为化学锈蚀和电化学锈蚀。

（1）化学锈蚀

化学锈蚀是指钢材表面直接与周围介质发生化学反应而产生的锈蚀。这种锈蚀多数是氧化作用，使钢材表面形成疏松的氧化物 FeO。FeO 钝化能力很弱，易破裂，有害介质可进一步进入而发生反应，造成锈蚀。在干燥环境下，化学锈蚀的速度缓慢。但在温度和湿度较高的环境条件下，化学锈蚀的速度大大加快。

（2）电化学锈蚀

电化学锈蚀是由于金属表面形成了原电池而产生的锈蚀。钢材本身含有铁、碳等多种成分，由于这些成分的电极电位不同，形成许多微电池。在潮湿空气中，钢材表面吸附一层极薄的水膜。在阳极区，铁被氧化成 Fe^{2+} 进入水膜，因为水中溶有氧，故在阴极区氧被还原成 OH^-，两者结合成不溶于水的 $Fe(OH)_2$，并进一步氧化成疏松易剥落的红棕色的铁锈。

钢材在大气中的锈蚀，是化学锈蚀和电化学锈蚀共同作用所致，但以电化学锈蚀为主。

钢材锈蚀时，伴随体积增大，最严重的可达原体积的 6 倍，在钢筋混凝土中会使周围的混凝土胀裂。

2. 锈蚀的防止

（1）钢材在使用中锈蚀的防止

埋于混凝土中的钢筋，因处于碱性介质的条件而是钢筋表面形成氧化保护膜，故不致锈蚀。但应注意氯离子能破坏保护膜，使锈蚀迅速发展。

钢结构防止锈蚀的方法通常是采用表面刷漆，常用底漆有红丹、环氧富锌漆、铁红环氧底漆等，面漆有灰铅油、醇酸磁漆、酚醛磁漆等。薄壁钢材可采用热浸镀锌或镀锌后加涂塑料涂层，这种方法效果最好，但价格较高。

混凝土配筋的防锈措施，主要是根据结构的性质和所处环境条件等，考虑混凝土的质量要求，即限制水灰比和水泥用量，并加强施工管理，以保证混凝土的密实性，以及保证足够的保护层厚度和限制氯盐外加剂的掺用量。

对于预应力钢筋，一般含碳量较高，又多系经过变形加工或冷拉，因而对锈蚀破坏较敏感，特别是高强度热处理钢筋，容易产生应力锈蚀现象。故重要的预应力承重结构，除不能掺用氯盐外，还应对原材料进行严格检验。

对配筋的防锈蚀措施，还有掺用防锈剂的方法，国外也有采用钢筋镀锌、镀铬或镀镍等方法。

（2）仓储中钢材锈蚀的防止

① 保护金属材料的防护与包装，不得损坏。金属材料入库时，在装卸搬运、码垛以及保管过程中，对其防护层和外包装必须加以保护。包装已损坏者应予以修复或更换。

② 创造有利的保管环境。选择适宜的保管场所；妥善的苫垫、码垛和密封；严格控制温湿度；保持金属材料表面和周围环境的清洁等。

③ 在金属表面涂敷一层防锈油，就可以把金属表面和周围空气隔离，防止和降低了侵蚀介质到达金属表面的能力，铜是金属表面吸附了缓蚀剂分子团以后金属离子化倾向减少，降低了金属的活性，增加了电阻，从而起到防止金属锈蚀的作用。

④ 加强检查，经常维护保养。金属材料在保管期间，必须按照规定的检查制度，进行经常的和定期的、季节性的和重点的各种检查，以便及时掌握材料变化的情况，及时采取有效的防锈措施，才能有效地防止金属材料的锈蚀。

3. 钢材的防火

钢材属于不燃性材料，但这并不表明钢材能够抵抗火灾。在高温时，钢材的性能会发生很大的变化。温度在200℃以内，可以认为钢材的性能基本不变；超过300℃以后，屈服强度和抗拉强度开始急剧下降，应变急剧增大；到达600℃时钢材开始失丢承载能力。耐火试验和火灾案例表明：以失去支持能力为标准，无保护层时钢屋架和钢柱的耐火极限只有0.25h，而裸露钢梁的耐火极限仅为0.15h。所以，没有防火保护层的钢结构是不耐火的。对于钢结构，尤其是可能经历高温环境的钢结构，应做必要的防火处理。

钢结构防火的基本原理是采用绝热或吸热材料，阻隔火焰和热量，推迟钢结构的升温速度。常用的防火方法以包覆法为主，主要有以下两个方面。

（1）在钢材表面涂覆防火涂料

防火涂料按受热时的变化分为膨胀型（薄型）和非膨胀型（厚型）两种。

膨胀型防火涂料的涂层厚度一般为2～7mm，附着力较强，可同时起装饰作用。由于涂料内含膨胀组分，遇火后会膨胀增厚5～10倍，形成多孔结构，从而起到良好的隔热防火作用，构件的耐火极限可达0.5～1.5h。

非膨胀型防火涂料的涂层厚度一般为8～50mm，呈粒状面，强度较低，喷涂后需再用装饰面层保护，耐火极限可达0.5～3.0h为了保证防火涂料牢固包裹钢构件，可在涂层内埋设钢丝网，并使钢丝网与构件表面的净距离保持在6mm左右。

防火涂料一般采用分层喷涂工艺制作涂层，局部修补时，可采用手工涂抹或刮涂。

（2）用不燃性板材、混凝土等包裹钢构件

常用的不燃性板材有石膏板、岩棉板、珍珠岩板、矿棉板等，可通过胶粘剂或钢钉、钢箍等固定在钢构件上。

任务三　建筑工程中常用钢材

建筑钢材主要用于钢结构中的各种型材（如角钢、槽钢、工字钢、圆钢等）、钢板、钢管和用于钢筋混凝土结构中的各种钢筋、钢丝等。

建筑钢材具有较高的强度，有良好的塑性和韧性，能承受冲击和振动荷载；可焊接或铆接，易于加工和装配，所以被广泛应用于建筑工程中。但钢材也存在易锈蚀及耐火性差等缺点。

6.3.1 钢结构专用型钢

钢结构构件一般直接选用各种型钢。构件之间可直接或附连接钢板进行连接。连接方式有铆接、螺栓连接或焊接。所用母材主要是碳素结构钢和低合金刚强度结构钢。

型钢有热轧和冷轧成型两种。板材也有热轧（厚度为 0.35～200mm）和冷轧（厚度为 0.2～5mm）两种。

1. 热轧普通型钢

普通型钢由碳素结构钢和低合金刚强度结构钢制成，是一种具有一定截面形状尺寸的实心钢条钢材。在我国，一般按截面尺寸大小分大、中和小型型钢。

大型型钢包括：直径或对边距不小于 81mm 的圆钢、方钢、六角钢、八角钢；宽度不小于 101mm 的扁钢；高度不小于 180mm 的工字钢、槽钢；边宽不小于 150mm 的等边角钢；边宽不小于 100×150(mm) 的不等边角钢。

中小型型钢划分方法如表 6-7 所示。

表 6-7 型钢划分方法（mm）

名称	工字钢槽钢高度	角钢		圆、方、六（八）角螺纹钢直径	扁钢宽
		等边边宽	不等边边宽		
大型型钢	≥180	≥150	≥100×150	≥81	≥101
中型型钢	<180	50～190	40×60～99×149	38～80	60～100
小型型钢		20～49	20×30～39×59	10～37	≤50

（1）工字钢

热轧普通工字钢是截面为工字形的长条钢材。工字钢的型号是用其腰高厘米数的阿拉伯数字来表示，腹板、翼缘厚度和翼缘宽度不同其规格以腰高（h）×腿宽（b）×腰厚（d）的毫米数表示，如"普工 160×88×6"，即表示腰高为 160mm，腿宽为 88mm，腰厚为 6mm 的普通工字钢。"轻工 160×81×5"，即表示腰高为 160mm，腿宽为 81mm，腰厚为 5mm 的轻型工字钢。普通工字钢的规格也可用型号表示，型号表示腰高的厘米数，如普工 $16^{\#}$。腰高相同的工字钢，如有几种不同的腿宽和腰厚，需在型号右边加 a b c 予以区别，如普工 $32^{\#}$a、$32^{\#}$b、$32^{\#}$c 等。热轧普通工字钢的规格为 10-$63^{\#}$。经供需双方协议供应的热轧普通工字钢规格为 12-$55^{\#}$。

（2）槽钢

槽钢属建造用和机械用碳素结构钢，是复杂断面的型钢钢材，其断面形状为凹槽形。槽钢主要用于建筑结构、幕墙工程、机械设备和车辆制造等。在使用中要求其具有较好的焊接、铆接性能及综合机械性能。产槽钢的原料钢坯为含碳量不超过 0.25%的碳结钢或低合金钢钢坯。成品槽钢经热加工成形、正火或热轧状态交货。其规格以腰高（h）×腿宽(b)×腰厚（d）的毫米数表示，如 100×48×5.3，表示腰高为 100mm，腿宽为 48mm，腰厚为 5.3mm 的槽钢，或称 $10^{\#}$ 槽钢。腰高相同的槽钢，如有几种不同的腿宽和腰厚也需在型号右边加 a b c 予以区别，如 $25^{\#}$a $25^{\#}$b $25^{\#}$c 等。

（3）角钢

角钢又称角铁，是两边互相垂直成角形的长条钢材。有等边角钢和不等边角钢之分。等边角钢的两个边宽相等。其规格以边宽×边宽×边厚的毫米数表示。如“∠30×30×3”，即表示边宽为 30mm、边厚为 3mm 的等边角钢。也可用型号表示，型号是边宽的厘米数，如∠3#。型号不表示同一型号中不同边厚的尺寸，因而在合同等单据上将角钢的边宽、边厚尺寸填写齐全，避免单独用型号表示。热轧等边角钢的规格为 2#-20#。角钢可按结构的不同需要组成各种不同的受力构件，也可作构件之间的连接件。广泛地用于各种建筑结构和工程结构，如房梁、桥梁、输电塔、起重运输机械、船舶、工业炉、反应塔、容器架以及仓库。

角钢可按结构的不同需要组成各种不同的受力构件，也可作构件之间的连接件。广泛地用于各种建筑结构和工程结构，如房梁、桥梁、输电塔、起重运输机械、船舶、工业炉、反应塔、容器架、电缆沟支架、动力配管、母线支架安装以及仓库货架等。

角钢属建造用碳素结构钢，是简单断面的型钢钢材，主要用于金属构件及厂房的框架等。在使用中要求有较好的可焊性、塑性变形性能及一定的机械强度。生产角钢的原料钢坯为低碳方钢坯，成品角钢为热轧成形正火或热轧状态交货。

（4）扁钢

扁钢是指宽 12～300mm、厚 4～60mm，截面为长方形并稍带钝边的钢材。扁钢可以是成品钢材，也可以做焊管的坯料和叠轧薄板用的薄板坯。主要用途：扁钢作为成材可用于制箍铁、工具及机械零件，建筑上用作房架结构件、扶梯。

2. 冷弯薄壁型钢

冷弯薄壁型钢指用钢板或带钢在冷状态下弯曲成的各种断面形状的成品钢材。冷弯型钢是一种经济的截面轻型薄壁钢材，又称为钢质冷弯型材或冷弯型材。

冷弯型钢作为承重结构、围护结构、配件等在轻钢房屋中也大量应用。在房屋建筑中，冷弯型钢可用作钢架、桁架、梁、柱等主要承重构件，也被用作屋面檩条、墙架梁柱、龙骨、门窗、屋面板、墙面板、楼板等次要构件和围护结构。另外，利用冷弯型钢与钢筋混凝土形成组合梁、板、柱的冷弯型钢-混凝土组合结构也成为工程领域一个新的研究方向。冷弯薄壁型钢结构构件通常有压型钢板、檩条、墙梁、钢架等。

3. 钢板、压型钢板

钢板是用碳素结构钢和低合金钢轧制而成的扁平钢材，可热轧或冷轧生产。以平板状态供货的称钢板，以卷状供货称钢带。厚度大于 4mm 以上为厚板，厚度小于或等于 4mm 的为薄板。热轧碳素结构钢厚板是钢结构的主要用材，低合金钢厚板用于重型结构、大跨度桥梁和高压容器等。薄板主要用于屋面、墙面或压型板的原料等。

压型钢板用薄板经冷压或冷轧成波形、双曲形、V 形等，制成彩色、镀锌、防腐等薄板。其质量轻、强度高、抗震性能好、施工快、外形美观等特点。主要用于围护结构、楼板、屋面等。

4. 钢管

在建筑结构中钢管多用于制作桁架、桅杆等构件，也可用于制作钢管混凝土。钢管混凝土是钢管中浇筑混凝土而形成的构件，它可使构件的承载力大大提高，且具有良好的塑性和韧性，经济效果显著。钢管混凝土可用于高层建筑、塔柱、构架柱、厂房柱等。

钢管按生产工艺不同有无缝钢管和焊接钢管两大类。焊接钢管由优质或普通碳素钢钢板卷焊而成；无缝钢管是以优质碳素钢和低合金高强度结构钢为原材料，采用热轧—冷拔联合工艺生产而成的。无缝钢管具有良好的力学性能和工艺性能，主要用于压力管道。焊接钢管成本低，易加工，但抗压性能较差，适用于各种结构、输送管道等。焊缝形式有直纹焊缝和螺纹焊缝。

任务四　装饰用金属制品

装饰用金属制品是指以金属为原料，装饰其他物品。金属和人们的生活密切相关，起初只是为了满足生存的需要，而把金属制作成各种工具。随着温饱问题的解决，文化艺术和精神生活成为了人们另外的目标。加工金属制品，在手工操作的时代，主要也是靠冶炼、锻打等工艺手段，金属的特性使得在加工上较困难，这种方式制造出来的产品也不能大量生产，也就无从谈起金属装饰。

随着工艺的发展，机器代替手工操作，金属制品才能大量进入社会和家庭之中。随着各种装饰点缀生活的形式中，金属构件形成的金属装饰慢慢地有了自己的特点，而其中又以铁类的金属装饰为代表。有实用性、装饰性、安全性和通透性等性能。

6.4.1　铝合金

铝合金密度低，但强度比较高，接近或超过优质钢，塑性好，可加工成各种型材，具有优良的导电性、导热性和抗蚀性，工业上广泛使用，使用量仅次于钢。一些铝合金可以采用热处理获得良好的机械性能，物理性能和抗腐蚀性能。硬铝合金属 Al-Cu-Mg 系，一般含有少量的 Mn，可热处理强化，其特点是硬度大，但塑性较差。超硬铝属 Al-Cu-Mg-Zn 系，可热处理强化，是室温下强度最高的铝合金，但耐腐蚀性差，高温软化快。锻铝合金主要是 Al-Zn-Mg-Si 系合金，虽然加入元素种类多，但是含量少，因而具有优良的热塑性，适宜锻造，故又称锻造铝合金。

1. 铝合金的种类

我国近十年来，铝合金在室内外装饰、吊顶龙骨、玻璃幕墙框架、门窗框、栏杆、扶手、小五金等方面的应用日益广泛，已成为建筑上不可缺少的材料。

纯铝是有色金属中的轻金属，其密度仅为 $2.7g/cm^3$。其性质较活泼，与氧的亲合力较强，在空气中表面易生成一层氧化铝薄膜，起保护作用，使铝具有一定的耐腐蚀性。铝具有良好的塑性和延展性，但硬度和强度均较低，这样决定了它在建筑中仅能做门、窗、小五金、铝箔等非承重材料，或者做成铝粉（俗称银粉），用于调质装饰涂料或防水涂料。

纯铝中加入适量的钢、镁、锰、锌或硅等元素后，即成为各种各样的铝合金。铝合金克服了纯铝强度和硬度过低的不足，又能保持铝的轻质、耐腐蚀、易加工等优良性能。

铝合金按加工的适应性，分为铸造铝合金与变形铝合金。

（1）铸造铝合金

这样的铝合金适用于铸造，要求具有良好的流动性、小的收缩性及高地抗热裂性等。目前应用的铸造铝合金有铝硅（Al-Si）、铝铜（Al-Cu）、铝镁（Al-Mg）及铝锌（Al-Zn）四个组系。

（2）变形铝合金

这种铝合金在一定的温度下塑性高，适合进行热态或冷态的压力加工，即经过轧制、挤压等工序可制成板材、管材、棒材及各种异型材、变形铝合金是装饰工程中应用的主要种类。

变形铝合金按其性能特点又分为以下几种；

① 防锈铝合金（LF），如 Al-Mn，Al-Mg 等。

② 硬铝合金或杜拉铝（LY），如 Al-Mn-Si，Al-Cu-Mg 等。

③ 超硬铝合金（LC），如 Al-Zn-Mg-Cu 等。

④ 锻铝合金（LD），如 Al-Zn-Mg-Cu 等。

⑤ 特殊铝合金（LT）。

2. 铝合金的性质及应用

1）铝合金的性质

① 密度小，强度较高，属轻质高强材料，适于用作大跨度轻型结构材料。

② 弹性模量小（约为钢的 1/3），不宜做重型结构承重材料。

③ 低温性能好，不出现低温冷脆性，强度不随温度下降而降低。

④ 耐腐蚀性好。

⑤ 可加工性能好，可通过切割、切削、冷弯、压轧、挤压等方法成形。

⑥ 装饰性好，通常在阴极氧化处理的同时，进行表面着色处理，获得各种颜色，增强美观。

2）铝合金的应用

① 防锈铝合金表面光洁美观，耐蚀性、塑性和焊接性均好，但不易切割，高温下强度低。主要用于受力不大的家居、门窗框、罩壳等。

② 硬铝合金经热处理后，抗拉强度达 480MPa，塑性降低，伸长率为 12%～20%，耐热性好，但耐蚀性差，所以表面常包一层纯铝，可以做承重轻型结构和装饰制品。

③ 超硬铝合金和锻铝合金。超硬铝合金经淬火，时效抗拉强度可达 680MPa；锻铝合金塑性好。这两种铝合金均可做结构材料。

铝合金可以通过各种手段加工成多种装饰制品：装饰板（铝塑板、铝合金花纹板、铝及铝合金压型板）、铝合金网、铝合金龙骨、铝质天花板、铝制门窗、镁铝曲板、铝合金百叶窗、铝质五金配件。

3）铝合金的主要产品

（1）铝合金型材

通过挤压加工获得的铝及铝合金材料，所得产品可以为板、棒及各种异形型材，可以广泛应用于建筑、交通、运输、航空航天等领域的新型材料。

铝合金板材按表面处理方式可分为非涂漆产品和涂漆产品两大类。

① 非涂漆类产品

a. 可分为锤纹铝板（无规则纹样）、压花板（有规则纹样）和预钝化、阳极氧化铝表面处理板。

b. 此类产品在板材表面不做涂漆处理，对表面的外观要求不高，价格也较低。

② 涂漆类产品

a. 分类：

按涂装工艺可分为：喷涂板产品和预辊涂板；

按涂漆种类可分为：聚酯、聚氨酯、聚酰胺、改性硅、环氧树脂、氟碳等。

b. 多种涂层中，主要性能差异是对太阳光紫外线的抵抗能力，其中在正面最常用的涂层为氟碳漆（PVDF），其抵抗紫外线的能力较强；背面可选择聚酯或环氧树脂涂层作为保护漆。另外正面还可贴一层可撕掉的保护膜。

（2）铝塑板

铝塑板是由经过表面处理并用涂层烤漆的3003铝锰合金、5005铝镁合金板材作为表面，PE塑料作为芯层，高分子粘结膜经过一系列工艺加工复合而成的新型材料。它既保留了原组成材料（铝合金板、非金属聚乙烯塑料）的主要特性，又克服了原组成材料的不足，进而获得了众多优异的材料性质。产品特性：艳丽多彩的装饰性、耐候、耐蚀、耐创击、防火、防潮、隔音、隔热、抗震性、质轻、易加工成型、易搬运安装等特性。

铝塑板规格：

厚度（mm）：3、4、6、8。

宽度（mm）：1220、1500。

长度（mm）：1000、2440、3000、6000。

铝塑板标准尺寸：1220mm×2440mm。

铝塑板用途：可应用于幕墙、内外墙、门厅、饭店、商店、会议室等的装饰外，还可用于旧建筑的改建，用作柜台、家具的面层、车辆的内外壁等。

（3）铝单板

铝单板均采用世界知名大企业的优质铝合金加工而成，再经表面喷涂美国PPG或阿克苏PVDF氟碳烤漆精制而成，铝单板主要由面板、加强筋骨、挂耳等组成。

铝单板特点：轻量化、刚性好、强度高、不燃烧性、防火性佳、加工工艺性好、色彩可选性广、装饰效果极佳、易于回收、利于环保。

铝单板应用：建筑幕墙、柱梁、阳台、隔板包饰、室内装饰、广告标志牌、车辆、家具、展台、仪器外壳、地铁海运工具等。

（4）铝蜂窝板

铝蜂窝板采用复合蜂窝结构，选用优质的3003H24合金铝板或5052AH14高锰合金铝板为基材，与铝合金蜂窝芯材热压复合成型。铝蜂窝板从面板材质、形状、接缝、安装系统到颜色、表面处理为建筑师提供丰富的选择，能够展示丰富的屋面表现效果，具有卓越的设计自由度。它是具有施工便捷、综合性能理想、保温效果显著的新型材料，它的卓越性能吸引了人们的眼球。

铝蜂窝板并无标准尺寸，所有板材均根据设计图纸由工厂订制而成，广泛地应用于大厦外墙装饰（特别适用于高层的建筑）内墙天花吊顶、墙壁隔断、房门及保温车厢、广告牌等等领域。该产品将为我国建材市场注入绿色、环保、节能的鲜活动力。

（5）铝蜂窝穿孔吸音吊顶板

铝蜂窝穿孔吸音吊顶板的构造结构为穿孔铝合金面板与穿孔背板，依靠优质胶粘剂与铝蜂窝芯直接粘结成铝蜂窝夹层结构，蜂窝芯与面板及背板间贴上一层吸音布。由于蜂窝铝板内的蜂窝芯分隔成众多的封闭小室，阻止了空气流动，使声波受到阻碍，提高了吸声系数（可达到0.9以上），同时提高了板材自身强度，使单块板材的尺寸可以做到更大，进一步加大了设计自由度。可以根据室内声学设计，进行不同的穿孔率设计，在一定的范围内控制组合结构的吸音系数，既达到设计效果，又能够合理控制造价。通过控制穿孔孔径、孔距，并可根据客户使用要求改变穿孔率，最大穿孔率<30%，孔径一般选用 ϕ2.0、ϕ2.5、ϕ3.0 等规格，背板穿孔要求与面板相同，吸音布采用优质的无纺布等吸声材料。适用于地铁、影剧院、电台、电视台、纺织厂和噪声超标准的厂房以及体育馆等大型公共建筑的吸声墙板、天花吊顶板。

（6）氟碳铝板

① 氟碳喷涂板

a. 氟碳喷涂板分为两涂系统、三涂系统和四涂系统，一般宜采用多层涂装系统。

两涂系统：由 5～10μm 的氟碳底漆和 20～30μm 的氟碳面漆组成，膜层总厚度一般不宜小于 35μm。只可用于普通环境。

三涂系统：由 5～10μm 的氟碳底漆、20～30μm 的氟碳色漆和 10～20μm 的氟碳清漆组成，膜层总厚度一般不宜小于 45μm。适用于空气污染严重、工业区及沿海等环境恶劣地带。

四涂系统：四涂系统有两种。一种是当采用大颗粒铝粉颜料时，需要在底漆和面漆之间增设一道 20μm 的氟碳中间漆；另一种是在底漆和面漆之间增设一道聚酰胺与聚氨酯共混的致密涂层，提高其抗腐蚀性，增加氟碳铝板的使用寿命。因为一般的氟碳漆是海绵结构，有气孔，无法阻止空气中的正负离子游离穿透至金属板基层。因此这种涂层系统更适用于空气污染严重、工业区及沿海等环境恶劣地带。

b. 氟碳烤漆的固化应该是有几涂就几烤，使每层烤漆完全固化，形成良好的粘结性、抗腐蚀性、抗褪色性，避免多涂少烤。

c. 在选用氟碳烤漆铝板时，应关注氟碳漆的品牌和主要技术指标，且氟树脂含量应≥70%。

② 氟碳预辊涂层铝板

a. 预辊涂铝板的设计思想是将尽可能多的材料优点和工艺优势集于一身，把人为影响的质量因素降至最低，其品质比氟碳喷涂（烤漆）铝板更有保证。

b. 氟树脂含量最高可达 80%。

c. 涂层厚度一般为 25μm。

6.4.2 塑钢

塑钢型材是指用于制作门窗用的 PVC 型材，早在 20 世纪五十年代末已经在德国出现，我国从 1983 年才开始引进，在 20 世纪 90 年代末才开始普及应用。因为单纯用 PVC 型材加工的门窗强度不够，通常在型腔内添加钢材以增强门窗的牢固性，因此型材内部添加钢材制作的塑料门窗通常被称为塑钢门窗。随着塑钢门窗的广泛使用，用于制作塑钢门窗的 PVC 型材习惯上被称作塑钢型材。

1. 主要特点

塑钢型材简称塑钢，主要化学成分是 PVC，因此也叫 PVC 型材。是被广泛应用的一种新型的建筑材料，由于其物理性能如刚性、弹性、耐腐蚀、抗老化性能优异，通常用作是铜、锌、铝等有色金属的最佳代用品。

在房屋建筑中主要用于推拉或平开门窗、护栏、管材和吊顶材料的应用，通过新的工艺流程处理也广泛用在汽车发动机保护板方面，不仅质量轻，而且韧性好，具有钢的优良性质，有时候也被称作合金塑钢。

塑钢型材之所以能大面积的推广适用，并逐步取代木制和铝门窗和它的独特优势是分不开的。塑钢门窗较之铝和木制门窗有以下优势：

① 价格便宜。塑料的价格远低于具有同等强度和寿命的铝，由于金属价格的大幅上升这一优点越发明显。

② 色彩丰富。彩色塑钢型材的使用给建筑增添的不少姿色。

以前使用木制门窗，为了达到门窗与建筑外观和谐一致，多在门窗表面喷涂油漆，油漆遇紫外线容易老化剥落，用不了几年就面目全非，与建筑物的寿命很不协调。后来发明了彩色铝门窗，但是价格昂贵，一般消费者承受不起。塑料门窗的使用完美解决了这个问题，彩色贴膜型材甚至可以做出以假乱真的木纹效果。

③ 经久耐用。在型材型腔内加入增强型钢，使型材的强度得到很大提高，具有抗震，耐风蚀效果。另外型材的多腔结构，独立排水腔，使水无法进入增强型钢腔，避免型钢腐蚀，门窗的使用寿命得到提高。抗紫外线成分的加入也使塑钢型材的耐候性得到提高，即使紫外线很强的热带地区也能放心使用。

④ 保温性能好。塑钢型材本身导热性能远不及铝型材，另外多腔结构的设计更是达到了隔热的效果。研究表明，同等类型的房间夏天使用塑钢门窗的房间室内温度较之铝门窗的房间平均低5～7℃，冬季不同地区则要高出8～15℃。

⑤ 隔声性能好。安装中空玻璃、密封良好的塑钢门窗具有卓越的隔声性能，如今隔声已经成为选择门窗的主要条件，特别是在闹市区的住宅。塑钢门窗组装采用焊接工艺，加上封闭的多腔结构，对噪声的屏蔽作用十分明显。

随着塑钢型材的广泛使用，一些缺点也随之暴露出来。我国塑钢型材中绝大部分劣质型材使用铅盐稳定剂，成品含铅量在0.6％～1.2％之间。铅是一种对人体有害的物质，当劣质型材老化时，会析出含铅粉尘，长期接触后会使血液中铅含量超标，甚至铅中毒。引进的钙锌以及有机锡配方解决了产品含铅的问题，不过由于价格原因和技术的不成熟，没有得到大规模应用。

2. 主要功能

① 保温节能性。塑钢型材多腔式结构，具有良好的隔热性能，传热系数低，仅为钢材的1/357，铝材的1/1250，其经济效益和社会效益都是巨大的。

② 气密性。塑钢门窗安装的所有缝隙处均装有橡塑密封条和毛条，所以其气密性远远高于铝合金门窗，而塑钢平开门窗的气密性又高于推拉窗的气密性，一般情况下，平开窗的气密性可达五级，推拉窗可达二级。

③ 水密性。因塑钢型材具有独特的多腔式结构，均有独立的排水腔，无论是框还是扇的积水都能有效排出。塑钢平开窗的水密性又远高于推拉窗，一般情况下，平开窗的水密性可达五级，推拉窗可达三级至四级。

④ 抗风压性。在独立的塑材型腔内，可添加1.5～3mm厚的钢衬，并根据当地的风压值、建筑物的高度、洞口大小、窗型设计来选择塑钢的厚度及型材系列，以保证建筑对型门窗的要求。高层建筑可选择大断面推拉窗或内平开窗，抗风压强度可达六级以上，低层建筑可选用外平开窗或小断面推拉窗，抗风压强度一般在三级。

⑤ 耐腐蚀性。塑钢型材具有独特的配方，具有良好的耐腐蚀性，如选用防腐五金件，

不锈钢型材，其使用寿命是钢窗的10倍左右。

⑥ 耐候性。塑钢型材采用独特的配方，提高了其耐寒性。塑钢门窗可长期使用于温差较大的环境中（－50～70℃），烈日暴晒、潮湿都不会使其出现变质、老化、脆化等现象，最早的塑钢门窗已使用30年，其材质完好如初，按此推算，正常条件下塑钢门窗使用寿命可达50年以上。

3. 发展状况

我国塑钢型材生产能力已经达到500万t/年。大部分厂家产能不能充分发挥，存在严重的生产过剩和同质化竞争。我国塑钢型材通用的国家标准是《门、窗用未增塑聚氯乙烯（PVC-U）型材》(GB/T 8814—2004)，获得国家免检的企业也是参照此标准生产的。与欧美国家不同的是，我国型材的种类单一，市场上流通的大部分是60mm平开门窗系列型材和80mm推拉系列门窗型材。以上两种规格占到总消耗量的80%以上。

从欧式到美式：欧式型材是市场主流，但美式型材发展很快，这是由于一些出口美国的塑钢型材生产企业拉动的。美式提拉窗具有活泼、美观、结构精巧，线条细腻、极富装饰性，高采光率、高透视率等优点，已经深得消费者的青睐。由于欧式型材在中国已经有20多年的历史，美式型材短期内无法取代欧式型材在中国的地位。欧式型材讲究的是扇包框，而美式型材则是框包扇。国内的塑钢门窗基本都是扇包框。

从白色到彩色：彩色型材改变了塑钢门窗以往单调的白色，能够与建筑物整体色彩完美搭配。彩色型材市场占有率迅速攀升，特别是一些高档住宅小区广泛应用。

单 元 小 结

1. 钢材在建筑工程中占有十分重要的地位，为了合理选用建筑钢材，必须对建筑钢材的冶炼方法、技术性能、牌号划分及技术标准等方面有较为全面的了解。

2. 钢材按化学成分不同分为碳素钢和合金钢；按脱氧程度不同分为沸腾钢、半镇静钢、镇静钢和特殊镇静钢。

3. 钢材的抗拉性能是钢材的主要力学性能，表示钢材抗拉性能的主要技术指标是屈服点、抗拉强度和伸长率。其中屈服点是钢材设计强度取值的主要依据，伸长率是衡量钢材塑性的重要指标，伸长率越大说明钢材塑性越好。

4. 建筑工程中常用的钢种有普通碳素结构钢、优质碳素结构钢和高强度低合金结构钢，它们的牌号表示方法、性能不同，用途也各不相同。

5. 钢筋混凝土用钢主要有热轧钢筋、冷加工钢筋、热处理钢筋、钢丝和钢绞线等；钢结构用钢主要有各种型钢、钢板、钢管等。

6. 钢材易锈蚀，耐火性差，在工程中应对钢材作好防锈和防火处理。

7. 金属装饰制品的应用。

单元思考题

1. 钢的冶炼方法有哪些？冶炼方法不同对钢的质量有何影响？

2. 钢材常用哪几种分类方法？如何分类？

3. 钢的主要技术性能有哪些？
4. 低碳钢受拉时的应力-应变曲线，分哪几个阶段？
5. 表示钢材抗拉性能的技术指标有哪些？各有何意义？
6. 什么是钢材的冲击韧性？在什么情况下应考虑钢材的冲击韧性？
7. 钢材的工艺性能包括哪些方面？影响钢材冷弯性能、焊接性能的主要因素有哪些？
8. 钢材的化学成分对其性能有何影响？
9. 什么是钢材的冷加工和时效？冷加工和时效对钢材性能有何影响？
10. 碳素结构钢的牌号如何表示？牌号与力学性能的关系如何？
11. 低合金高强度结构钢的牌号如何表示？为什么在建筑工程中广泛应用？
12. 热轧钢筋分为几级？各级钢筋性能有何特点？适用于什么地方？
13. 预应力混凝土主要采用哪些钢筋？
14. 建筑钢结构主要采用哪些钢材制品？
15. 钢材锈蚀的类型及原因是什么？常对钢材采取哪些防锈措施？
16. 钢材的防火措施有哪些？

单元七　防 水 材 料

学习目标

1. 了解沥青的分类、组成和石油沥青的技术性质以及石油沥青的应用。
2. 了解其他常用建筑防水材料（防水涂料、防水密封材料等）的应用。
3. 掌握建筑防水卷材的种类、性质、应用及性能检测。

任务一　防 水 卷 材

沥青防水卷材是一种憎水性的有机胶凝材料，它是由一些极其复杂的高分子碳氢化合物及其非金属（氧、氮、硫等）衍生物所组成的混合物。在常温下呈黑色或黑褐色的固体、半固体或是液体状态。沥青几乎完全不溶于水，具有良好的不透水性，能与混凝土、砂浆、砖、石料、木材、金属等材料牢固地粘结在一起，且具有一定的塑性，能适应基材的变形；具有较好的抗腐蚀能力，能抵抗一般酸、碱、盐等的腐蚀；具有良好的电绝缘性。因此，沥青材料及其制品被广泛应用于建筑工程的防水、防潮、防渗、防腐及道路工程。一般用于建筑工程中的沥青有石油沥青和煤沥青两种。

7.1.1　石油沥青

石油沥青是石油原油经蒸馏提炼出各种轻质油（如汽油、柴油等）及润滑油以后的残留物，再经加工而得的产品。

1. 石油沥青的组分

石油沥青的化学成分很复杂，很难把其中的化合物逐个分离出来，且化学组成与技术性质之间没有直接的关系。因此，为了便于研究，通常将其中的化合物按化学成分和物理性质比较接近的，划分为若干个组，这些组称为组分。

（1）油分

油分赋予沥青以流动性，油分越多，沥青的流动性就越大。油分含量的多少直接影响沥青的柔软性、抗裂性及施工难度。油分在一定条件下可以转化为树脂甚至沥青质。

（2）树脂

树脂又分为中性树脂和酸性树脂，中性树脂使沥青具有一定塑性、可流动性和粘结性，其含量增加，沥青的粘结力和延伸性增加。沥青树脂中还含有少量的酸性树脂，它是沥青中活性最大的部分，能改善沥青对矿质材料的浸润性，特别是提高了与碳酸盐类岩石的粘附性，增加了沥青的可乳化性。

（3）沥青质

沥青质又叫地沥青质，决定着沥青的热稳定性和粘结性。含量越多，软化点越高，也越硬、脆。也就是说沥青质含量增加时，沥青的黏度和粘结力增加，硬度和温度稳定性提高。

石油沥青的性质与各组分之间的比例密切相关。液体沥青中油分、树脂多，流动性好，而固体沥青中树脂、沥青质多，特别是沥青质多，所以热稳定性和粘性好。

石油沥青中的这几个组分的比例，并不是固定不变的，在热、阳光、空气及水等外界因素作用下，组分在不断改变，即由油分向树脂、树脂向沥青质转变，油分、树脂逐渐减少，而沥青质逐渐增多，使沥青流动性、塑性逐渐变小，脆性增加直至脆裂。这个现象称为沥青材料的老化。

此外，石油沥青中常常含有一定的石蜡，会降低沥青的粘性和塑性，同时增加沥青的温度敏感性，所以石蜡是石油沥青的有害成分。

2. 石油沥青的技术性质

（1）粘滞性

粘滞性是指石油沥青在外力作用下抵抗变形的能力。它是沥青材料最为重要的性质。工程上，对于半固体或固体的石油沥青用针入度指标表示。针入度越大，表示沥青越软，黏度越小。

沥青的粘滞性与其组分及所处的温度有关。当沥青质含量较高、并含有适量的树脂且油分含量较少时，沥青的粘滞性较大。在一定的温度范围内，当温度升高，粘滞性随之降低，反之则增大。

一般采用针入度来表示石油沥青的粘滞性，针入度值越小，表明黏度越大，塑性越好。针入度是在温度为25℃时，以附重100g的标准针，经5s沉入沥青试样中的深度，每1/10mm定为1度。其测试示意图如图7-1所示。针入度一般在5～200度之间，是划分沥青牌号的主要依据。

液体石油沥青的粘滞性用粘滞度（也称标准黏度）指标表示，它表征了液体沥青在流动时的内部阻力。

粘滞度是在规定温度 t（20℃、25℃、30℃或60℃），由规定直径 d（3mm、5mm或10mm）的孔中流出50mL沥青所需的时间秒数。粘滞度测定示意如图7-2所示。

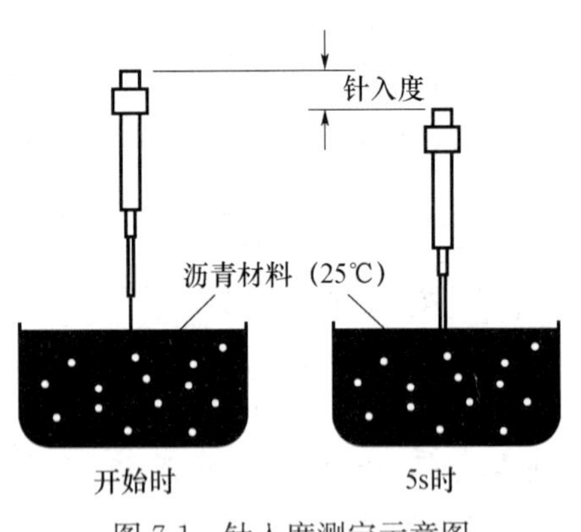

图7-1　针入度测定示意图

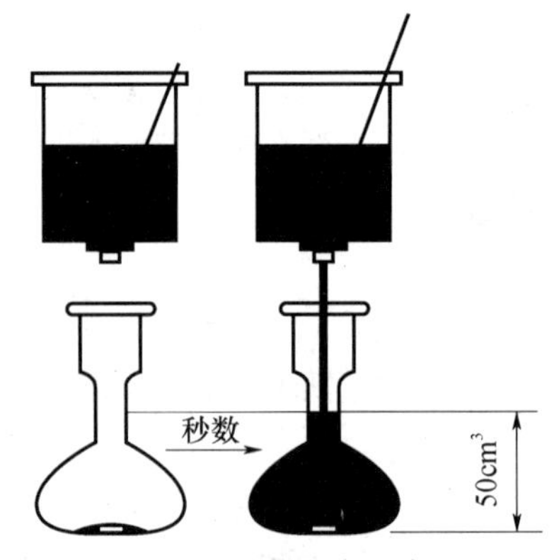

图7-2　黏度测定示意图

（2）塑性

塑性通常也称延性或延展性。是指石油沥青受到外力作用时产生变形而不破坏的性能，用延度指标表示。沥青延度是把沥青试样制成∞字形标准试模（中间最小截面积为 $1cm^2$）在规定的拉伸速度（5cm/min）和规定温度（25℃）下拉断时伸长的长度，以cm为单位。

延度指标测定的示意图，如图 7-3 所示。延度值越大，表示沥青塑性越好。

沥青塑性的大小与它的组分和所处温度紧密相关。沥青的塑性随温度升高（降低）而增大（减小）；沥青质含量相同时，树脂和油分的比例将决定沥青的塑性大小，油分、树脂含量越多，沥青延度越大，塑性越好。

（3）温度稳定性

温度稳定性也称温度敏感性。是指石油沥青的粘滞性和塑性随温度升降而变化的性能，是沥青的重要指标之一。在沥青的常规试验方法中，软化点试验可作为反映沥青温度敏感性的方法。

软化点为沥青受热由固态转变为具有一定流动态时的温度。软化点越高，表明沥青的耐热性越好，即温度稳定性越好。软化点可以通过“环球法”测得，试验测定示意图如图7-4所示。是将沥青试样装入规定尺寸的铜杯中，上置规定尺寸和质量的铜球，放在水或甘油中，以每分钟升高 5℃的速度加热至沥青软化下垂达 25.4mm 时的温度（℃），即为软化点。

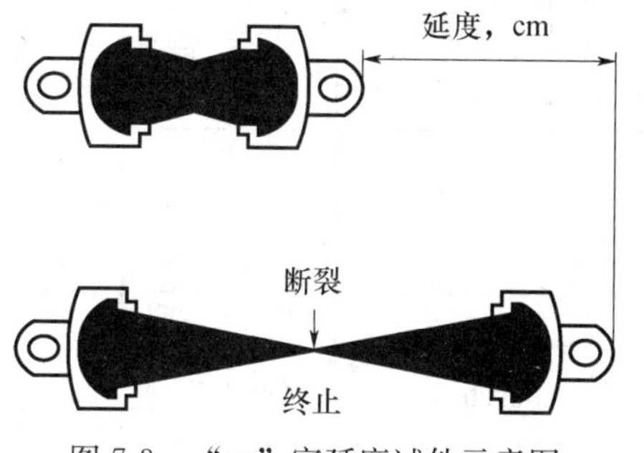

图 7-3　“∞”字延度试件示意图

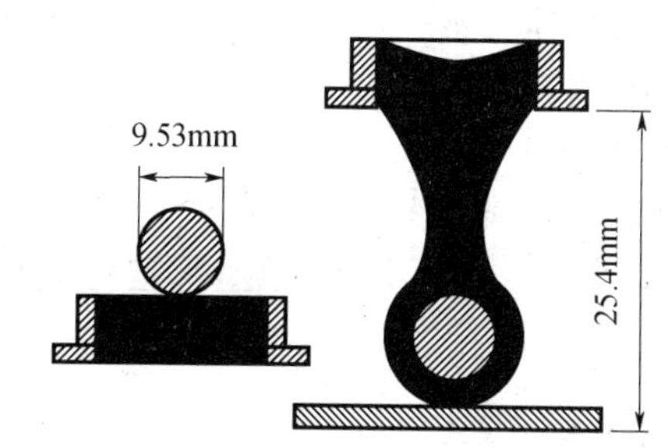

图 7-4　软化点测定示意图

在工程上使用的沥青，要求有较好的温度稳定性，否则容易发生沥青材料夏季流淌或冬季变脆甚至开裂等现象。所以在选择沥青的时候，沥青的软化点不能太低也不能太高；太低，夏季易融化发软；太高，品质太硬，就不易施工，而且冬季易发生脆裂现象。

（4）大气稳定性

大气稳定性是指石油沥青在热、阳光、氧气和潮湿等因素长期综合作用下抵抗老化的性能。

在大气因素的综合作用下，沥青中的低分子量组分会向高分子量组分转化递变，即油分→树脂→地沥青质。由于树脂向地沥青质转化的速度要比油分变为树脂的速度快得多，因此石油沥青会随时间进展而变硬变脆，这个过程称为石油沥青的老化。通常的规律是：针入度变小、延度降低、软化点和脆点升高。表现为沥青变硬、变脆、延伸性降低，导致路面、防水层产生裂缝破坏等。

石油沥青的大气稳定性以沥青试样在 160℃下加热蒸发 5h 后质量“蒸发损失百分率”和“蒸发后针入度比”表示。蒸发损失百分率越小，蒸发后针入度比越大，则表示沥青大气稳定性越好，即老化越慢。

以上所论及的针入度、延度、软化点是评价黏稠石油沥青性能最常用的指标，也是划分沥青标号的主要依据，所以统称为沥青的“三大指标”。此外，还有溶解度、蒸发损失、蒸发后针入度比、含蜡量、闪点和水分等，这些都是全面评价石油沥青性能的依据。

3. 石油沥青的分类、标准及应用

（1）石油沥青的分类及技术标准

根据目前我国现行的标准，石油沥青按照用途和性质分为道路石油沥青、建筑石油沥青、防水防潮石油沥青和普通石油沥青四类。各类沥青是按其技术性质来划分牌号的，各牌号的主要技术指标见表 7-1。

表 7-1　各种石油沥青的技术标准

质量标准	道路石油沥青（NB/SH/T 0522—2010）					建筑石油沥青（GB/T 494—2010）			防水防潮石油沥青（SH/T 0002—1990）			
	200	180	140	100	60	40	30	10	3号	4号	5号	6号
针入度（25℃，100g）/0.1mm	201～300	161～200	121～160	91～120	51～80	36～50	26～35	10～25	25～45	20～40	20～40	30～50
延伸度（25℃/5cm/min）≥cm	20	100	100	90	70	3.5	2.5	1.5	—	—	—	—
软化点（环球法）（℃）≥	30～48	35～48	38～51	42～55	45～58	60	75	95	85	90	100	95
溶解度（三氯乙烯，四氯化碳或苯）（%）≥	99					99.0			98	98	95	92
蒸发损失（160℃，5h）（%）≤	—					1			1			
蒸发后针入度比（‰）≥	报告（GB/T4509）					65			—			
闪点（开口）（℃）≥	180	200	230			260			250	270		
针入度指数，≥	—					—			3	4	5	6
脆点，不高于（℃）	—					—			−5	−10	−15	−20

从表 7-1 中可以看出石油沥青中的道路、建筑和防水防潮沥青的牌号是依据针入度的大小来划分的，牌号越大沥青越软；牌号越小沥青的硬度越大，随着沥青的牌号的增大沥青的黏性越小，塑性越大，温度稳定性变差。防水防潮沥青是按针入度指数划分沥青牌号的，增加了保证低温变形性能的脆性指标。随着牌号的增大，温度敏感性减小，脆性降低，应用温度范围扩大。

(2) 石油沥青的选用

选用石油沥青的原则是根据工程性质（房屋、道路、防腐）及当地气候条件、所处工程部位（层面、地下）来选用。在满足上述要求的前提下，尽量选用牌号高的石油沥青，以保证有较长的使用年限。因为牌号高的沥青比牌号低的沥青含油分多，其挥发、变质所需时间较长，不易变硬，所以抗老化能力强，耐久性好。

通常情况下，建筑石油沥青多用于建筑屋面工程和地下防水工程、沟槽防水，以及作为建筑防腐蚀材料；道路石油沥青多用来拌制沥青砂浆和沥青混凝土，用于道路路面、车间地坪及地下防水工程。根据工程需要，还可以将建筑石油沥青与道路石油沥青掺合使用。

一般屋面用的沥青，软化点应比本地区屋面可能达到的最高温度高 20～25℃，以避免夏季流淌，如可选用 10 号或 30 号石油沥青。一些不易受温度影响的部位，或气温较低的地区，可选用牌号较高的沥青，如地下防水防潮层，可选用 60 号或 100 号沥青。几种牌号的石油沥青的应用见表 7-2。

表 7-2 几种石油沥青的应用

品 种	牌 号	主要应用
道路石油沥青	200、180、140、100 甲、100 乙、60 甲、60 乙	主要在道路工程中作胶凝材料
建筑石油沥青	30、10	主要用于制造油纸、油毡、防水涂料和嵌缝膏等，使用在防水及防腐工程中
普通石油沥青	75、65、55	含蜡量较高，粘结力差，一般不用于建筑工程中

［例题 1］请比较下列 A、B 两种建筑石油沥青的针入度、延度及软化点测定值见表 7-3，若于南方夏季炎热地区屋面选用何种沥青较合适，试分析一下：

表 7-3 A、B 两种石油沥青的技术指标

编 号	针入度/0.01mm（25℃，100g，5s）	延度（cm)(25℃，5cm/min)	软化点（环球法)(℃）
A	31	5.5	72
B	23	2.5	102

从表中可以看出宜用 B 石油沥青。一般屋面用沥青应比当地屋面可能达到的最高温度高出 20～25℃，南方炎热地区气温相当高，A 沥青软化点较低，难以满足要求，夏季易流淌。可选 B，但 B 沥青延伸度较小，在严寒地区不宜使用，否则易出现脆裂现象。

当某一牌号的石油沥青不能满足工程技术要求时，可采用两种牌号的石油沥青进行掺配。两种沥青掺配的比例可用下式估算：

$$\text{较软沥青掺量（\%）}=\frac{\text{较硬沥青软化点}-\text{要求的沥青软化点}}{\text{较硬沥青软化点}-\text{较软沥青软化点}}\times 100$$

$$\text{较硬沥青的掺量（\%）}=100-\text{较软沥青的掺量}$$

按确定的配比进行试配，测定掺配后沥青的软化点，最终掺量以试配结果（掺量一软化点曲线）来确定。如果有三种沥青进行掺配，可先计算两种的掺量，然后再与第三种沥青进行掺配。

7.1.2 煤沥青

煤沥青是炼焦或生产煤气的副产品。烟煤干馏时所挥发的物质冷凝为煤焦油，煤焦油经分馏加工，提取出各种油质后的产品即为煤沥青。煤沥青可分为硬煤沥青与软煤沥青两种。

硬煤沥青是从煤焦油中蒸馏出轻油、中油、重油及蒽油之后的残留物，常温下一般呈硬的固体；软煤沥青是从煤焦油中蒸馏出水分、轻油及部分中油后得到的产品。煤沥青与石油沥青相比具有表 7-4 所示的特点。煤沥青的许多性能都不及石油沥青。煤沥青塑性、温度稳定性较差，冬季易脆，夏季易于软化，老化快。加热燃烧时，烟呈黄色，有刺激性臭味，煤沥青中含有酚，所以有毒性，但具有较高的抗微生物侵蚀作用，适用于地下防水工程或作为防腐材料用。

表 7-4　石油沥青与煤沥青的主要区别

性　质	石　油　沥　青	煤　沥　青
密度（g/cm^3）	近于 1.0	1.25～1.28
燃烧	烟少、无色、有松香味、无毒	烟多、黄色、臭味大、有毒
锤击	韧性较好	韧性差，较脆
颜色	呈灰亮褐色	浓黑色
溶解	易溶于煤油与汽油中，呈棕黑色	难溶于煤油与汽油中，呈黄绿色
温度稳定性	较好	较差
大气稳定性	较好	较低
防水性	好	较差（含酚、能溶于水）
抗腐蚀性	差	强

7.1.3　改性沥青

改性沥青是采用各种措施使沥青的性能得到改善的沥青。

建筑上使用的沥青必须具有一定的物理性质和粘附性，在低温条件下应有良好的弹性和塑性，在高温条件下要有足够的强度和稳定性，在加工使用条件下具有抗老化能力，与各种矿料和结构表面有较强的粘附力，对构件变形的适应性和耐疲劳性等。通常，石油加工厂制备的沥青不一定能全面满足这些要求，致使目前沥青防水屋面渗漏现象严重，使用寿命短。为此，常添加高分子的聚合物对沥青进行改性。按掺加的高分子材料的不同，改性沥青可分为橡胶改性沥青、树脂改性沥青、橡胶和树脂改性沥青三类。

1. 橡胶改性沥青

橡胶是沥青的重要的改性材料，它和沥青有较好的混溶性，并能使沥青具有橡胶的很多优点，如高温变形性小，常温弹性较好，低温柔性较好。常用的品种有：

① 氯丁橡胶改性沥青。石油沥青中掺入氯丁橡胶后，可使其气密性、低温柔性、耐化学腐蚀性、耐光、耐臭氧性、耐候性和耐燃性等得到大大改善。

② 丁基橡胶改性沥青。丁基橡胶沥青具有优异的耐分解性，并有较好的低温抗裂性能和耐热性能，多用于道路路面工程、制作密封材料和涂料。

③ 再生橡胶改性沥青。再生橡胶掺入沥青之中以后，同样可大大提高沥青的气密性、低温柔性、耐光、热、臭氧性、耐气候性。

再生橡胶沥青可以制成卷材、片材、密封材料、胶粘剂和涂料等。

④ 热塑性丁苯胶（SBS）改性沥青。SBS热塑性橡胶兼有橡胶和塑料的特性，常温下具有橡胶的弹性，在高温下又能像塑料那样熔融流动，成为可塑的材料。采用SBS橡胶改性沥青，其耐高、低温性能均有较明显提高，制成的卷材弹性和耐疲劳性也大大提高，是目前应用最成功和用量最大的一种改性沥青。SBS的掺入量一般为5%～10%。主要用于制作防水卷材，也可用于制作防水涂料等。

2. 树脂改性沥青

用树脂改性石油沥青，可以改进沥青的耐寒性、耐热性、粘结性和不透气性。常用的树脂有：APP、聚乙烯、聚丙烯等。

3. 橡胶和树脂改性沥青

同时加入橡胶和树脂，可使沥青兼具橡胶和树脂的特性。由于橡胶和树脂又有较好的混溶性，故能取得满意的综合效果。

橡胶、树脂和石油沥青在加热熔融状态下，沥青与高分子聚合物之间发生相互侵入的扩散，沥青分子填充在聚合物大分子的间隙内，同时聚合物分子的某些链节扩散进入沥青分子中，从而形成凝聚网状混合结构，由此而获得较优良的性能。主要用于制作片材、卷材、密封材料、防水涂料。

7.1.4 防水卷材的主要技术性质

防水卷材是一种可以卷曲的具有一定宽度和厚度以及质量的柔软的片状定型防水材料，是工程防水材料的重要品种之一。由于这种材料的尺寸大，施工效率高，防水效果好，并具有一定的延伸性和耐高温以及较高的抗拉强度、抗撕裂能力等优良的特性。所以在防水材料的应用中处于主导地位，在建筑防水工程的实践中起着重要作用，是一种面广量大的防水材料。防水卷材质量的优劣与建筑物的使用寿命是紧密相连的，目前使用的沥青基防水卷材是传统的防水卷材，也是以前应用最多的防水卷材，但是其使用寿命较短，有些品种不能满足工程的耐久性要求，所以纸胎油毡基本上属于淘汰产品。

随着合成高分子材料的发展，为研制和生产优良的防水卷材提供了更多的原料来源，目前防水卷材已由沥青基向高聚物改性沥青基和橡胶、树脂等合成高分子防水卷材发展，油毡的胎体也从纸胎向玻璃纤维胎或聚酯胎方向发展，防水层的构造由多层向单层方向发展，它是建筑柔性防水工程中的主材，并随着科技的进步，防水材料的品种也就越来越多。按照组成材料分为沥青防水卷材、高分子改性沥青防水卷材和合成高分子防水卷材三大类。

1. 防水卷材的主要技术性质

防水卷材的技术性能指标很多，现仅对防水卷材的主要技术性能指标进行介绍。

① 抗拉强度。抗拉强度是指当建筑物防水基层产生变形或开裂时，防水卷材所能抵抗的最大应力。

② 延伸率。延伸率是指防水卷材在一定的应变速率下拉断时所产生的最大相对变形率。

③ 抗撕裂强度。当基层产生局部变形或有其他外力作用时，防水卷材常常受到纵向撕扯，防水卷材抵抗纵向撕扯的能力就是抗撕裂强度。

④ 不透水性。防水卷材的不透水性反映卷材抵抗压力水渗透的性质，通常用动水压法测量。基本原理是当防水卷材的一侧受到0.3MPa的水压力时，防水卷材另一侧无渗水现象即为透水性合格。

⑤ 温度稳定性。温度稳定性是指防水卷材在高温下不流淌、不起泡、不发粘，低温下不脆裂的性能。即在一定温度变化下保持原有性能的能力。常用耐热度、耐热性等指标表示。

2. 高聚物改性沥青防水卷材

利用改性沥青做防水卷材已经是一个世界性的趋势，我国 2001 年把原来建筑防水的使用年限由 3 年调整到 5 年，也推动了改性沥青防水卷材在我国的发展。通过合成高分子材料来改变沥青的性质是获得新型防水卷材的主要途径。

通过高聚物改性的改性沥青与传统的氧化沥青相比，改变了传统沥青温度稳定性差、延伸率低的不足，这种改性沥青防水卷材具有高温不流淌、低温不脆裂、拉伸强度高和延伸率较大而且能制成 4～5mm 的单层屋面防水卷材等优点。主要改性沥青防水卷材有：

（1）SBS 改性沥青油毡（也称弹性体改性沥青防水卷材或 SBS 卷材）

SBS 改性沥青油毡是以玻纤毡、聚酯毡等增强材料为胎体，以 SBS 改性石油沥青为浸渍涂盖层，以塑料薄膜为防粘隔离层，经过选材、配料、共熔、浸渍、复合成型、收卷曲等工序加工而成的一种柔性防水卷材。SBS 卷材按胎基分为聚酯胎（PY）和玻纤胎（G）两类。按上表面隔离材料分为聚乙烯膜（PE）、细砂（S）与矿物粒（片）料（M）三种。按物理力学性能分为Ⅰ型和Ⅱ型。卷材按不同胎基、不同上表面材料分为六个品种，见表 7-5。

表 7-5　SBS 卷材品种（GB 18242—2008）

胎基 上表面材料	聚酯胎	玻纤胎
聚乙烯膜	PY-PE	G-PE
细砂	PY-S	G-S
矿物粒（片）料	PY-M	G-M

SBS 是对沥青改性效果最好的高聚物，它是一种热塑性弹性体，是塑料、沥青等脆性材料的增韧剂，加入到沥青中的 SBS（添加量一般为沥青的 10%～15%）与沥青相互作用，使沥青产生吸收、膨胀，形成分子键合牢固的沥青混合物，从而显著改善了沥青的弹性、延伸率、高温稳定性和低温柔韧性、耐疲劳性和耐老化等性能。

SBS 改性沥青油毡的延伸率高，可达 150%，大大优于普通纸胎油毡，对结构变形有很高的适应性；有效使用范围广，为－38～119℃；耐疲劳性能优异，疲劳循环 1 万次以上仍无异常，卷材幅宽为 1000mm，聚酯胎卷材厚度为 3mm 和 4mm，玻璃纤维胎卷材厚度为 2mm、3mm 和 4mm，每卷面积为 15m^2、10m^2 和 7.5m^2 三种。

（2）改性沥青油毡通常采用冷贴法施工

SBS 改性沥青油毡除用于一般工业与民用建筑防水外，尤其适用于高级和高层建筑物的屋面、地下室、卫生间等的防水防潮，以及桥梁、停车场、屋顶花园、游泳池、蓄水池、隧道等建筑的防水。又由于该卷材具有良好的低温柔韧性和极高的弹性延伸性，更适合于北方寒冷地区和结构易变形的建筑物的防水

3. APP 改性沥青油毡（也称塑性体改性沥青防水卷材或 APP 防水卷材）

石油沥青中加入 25%～35%的 APP（无规聚丙烯）可以大幅度提高沥青的软化点，并

能明显改善其低温柔韧性。APP 改性沥青油毡是以聚酯毡或玻纤毡为胎基、APP 作改性剂，两面覆以聚乙烯薄膜或撒布细砂为隔离材料所制成的建筑防水卷材，统称 APP 卷材。

该类卷材的特点是良好的弹塑性、耐热性和耐紫外线老化性能，其软化点在 150℃以上，温度适应范围为－15～130℃，耐腐蚀性好，自燃点较高（265℃）。

APP 卷材的品种、规格与 SBS 卷材相同。与 SBS 防水卷材相比，除在一般工业与民用建筑的屋面和地下防水工程，以及道路、桥梁等建筑物的防水中使用外，APP 改性沥青防水卷材由于耐热度更好而且有着良好的耐紫外线老化性能，故更加适应于高温或有太阳辐照地区的建筑物的防水。

7.1.5　合成高分子防水卷材

合成高分子防水卷材是以合成橡胶、合成树脂或两者的共混体为基础，加入适量的助剂和填充料等，经过特定工序而制成的防水卷材。该类防水卷材具有强度高、延伸率大、弹性高、高低温特性好、防水性能优异等特点，而且彻底改变了沥青基防水卷材施工条件差、污染环境等缺点，是值得大力推广的新型高档防水卷材。目前多用于高级宾馆、大厦、游泳池，厂房等要求有良好防水性的屋面、地下等防水工程。

根据主体材料的不同，合成高分子防水卷材一般可分为橡胶型、塑料型和橡塑共混型防水材料三大类，各类又分别有若干品种。下面介绍一些常用的合成高分子防水卷材。

1. 三元乙丙橡胶（EPDM）防水卷材

三元乙丙橡胶防水卷材是以三元乙丙橡胶为主要原料，掺入适量的丁基橡胶、硫化剂、促进剂、补强剂和软化剂等，经密炼、拉片、过滤、挤出（或压延）成型、硫化等工序制成的弹性体防水卷材。有硫化型（JL）和非硫化型（JF）两类。

三元乙丙橡胶防水卷材具有优良的耐候性、耐臭氧性和耐热性，是耐老化性能最好的一种卷材，使用寿命可达 30 年以上，同时还具有质量轻（1.2～2.0kg/m^2）、弹性高、抗拉强度高（＞7.5MPa）、抗裂性强（延伸率在 450％以上）、耐酸碱腐蚀等优点，属于高档防水材料。

三元乙丙橡胶防水卷材广泛应用于工业和民用建筑的屋面工程，适合于外露防水层的单层或是多层防水，如易受振动、易变形的建筑防水工程，也可用于地下室、桥梁、隧道等工程的防水，并可以冷施工。三元乙丙橡胶防水卷材的技术性质见表 7-6。

表 7-6　三元乙丙橡胶防水卷材的主要技术性能要求

项 目 名 称			指 标 值	
			JL1	JF1
断裂拉伸强度（MPa）	常温	≥	7.5	4.0
	60℃	≥	2.3	0.8
拉断伸长率（％）	常温	≥	450	450
	－20℃	≥	200	200
撕裂强度（kN/m）		≥	25	18
低温弯折（℃）		≤	－40	－30
不透水性（MPa）30min		≥	0.3MPa，合格	0.3MPa，合格

注：JL1 为硫化型三元乙丙；JF1 为非硫化型三元乙丙。

2. 聚氯乙烯（PVC）防水卷材

聚氯乙稀防水卷材是以聚氯乙稀（PVC）树脂为主要原料，掺加填充料和适量的改性剂、增塑剂、抗氧剂、紫外线吸收剂等，经过捏合、混练、造粒、挤出或压延、冷却卷曲等工序加工而成的防水卷材。

聚氯乙稀防水卷材根据基料的组成与特性可分为S型和P型，S型防水卷材的基料是煤焦油与聚氯乙稀树脂的混合料，P型防水卷材的基料是增塑的聚氯乙稀树脂。聚氯乙稀防水卷材的特点是价格便宜、抗拉强度和断裂伸长率较高，对基层伸缩、开裂、变形的适应性强；低温度柔韧性好，可在较低的温度下施工和应用；卷材的搭接除了可用粘结剂外，还可以用热空气焊接的方法，接缝处严密。聚氯乙烯防水卷材的技术性质见表7-7。

表7-7　聚氯乙烯防水卷材的主要技术性能要求（GB 12952—2011）

项　　目	P型			S型		
	优等品	一等品	合格品	优等品	一等品	合格品
拉伸强度（MPa）不小于	10.0	8.0	5.0	10.0	8.0	5.0
断裂伸长率（%）不小于	200	150	100	200		
低温弯折性	−20℃，无裂纹					
抗渗透性，0.3MPa，2h	不透水					

与三元乙丙橡胶防水卷材相比，除在一般工程中使用外，聚氯乙烯防水卷材更适应于刚性层下的防水层及旧建筑混凝土构件屋面的修缮工程，以及有一定耐腐蚀要求的室内地面工程的防水、防渗工程等。

3. 氯化聚乙烯-橡胶共混防水卷材

氯化聚乙烯-橡胶共混防水卷材是以氯化聚乙烯树脂和合成橡胶为主体，加入适量的硫化剂、促进剂、稳定剂、软化剂和填充料，经混炼、过滤、压延或挤出成型、硫化等工序制成的高弹性防水卷材。

它不仅具有氯化聚乙烯所特有的高强度和优异的耐臭氧性能，而且具有橡胶类材料所特有的高弹性、高延伸性和良好的低温柔性。这种材料特别适用于寒冷地区或变形较大的建筑防水工程，也可用于地下工程防水；但在平面复杂和异型表面铺设困难，与基层粘结和接缝粘结技术要求高。如施工不当，常有卷材串水和接缝不善出现。

合成高分子防水卷材除以上三种典型的品种外，还有很多其他的产品，如：氯磺化聚氯乙烯防水卷材和氯化聚乙烯防水卷材等，按照国家标准《屋面工程质量验收规范》GB 50207—2012的规定，合成高分子防水卷材适用于防水等级为Ⅰ级、Ⅱ级和Ⅲ级的屋面防水工程。

7.1.6　建筑防水涂料

防水涂料是将在高温下呈黏稠状态的物质（高分子材料、沥青等），涂布在基体表面，经溶剂或水分挥发，或各组分间的化学变化，形成具有一定弹性的连续薄膜，使基层表面与水隔绝，并能抵抗一定的水压力，从而起到防水、防潮和粘结的作用。

防水涂料能形成无接缝的防水涂层，涂膜层的整体性好，并能在复杂基层上形成连续的整体防水层。因此特别适用于形状复杂的屋面，或在Ⅰ级、Ⅱ级防水设防的屋面上作为一道防水层与卷材复合使用，可以很好地弥补卷材防水层接缝防水可靠性差的缺陷；也可以与卷材复合共同组成一道防水层，在防水等级为Ⅲ级的屋面上使用。

1. 防水涂料的分类及特点

（1）分类

防水涂料防水涂料根据组分的不同可分为单组分防水涂料和双组分防水涂料两类；按分散介质的不同类型可分为溶剂型、水乳型和反应型三种；按照成膜物质的主要成分分为沥青类、高聚物改性沥青类和合成高分子类。沥青基涂料由于性能低劣、施工要求高，在屋面的防水工程中已经属于被淘汰产品了。

（2）特点

一般来说，防水涂料具有以下特点：

① 在常温下呈液态，能在复杂表面处形成完整的防水膜。

② 涂膜防水层自重轻，特别适宜于轻型薄壳屋面的防水。

③ 防水涂料施工属于冷施工，可刷涂，也可喷涂，操作简便，施工速度快，环境污染小，同时也减轻了劳动强度。

④ 温度适应性强，防水涂层在－30～80℃条件下均可使用。

⑤ 涂膜防水层可通过加贴增强材料来提高抗拉强度。

⑥ 容易修补，发生渗漏可在原防水涂层的基础上修补。

防水涂料的主要优点是易于维修和施工，特别适用于管道较多的卫生间、特殊结构的屋面以及旧结构的堵漏防渗工程。

2. 常用的防水涂料

（1）高聚物改性沥青防水涂料

高聚物改性沥青防水涂料是以沥青为基料，用合成高分子聚合物进行改性，制成的水乳型或溶剂型防水涂料。其品种有氯丁橡胶改性沥青涂料、丁基橡胶改性沥青涂料、丁苯橡胶改性沥青涂料、SBS 改性沥青涂料和 APP 改性沥青涂料等。

一般为水乳型、溶剂型或热熔型三种类型的防水涂料。

改性沥青防水涂料的原材料来源广泛、性能适中、价格低廉，仍是适合我国国情的防水材料之一。但水乳型和溶剂型改性沥青涂料存在每遍涂层不能太厚，需多遍涂刷才能达到设计要求的厚度，水乳型涂料干燥时间长，溶剂型涂料溶剂挥发造成环境污染的缺点。近年来我国引进和开发的热熔聚合物改性沥青防水涂料，防水性能好，耐老化，价格低，而且在南方多雨地区施工更便利，它不需要养护、干燥时间，涂料冷却后就可以成膜，具有设计要求的防水能力，不用担心下雨对涂膜层造成损害，大大加快施工进度。同时能在－10℃以内的低温条件下施工，大大降低了施工对环境的条件要求；而且该涂料是一种弹塑性材料，在粘附于基层的同时，可追随基层变形而延展，避免了受基层开裂影响而破坏防水层现象，具有良好的抗变形能力，成膜后形成连续无接缝的防水层，防水质量的可靠性大大提高。

（2）合成高分子防水涂料

合成高分子防水涂料是以合成橡胶或合成树脂为主要成膜物质配制而成的水乳型或溶剂型防水涂料。根据成膜机理分为反应固化型、挥发固化型和聚合物水泥防水涂料三类。

由于合成高分子材料本身的优异性能，以此为原料制成的合成高分子防水涂料有较高的强度和延伸率，优良的柔韧性、耐高低温性能、耐久性和防水能力。常用的品种有丙烯酸防水涂料、EVA（聚醋酸乙烯酯）防水涂料、聚氨酯防水涂料、沥青聚氨酯防水涂料、硅橡胶防水涂料、聚合物水泥防水涂料等。过去还有PVC胶泥、焦油聚氨酯防水涂料等，由于这两种防水涂料含有煤焦油和少量挥发性溶剂，对环境的污染非常严重，已被列为淘汰产品，现在已逐步被沥青聚氨酯防水涂料所替代。

① 丙烯酸防水涂料。也称水性丙烯酸酯防水涂料，是以高固含量丙烯酸酯共聚乳液为基料，掺加填料、颜料及各种助剂经混练、研磨而成的水性单组分防水涂料。

这类涂料是以水作为分散介质，无毒、无味、不燃，不污染环境，属环保型防水涂料，可在常温下冷施工作业。其最大优点是具有优良的耐候性、耐热性和耐紫外线性。涂膜柔软，弹性好，能适应基层一定的变形开裂；温度适应性强，在－30～80℃范围内性能无大的变化；可以调制成各种色彩，兼有装饰和隔热效果。但水乳型涂料每遍涂层不能太厚，以利于水分挥发，使涂层干燥成膜，故要达到设计规定的厚度必须多次涂刷成膜。适用于各类建筑工程的防水及防水层的维修和保护层等。

② 聚醋酸乙烯酯防水涂料（EVA防水涂料）。该涂料采用EVA乳液添加多种助剂组成，是单组分水乳型涂料，加上颜料常做成彩色涂料。性能与丙烯酸相似，强度和延性均较好；复杂平面能成膜为无接缝防水层；水乳性无毒、无污染；冷施工，技术简单。只是耐热性差，热老化后变硬，强度提高而延伸很快下降，导致变脆。EVA防水涂料的耐水性较丙烯酸差，不宜用于长期浸水环境。

③ 聚氨酯防水涂料。又名聚氨酯涂膜防水材料，是一种化学反应型涂料，多以双组分形式使用。我国目前有两种，一种是焦油系列双组分聚氨酯涂膜防水材料，一种是非焦油系列双组分聚氨酯涂膜防水材料。

双组分的聚氨酯防水涂料在应用和生产上是通过组分间的化学反应由液态变为固态，所以易于形成较厚的防水涂膜，固化时无体积收缩，具有较大的弹性和延伸率、较好的抗裂性、耐候性、耐酸碱性、耐老化性，其物理性质见表7-8。当涂膜厚度为1.5～2.0mm时，使用年限可在10年以上。而且对各种基材如混凝土、石、砖、木材、金属等均有良好的附着力。

表7-8　多组分聚氨酯防水涂料主要技术性能

序号	项目		技术指标		
			Ⅰ	Ⅱ	Ⅲ
1	拉伸强度（MPa）　≥		2.00	6.00	12.00
2	断裂伸长率（%）　≥		500	450	250
3	撕裂强度（N/mm）　≥		15	30	40
4	低温弯折性　≤		－35℃，无裂纹		
5	不透水性		0.3MPa，120min，不透水		
6	固体含量（%）　≥	单组分	85.0		
		多组分	92.0		
7	表干时间（h）　≤		12		
8	实干时间（h）　≤		24		

续表

序 号	项 目		技 术 指 标		
			Ⅰ	Ⅱ	Ⅲ
9	加热伸缩率（%）	≤	1.0		
		≥	−4.0		
10	粘结强度（MPa） ≥		1.0		
11	定伸时老化	加热老化	无裂纹及变形		
		人工气候老化	无裂纹及变形		

涂膜具有橡胶的弹性，抗拉强度高，延伸性好，对基层裂缝有较强的适应性；但该涂料耐紫外线能力较差，且具有一定 的可燃性和毒性，这是因为聚氨酯涂料中含有有毒成分（如煤焦油型聚氨酯中所含的苯、蒽、萘），在施工时要用甲苯、二甲苯等常温下易挥发的有机物稀释。使用聚氨酯防水涂料做施工屡遭污染环境的投诉，施工人员因中毒或失火造成伤亡的事故也屡有发生。

聚氨酯涂膜防水涂料广泛应用于屋面、地下工程、卫生间、游泳池等的防水，也可用于室内隔水层及接缝密封，还可用作金属管道、防腐地坪、防腐池的防腐处理等。

（3）聚合物水泥涂料。聚合物水泥涂料是由有机聚合物和无机粉料复合而成的双组分防水涂料，既具有有机材料弹性高、又有无机材料耐久性好的优点，能在表面潮湿的基层上施工，使用时将二组分搅拌成均匀的膏状体，刮涂后可形成高弹性、高强度的防水涂膜。涂膜的耐候性、耐久性好，耐高温达 140℃，能与水泥类基面牢固粘结；也可以配成各种色彩，无毒、无害、无污染，结构紧密、性能优良的弹性复合体。是适合现代社会发展需要的绿色防水材料。

任务二 防水涂料和密封材料

建筑密封材料主要应用在板缝、接头、裂隙、屋面等部位起防水密封作用的材料。这种材料应该具有良好的粘结性、抗下垂性、水密性、气密性、易于施工及化学稳定性；还要求具有良好的弹塑性，能长期经受被粘构件的伸缩和振动，在接缝发生变化时不断裂、剥落，并要有良好的耐老化性能，不受热及紫外线的影响，长期保持密封所需要的粘结性和内聚力等。

建筑密封材料的防水效果主要取决于两个方面，一是油膏本身的密封性、憎水性和耐久性等；二是油膏和基材的粘附力。粘附力的大小与密封材料对基材的浸润性、基材的表面性状（粗糙度、清洁度、温度和物理化学性质等）以及施工工艺密切相关。

7.2.1 常用的建筑防水涂料

防水涂料（胶粘剂）是以高分子合成材料、沥青等为主体，在常温下呈无定型流态或半流态，经涂布能在结构物表面结成坚韧防水膜的物料的总称。密封材料是嵌入建筑物缝隙中，能承受位移且能达到气密、水密目的的材料，又称嵌缝材料。

1. 防水涂料

防水涂料按液态类型可分为溶剂型、水乳型和反应型三种；按成膜物质的主要成分分为沥青类、高聚物改性沥青类和合成高分子类。

1）沥青防水涂料

（1）冷底子油

冷底子油是用建筑石油沥青加入汽油、煤油、苯等溶剂（稀释剂）融合，或用软化点为50～70℃的煤沥青加入苯融合而配成的沥青涂料。由于它一般在常温下用于防水工程的底层，故名冷底子油。冷底子油流动性能好，便于喷涂。施工时将冷底子油涂刷在混凝土砂浆或木材等基面后，能很快渗透进基面表面的毛细孔隙中，待溶剂挥发后，便与基面牢固结合，并使基面具有憎水性，为粘接同类防水材料创造了有利条件。若在这种冷底子油层上面铺热沥青胶粘贴卷材时，可使防水层与基层粘贴牢固。

冷底子油常用30%～40%的石油沥青和60%～70%的溶剂（汽油或煤油）混合而成，施工时随用随配，首先将沥青加热至108～200℃，脱水后冷却至130～140℃，并加入溶剂量10%的煤油，待温度降至约70℃时，再加入余下的溶剂搅拌均匀为止。储存时应采用密闭容器，以防溶剂挥发。

（2）沥青胶

沥青胶是用沥青材料加入粉状或纤维的矿质填充料均匀混合制成。填充料主要有粉状的，如滑石粉、石灰石粉、白云石粉等；还有纤维状的，如石棉粉、木屑粉等；或用两者的混合物。填充料加入量一般为10%～30%，由试验确定。可以提高沥青胶的粘接性、耐热性和大气稳定性，增加韧性，降低低温脆性，节省沥青用量。沥青胶主要用于粘贴各层石油沥青油毡、涂刷面层油、绿豆砂的铺设、油毡面层补漏以及做防水层的底层等，它与水泥砂浆或混凝土都具有良好的粘接性。

沥青胶的配置和使用方法分为热用和冷用两种。热用沥青胶（热沥青玛碲脂），是将70%～90%的沥青加热至180～200℃，使其脱水后，与10%～30%干燥填料加热混合均匀后，热用施工；冷用沥青胶（冷沥青玛碲脂）是将40%～50%的沥青熔化脱水后，缓慢加入25%～30%的溶剂，再掺入10%～30%的填料，混合均匀制成，在常温下施工。冷用沥青胶比热用沥青胶施工方便，涂层薄，节省沥青，但耗费溶剂。

（3）水乳型沥青防水涂料

水乳型沥青防水涂料即水性沥青防水涂料，是以乳化沥青为基料的防水涂料。借助于乳化剂作用，在机械强力搅拌下，将熔化的沥青微粒（$<10\mu m$）均匀地分散于溶剂中，使其形成稳定的悬浮体。沥青基本未改性或改性作用不大。

与其他类型的防水涂料相比，乳化沥青的主要特点是可以在潮湿的基础上使用，而且还具有相当大的粘结力。乳化沥青的最主要优点是可以冷施工，不需要加热，避免了采用热沥青施工可能造成的烫伤、中毒事故等，可以减轻施工人员的劳动强度，提高工作效率。而且，这一类材料价格便宜，施工机具容易清洗，因此在沥青基涂料中占有60%以上的市场。乳化沥青的另一优点是与一般的橡胶乳液、树脂乳液具有良好的互溶性，而且混溶以后的性能比较稳定，能显著地改善乳化沥青的耐高温性能和低温柔性。

乳化沥青的储存期不宜过长（一般不超过3个月），否则容易引起凝聚分层而变质。储存温度不得低于0℃，不宜在0℃以下施工，以免水分结冰而破坏防水层；也不宜在夏季烈日下施工，因水分蒸发过快，乳化沥青结膜快，会导致膜内水分蒸发不出而产生气泡。

2）高聚物改性沥青防水涂料

高聚物改性沥青类防水涂料是以沥青为基料，用合成高分子聚合物进行改性，制成的水乳型或者溶剂型防水涂料。这类涂料在柔韧性、抗裂性、拉伸强度、耐高低温性能、使用寿命等方面比沥青防水涂料有很大的改善。

（1）再生橡胶改性沥青防水涂料

溶剂性再生橡胶改性沥青防水涂料是以再生橡胶为改性剂，汽油为溶剂，再添加其他填料（滑石粉、碳酸钙等）经加热搅拌而成。该产品改善了沥青防水涂料的柔韧性和耐久性，原材料来源广泛，生产工艺简单，成本低。但由于以汽油为溶剂，虽然固化速度快，但生产、储存和运输时都要特别注意防火、通风及环境保护，而且需多次涂刷才能形成较厚的涂膜。溶剂性再生橡胶改性沥青防水涂料在常温和低温下都能施工，适用于建筑物的屋面、地下室、水池、冷库、涵洞、桥梁的防水和防潮。

如果用水代替汽油，就形成了水乳性再生橡胶改性沥青防水涂料。它具有水乳性防水涂料的优点，而无溶剂性防水涂料的缺点（易燃、污染环境），但固化速度稍慢，储存稳定性差一些。水乳性再生橡胶改性沥青防水涂料可在潮湿但无积水的基层上施工，适用于建筑混凝土基层屋面及地下混凝土防潮、防水。

（2）氯丁橡胶改性沥青防水涂料

氯丁橡胶改性沥青防水涂料是把小片的丁基橡胶加到溶剂中搅拌成浓溶液，同时将沥青加热脱水熔化成液体状沥青，再把两种液体按比例混合搅拌均匀而成。氯丁橡胶改性沥青防水涂料具有优异的耐分解性，并具有良好的低温抗裂性和耐热性。助溶剂采用汽油（或甲苯），可制成溶剂性氯丁橡胶改性沥青防水涂料；若以水代替汽油（或甲苯），则可制成水乳性氯丁橡胶改性沥青防水涂料，成本相应降低，且不燃、不爆、无毒、操作安全。氯丁橡胶改性沥青防水涂料适用于各类建筑物的屋面、室内地面、地下室、水箱、涵洞等的防水和防潮，也可在渗漏的卷材或刚性防水层上进行防水修补施工。

（3）SBS 改性沥青防水涂料

SBS 改性沥青防水涂料是以 SBS（苯乙烯-丁二烯-苯乙烯）树脂改性沥青，再加表面活性剂及少量其他树脂等制成水乳性的弹性防水涂料。SBS 改性沥青防水涂料具有良好的低温柔性、抗裂性、黏结性、耐老化性和防水性，可采用冷施工，操作方便，具有良好的适应防水基层的变形能力。适用于工业及民用建筑屋面防水、防腐蚀地坪的隔离层及水池、地下室、冷库等的抗渗防潮施工。

3）合成高分子防水涂料

合成高分子防水涂料是以合成橡胶或合成树脂为主要成膜物质，加入其他辅料配制成的单组分或多组分防水涂料，属于高档防水涂料。它与沥青及改性沥青防水涂料相比，具有更好的弹性和塑性、更高的耐久性、优良的耐高低温性能，更能适应防水基层的变形，从而能进一步提高建筑防水效果，延长防水涂料的使用寿命。

（1）聚氨酯防水涂料

聚氨酯防水涂料是现代建筑工程中广泛使用的一种防水材料，按组分分为单组分（S）和多组分（M）两种，按产品拉伸性能又分为Ⅰ、Ⅱ两类。传统的多组分聚氨酯防水涂料中A 组分为预聚体。B 组分为交联剂及填充料，使用是按比例混合均匀涂刷在基层的表面上，经交联成为整体弹性涂膜；新型的单组分聚氨酯防水涂料则大大简化了施工工艺，使用时可以直接涂刷，提高施工效率。聚氨酯防水涂料的主要技术要求有拉伸强度、断裂伸长率、低温弯折性、不透水性等，两种组分聚氨酯防水涂料的技术性能应分别满足《聚氨酯防水涂料》(GB/T 19250—2013) 的要求。

聚氨酯防水涂料的弹性高、延伸率大（可达 350%～500%）、耐高低温性能好、耐油及耐腐蚀性强，涂膜没有接缝，能适应任何复杂形状的基层，使用寿命为 10～15 年。主要用于屋面、地下建筑、卫生间、水池、游泳池、地下管道等的防水。

(2) 丙烯酸酯防水涂料

丙烯酸酯防水涂料是以丙烯酸树脂乳液为主，加入适量的填充料、颜料等配制而成的水乳型防水涂料。具有耐高低温性能好、不透水性强、无毒、操作简单等优点，可在各种复杂的基层表面上施工，并具有白色、多种浅色、黑色等，使用寿命为 10～15 年，广泛用于外墙防水装饰及各种彩色防水层。丙烯酸酯涂料的缺点是延伸率较小。

(3) 有机硅憎水剂

有机硅憎水剂是由甲基硅醇钠或乙基硅醇钠等为主要原料而制成的防水涂料。在固化后形成一层肉眼觉察不到的透明薄膜层，该薄膜层具有优良的憎水性和透气性，并对建筑材料的表面起到防污染、防风化等作用。有机硅憎水剂主要用于外墙防水处理、外墙装饰材料的罩面涂层。使用寿命一般为 3～7 年。

在生产或配制建筑防水材料时也可将有机硅憎水剂作为一种组成材料掺入，如在配制防水砂浆或防水石膏时即可掺入有机硅憎水剂，从而使砂浆或石膏具有憎水性。

7.2.2 建筑密封材料的分类

建筑密封材料按形态的不同可分为不定型密封材料和定型密封材料两大类。不定型密封材料常温下呈膏体状态；定型密封材料是将密封材料按密封工程特殊部位的不同要求制成带、条、方、圆、垫片等形状，定型密封材料按密封机理的不同可分为遇水膨胀型和非遇水膨胀型两类。其中不定型的密封材料按照原材料及其性质可分为塑性、弹性和弹塑性密封材料三类。

1. 定型密封材料

定型密封材料就是将具有水密性、气密性的密封材料按基层接缝的规格制成一定形状(条形、环形等)，主要应用于构件接缝、穿墙管接缝、门窗、结构缝等需要密封的部位。

这种密封材料由于具有良好的弹性及强度，能够承受结构及构件的变形、振动和位移产生的脆裂和脱落；同时具有良好的气密、水密性和耐久性能，且尺寸精确，使用方法简单，成本低。

(1) 遇水不膨胀的止水带

止水带也称为封缝带，是处理建筑物或地下构筑物接缝（伸缩缝、施工缝、变形缝）用的一类定型防水密封材料。常用品种有橡胶止水带、塑料止水带和聚氯乙烯胶泥防水带等。

① 橡胶止水带。是以天然橡胶或合成橡胶为主要原料，掺入各种助剂及填料，经塑练、混练、模压而成。具有良好的弹塑性、耐磨性和抗撕裂性能，适应变形能力强，防水性能好。但使用温度和使用环境对物理性能有较大的影响，当作用于止水带上的温度超过 50℃，以及受强烈的氧化作用或受油类等有机溶剂的侵蚀时，则不宜采用。

橡胶止水带是利用橡胶的高弹性和压缩性，在各种荷载下会产生压缩变形而制成的止水构件，它已广泛用于水利水电工程、堤坝涵闸、隧道地线、高层建筑的地下室和停车场等工程的变形缝中。

② 塑料止水带。目前多为软质聚氯乙烯塑料止水带，是由聚氯乙烯树脂、增塑剂、稳定剂等原料经塑练、造粒、挤出、加工而成。

塑料止水带的优点是原料来源丰富，价格低廉，耐久性好，物理力学性能能够满足使用要求。可用于地下室、隧道、涵洞、溢洪道、沟渠等构筑物变形缝的隔离防水。

③ 聚氯乙烯胶泥防水带。聚氯乙烯胶泥防水带是以煤焦油和聚氯乙烯树脂为基料，按照一定比例加入增塑剂、稳定剂和填充料，混合后再加热搅拌，在 130～140℃温度下塑化成型为一定的规格，即为聚氯乙烯胶带。其与钢材有良好的粘结性，防水性能好，弹性大，温度稳定性好，适应各种构造变形缝，适用于混凝土墙板的垂直和水平接缝的防水工程，以及建筑墙板、穿墙管、厕浴间等建筑接缝密封防水。

（2）遇水膨胀的定型密封材料

该材料是以橡胶为主要原料制成的一种新型的条状密封材料。改性后的橡胶除了保持原有橡胶防水制品优良的弹性、延伸性、密封性以外，还具有遇水膨胀的特性。当结构变形量超过止水材料的弹性复原时，结构和材料之间就会产生一道微缝，膨胀止水条遇到缝隙中的渗漏水后，体积能在短时间内膨胀，将缝隙涨填密实，阻止渗漏水通过。

① SPJ 型遇水膨胀橡胶

SPJ 型遇水膨胀橡胶较之普通橡胶具有更卓越的特性和优点；局部遇水或受潮后会产生比原来大 2～3 倍的体积膨胀率，并充满接触部位所有不规则表面、空穴及间隙，同时产生一定接触压力，阻止水分渗漏；材料膨胀系数值不受外界水分的影响，比任何普通橡胶更具有可塑性和弹性；有很高的抗老化和耐腐蚀性，能长期阻挡水分和化学物质的渗透；具备足够的承受外界压力的能力及优良的机械性能，且能长期保持其弹性和防水性能。

SPJ 型遇水膨胀橡胶广泛应用于钢筋混凝土建筑防水工程的变形缝、施工缝、穿墙管线的防水密封；盾构法钢筋混凝土管片的接缝防水；顶管工程的接口处；明挖法箱涵、地下管线的接口密封；水利、水电、土建工程防水密封等处。

② BW 遇水膨胀止水条

BW 系列遇水膨胀橡胶止水条分为 PZ 制品型遇水膨胀橡胶止水条和 PN 腻子型（属不定型密封材料）遇水膨胀橡胶止水条

止水条是以进口特种橡胶，无机吸水材料、高粘性树脂等十余种材料经密炼、混炼、挤至而成，它是在国外产品的基础上研制成功的一种断面为四方形条状自粘性遇水膨胀型止水条。依靠其自身的粘性直接粘贴在混凝土施工缝的基面上，该产品遇水后会逐渐膨胀，形成胶粘性密封膏，一方面堵塞一切渗水的孔隙、另一方面使其与混凝土界面的粘贴更加紧密，从根本上切断渗水通道。该产品具有膨胀倍率高，移动补充性强，置于施工缝、后浇缝后具有较强的平衡自愈功能，可自行封堵因沉降而出现的新的微小缝隙；对于已完工的工程，如缝隙渗漏水，可用遇水膨胀橡胶止水条重新堵漏。使用该止水条费用低且施工工艺简单，耐腐蚀性最佳。还有出 BW-Ⅰ型、BW-Ⅱ型、BW-Ⅲ型（缓膨）、BW-Ⅳ型（缓膨）、注浆型。

③ PZ-CL 遇水膨胀止水条

PZ-CL 遇水膨胀止水条橡胶制品，是防止土木建筑（构筑）物漏水、浸水最为理想的新型材料。当这种橡胶浸入水中时，亲水基因会与水反应生成氢键，自行膨胀，将空隙填充，对已往采用其他方法无法解决的施工部位，都能广泛而容易地使用。其特点是：

可靠的止水性能：一旦与浸入的水相接触，其体积迅速膨胀，达到完全止水。

施工的安全性：因有弹力和复原力，易适应构筑物的变形。

对宽面的适用性：可在各种气候和各种构件条件下使用。

优良的环保性：耐化学介质性、耐久性优良，不含有害物质、不污染环境。

PZ-CL 遇水膨胀止水条橡胶制品，广泛应用于土木建筑（构筑）物的变形缝、施工缝、穿填管线防水密封，盾构法钢筋混凝土的接缝，防水密封垫，顶管工程的接口材料，明挖法箱涵地下管线的接口密封，水利、水电、土建工程防水密封等处。

混凝土浇灌前，膨胀橡胶应避免雨淋，不得与带有水分的物体接触。施工前为了使其与混凝土可靠接触，施工面应保持干燥、清洁、表面要平整。

除了上面介绍的常用的定型产品外，还有许多新型的产品，比如膨润土遇水膨胀止水条、缓膨型（原 BW-96 型）遇水膨胀止水条、带注浆管遇水不膨胀止水条等。

2. 不定型密封材料

不定型密封材料通常为膏状材料，俗称为密封膏或嵌缝膏。该类材料应用范围广，特别是与定型材料复合使用既经济又有效。不定型密封材料的品种很多，其中有塑性密封材料、弹性密封材料和弹塑性密封材料，弹性密封材料的密封性、环境适应性、抗老化性能都好于塑性密封材料，弹塑性密封材料的性能居于两种中间。

（1）改性沥青油膏

改性沥青油膏也称为橡胶沥青油膏，是以石油沥青为基料，加入橡胶改性材料和填充料等，经混合加工而成，是一种具有弹塑性，可以冷施工的防水嵌缝密封材料，是目前我国产量最大的品种。

它具有良好的防水防潮性能，粘结性好，延伸率高，耐高低温性能好，老化缓慢，适用于各种混凝土屋面、墙板及地下工程的接缝密封等，是一种较好的密封材料。

（2）聚氯乙烯胶泥

聚氯乙烯胶泥实际上是一种聚合物改性的沥青油膏，是以煤焦油为基料，聚氯乙烯为改性材料，掺入一定量的增塑剂、稳定剂及填料，在 130～140℃下塑化而形成的热施工嵌缝材料，通常随配方的不同在 60～110℃进行热灌。配方中若加入少量溶剂，油膏变软，就可冷施工，但收缩较大，所以一般要加入一定的填料抑制收缩，填料通常用碳酸钙和滑石粉。是目前屋面防水嵌缝中使用较为广泛的一类密封材料。

胶泥的价格较低，生产工艺简单，原材料来源广，施工方便，防水性好，有弹性，耐寒和耐热性较好。为了降低胶泥的成本，可以选用废旧聚氯乙烯塑料制品来代替聚氯乙烯树脂，这样得到的密封油膏习惯上称作塑料油膏。

其适用于各种工业厂房和民用建筑的屋面防水嵌缝，以及受酸碱腐蚀的屋面防水，也可用于地下管道的密封和卫生间等。

（3）聚硫橡胶密封材料（聚硫建筑密封膏）

聚硫密封材料是由液态聚硫橡胶（多硫聚合物）为主剂，以金属过氧化物（多数为二氧化铅）为固化剂，加入增塑剂、增韧剂、填充剂及着色剂等配制而成，是目前世界上应用最广、使用最成熟的一类弹性密封材料。聚硫密封材料分为单组分和双组分两类，目前国内双组分聚硫密封材料的品种较多。

产品按照伸长率和模量分为A类和B类。A类是高模量、低延伸率的聚硫密封膏；B类是高伸长率和低模量的聚硫密缝膏。这类密封膏具有优异的耐候性，极佳的气密性和水密性，良好的耐油、耐溶剂、耐氧化、耐湿热和耐低温性能，能适应基层较大的伸缩变形，施工适用期可调整，垂直使用不流淌，水平使用适有自流平性，属于高档密封材料。

除了适用于较高防水要求的建筑密封防水外，还用于高层建筑的接缝及窗框周边防水、防尘密封；中空玻璃、耐热玻璃周边密封；游泳池、储水槽、上下管道以及冷库等接缝密封。还适用于混凝土墙板、屋面板、楼板、地下室等部位的接缝密封。

（4）有机硅建筑密封膏

有机硅建筑密封膏是以有机硅橡胶为基料配制成的一类高弹性高档密封膏。有机硅密封膏分为双组分和单组分两种，单组分应用较多。

该类密封膏具有优良的耐热、耐寒、耐老化及耐紫外线等耐候性能，与各种基材如混凝土、铝合金、不锈钢、塑料等有良好的粘结力，并且具有良好的伸缩耐疲劳性能，防水、防潮、抗震、气密、水密性能好。适用于金属幕墙、预制混凝土、玻璃窗，窗框四周、游泳池、储水槽、地坪及构筑物接缝。

（5）聚氨酯弹性密封膏

聚氨酯弹性密封膏是由多异氰酸酯与聚醚通过加成反应制成预聚体后，加入固化剂、助剂等在常温下交联固化而成的一类高弹性建筑密封膏。分为单组分和双组分两种，以双组分的应用较广，单组分的目前已较少应用。其性能比其他溶剂型和水乳型密封膏优良，可用于防水要求中等和偏高的工程。

聚氨酯弹性密封膏对金属、混凝土、玻璃、木材等均有良好的粘结性能，具有弹性大、延伸率大、粘结性好、耐低温、耐水、耐油、耐酸碱、抗疲劳及使用年限长等优点。与聚硫、有机硅等反应型建筑密封膏相比，价格较低。

聚氨酯弹性密封膏广泛应用于墙板、屋面、伸缩缝等沟缝部位的防水密封工程，以及给排水管道、蓄水池、游泳池、道路桥梁、机场跑道等工程的接缝密封与渗漏修补，也可用于玻璃、金属材料的嵌缝。

（6）丙烯酸密封膏

丙烯酸密封膏中最为常用的是水乳型丙烯酸密封膏，是以丙烯酸乳液为粘结剂，掺入少量表面活性剂、增塑剂、改性剂，以及填料、颜料经搅拌研磨而成。

该类密封材料具有良好的粘结性能、弹性和低温柔韧性能，无溶剂污染、无毒、不燃，可在潮湿的基层上施工，操作方便，特别是具有优异的耐候性和耐紫外线老化性能，属于中档建筑密封材料，其适用范围广、价格便宜、施工方便，综合性能明显优于非弹性密封膏和热塑性密封膏，但要比聚氨酯、聚硫、有机硅等密封膏差一些。该密封材料中含有约15％的水，故在温度低于0℃时不能使用，而且要考虑其中水分的散发所产生的体积收缩，对吸水性较大的材料如混凝土、石料、石板、木材等多孔材料构成的接缝的密封比较适宜。

水乳型丙烯酸密封膏主要用于外墙伸缩缝、屋面板缝、石膏板缝、给排水管道与楼屋面接缝等处的密封。

单 元 小 结

1. 防水材料是指在建筑物中能起到防止雨水、地下水和其他水分渗透作用的材料。目前，我国建筑防水材料仍以沥青基防水卷材为主，但高分子防水材料和复合防水材料已占据一定市场，并有较大发展趋势。

2. 石油沥青的组成主要有油分、树脂和地沥青质，各组分在沥青中相对含量的大小对沥青的性质有很大的影响。

3. 石油沥青的主要技术性质包括黏性、塑性、温度敏感性和大气稳定性，不同类型、牌号的沥青性能不同，在使用时应根据具体情况合理选用。

4. 建筑工程中常用的防水卷材有沥青防水卷材、高聚物改性沥青防水卷材和合成高分子防水卷材。

5. 建筑工程中常用的防水涂料有沥青防水涂料、高聚物改性沥青防水涂料和合成高分子防水涂料。

6. 防水密封材料主要有沥青嵌缝油膏、氯丁橡胶油膏和聚氯乙烯膏。

单元思考题

1. 石油沥青牌号用何表示？牌号与其主要性能间的一般规律如何？
2. 何谓结合键主价力和次价力？在聚合物中哪一种力大？为什么？
3. 非晶态聚合物存在哪几种物理状态？
4. 塑料的组成与固化剂的作用如何？
5. 指出热塑性塑料与热固性塑料的特点，并列举几种常用品种。
6. 简述塑料的毒性与老化。
7. 何谓橡胶的硫化与再生？
8. 简述橡胶的组成与常见品种。
9. 发挥胶粘剂作用的基本条件是什么？

单元八　木　　材

学习目标：

1. 掌握木材的构造及物理学性质。
2. 熟悉木材的腐朽原理与防止措施。
3. 熟悉木材的综合利用——人造板材。

木材具有很多优良的性能，如轻质高强，导电、导热性低，有较好的弹性和韧性，能承受冲击韧性和振动，易于加工等。目前较少用于外部结构材料，但由于它有美观的天然纹理，装饰效果较好，所以仍被广泛用作装饰与装修材料。由于木材构造不均匀、各向异性、易吸湿变形、易腐易燃等缺点，且树木本身生长周期缓慢、成材不易等原因，因此在应用上受到限制，所以对木材的节约使用和综合利用是十分重要的。

任务一　木材的基本知识

8.1.1　树木的分类

木材可分为针叶树材和阔叶树材两大类。

针叶树树干通直高大，纹理顺直，材质均匀，木质较软且易于加工，故又称为软木材。针叶树材强度较高，表观密度及胀缩变形较小，耐腐蚀性较强，为建筑工程中的主要用材。

阔叶树多数树种树干通直部分较短，材质坚硬，较难加工，故又称硬木材。阔叶树材一般较重，强度高，胀缩和翘曲变形大，易开裂，在建筑中常用于尺寸较小的装饰构件。对于具有美丽天然纹理的树种，特别适合于做室内装饰、家居及胶合板等。常用树种有水曲柳、榆木、柞木等。

8.1.2　木材的物理学性质及强度影响因素

1. 密度

密度是某一物体单位体积的质量，通常以 g/cm^3；或 kg/m^3；表示。木材系多孔性物质，其外形体积由细胞壁物质及孔隙（细胞腔、胞间隙、纹孔等）构成，因而密度有木材密度和木材细胞物质密度之分。前者为木材单位体积（包括孔隙）的质量；后者为细胞壁物质（不包括孔隙）单位体积的质量。

木材密度：是木材性质的一项重要指标，根据它估计木材的实际质量，推断木材的工艺性质和木材的干缩、膨胀、硬度、强度等木材物理力学性质。木材密度，以基本密度和气干密度两种为最常用。

（1）基本密度

基本密度因绝干材质量和生材（或浸渍材）体积较为稳定，测定的结果准确，故适合作木材性质比较之用。在木材干燥、防腐工业中，亦具有实用性。

（2）气干密度

气干密度，是气干材质量与气干材体积之比，通常以含水率在 8%～20%时的木材密度为气干密度。木材气干密度为中国进行木材性质比较和生产使用的基本依据。

木材密度的大小，受多种因素的影响，其主要影响因子为：木材含水率的大小、细胞壁的厚薄、年轮的宽窄、纤维比率的高低、抽提物含量的多少、树干部位和树龄立地条件和营林措施等。中国林科院木材工业研究所根据木材气干密度（含水率 15%时），将木材分为五级（单位：g/cm^3）：

很小：≤0.350；小：0.351～0.550；中：0.551～0.750；大：0.751～0.950；很大：>0.950。

2. 含水率

指木材中水重占烘干木材重的百分数。木材中的水分可分两部分，一部分存在于木材细胞壁内，称为吸附水；另一部分存在于细胞腔和细胞间隙之间，称为自由水（游离水）。当吸附水达到饱和而尚无自由水时，称为纤维饱和点。木材的纤维饱和点因树种而有差异，约在 23%～33%之间。当含水率大于纤维饱和点时，水分对木材性质的影响很小。当含水率自纤维饱和点降低时，木材的物理和力学性质随之而变化。木材在大气中能吸收或蒸发水分，与周围空气的相对湿度和温度相适应而达到恒定的含水率，称为平衡含水率。木材平衡含水率随地区、季节及气候等因素而变化，约在 10%～18%之间。

3. 胀缩性

木材吸收水分后体积膨胀，丧失水分则收缩。木材自纤维饱和点到炉干的干缩率，顺纹方向约为 0.1%，径向约为 3%～6%，弦向约为 6%～12%。径向和弦向干缩率的不同是木材产生裂缝和翘曲的主要原因。

4. 力学性质

木材有很好的力学性质，但木材是有机各向异性材料，顺纹方向与横纹方向的力学性质有很大差别。木材的顺纹抗拉和抗压强度均较高，但横纹抗拉和抗压强度较低。木材强度还因树种而异，并受木材缺陷、荷载作用时间、含水率及温度等因素的影响，其中以木材缺陷及荷载作用时间两者的影响最大。因木节尺寸和位置不同、受力性质（拉或压）不同，有节木材的强度比无节木材可降低 30%～60%。在荷载长期作用下木材的长期强度几乎只有瞬时强度的一半。

5. 木材的缺陷

① 天然缺陷。如木节、斜纹理以及因生长应力或自然损伤而形成的缺陷。包含在树干或主枝木材中产枝条部分称为木节，按照连生程度可以分为死节和活节；按照木节材质可以分为健全节和腐朽节。原木的斜纹理常称为扭纹，对锯材则称为斜纹。

② 生物为害的缺陷。主要有腐朽、变色和虫蛀等。

③ 干燥及机械加工引起的缺陷。如干裂、翘曲、锯口伤等。缺陷降低木材的利用价值。

为了合理使用木材，通常按不同用途的要求，限制木材允许缺陷的种类、大小和数量，将木材划分等级使用。腐朽和虫蛀的木材不允许用于结构，因此影响结构强度的缺陷主要是木节、斜纹和裂纹。

6. 影响木材强度的主要因素

木材强度除由本身组织构造因素决定外，还与含水率、疵点、负荷持续时间、温度等因素有关。

① 含水率。木材含水率在纤维饱和点以下时，含水率降低，吸附水减少，细胞壁紧密，木材强度增加，反之，强度降低。当含水率超过纤维饱和点时，只是自由水变化，木材强度不变。

木材含水率对其各种强度的影响程度是不同的，受影响最大的是顺纹抗压强度，其次是抗弯强度，对顺纹抗剪强度影响小，影响最小的是顺纹抗拉强度。

② 负荷时间。木材在长期外力作用下，只有在应力远低于强度极限的某一范围之下时，才可避免因长期负荷而破坏。而它所能承受的不致引起破坏的最大应力，称为持久强度。木材的持久强度仅为极限强度的 50%～60%。木材在外力作用下会产生塑性流变，当应力不超过持久强度时，变形到一定限度后趋于稳定；若应力超过持久强度时，经过一定时间后，变形急剧增加，从而导致木材破坏，因此，在设计木结构时，应考虑负荷在时间对强度的影响，一般应以持久强度为依据。

③ 温度环境。温度对木材强度有直接影响，当温度从 25℃升至 50℃时，将因木纤维和其间的胶体软化等原因，使木材抗压强度降低 20%～40%，抗拉强度和抗剪强度降低 12%～20%。当温度在 100℃以上时，木材中部分组织会分解、挥发、木材变黑、强度明显下降。因此，温度环境长期超过 50℃时，不应采用木结构。

④ 缺陷。木材在生长、采伐、储存、加工和使用过程中会产生一些缺陷，如木节、裂纹、腐朽和虫蛀等。这会破坏木材的构造，造成材质的不连续性和不均匀性，从而使木材的强度大大降低，甚至失去使用价值。

7. 木材的力学性质

木材力学性质是指木材抵抗使之改变其大小和形状外力的能力，也即木材适应外力作用的能力。现实生活中使用木材大都是利用木材力学性质，例如枕木承受横纹抗压，日用家具中桌、椅、板凳等用品的腿承受顺纹压缩荷载，建筑物上桁架、家具横梁承受弯曲载荷；枪托用材要求质量适中，弹性大，缓冲性能好。农业机具要求耐磨，硬度大等。

木材的力学性质主要分为弹性、塑性、蠕变、松弛、抗拉强度、抗压强度、抗弯强度、抗剪强度、冲击韧性、抗劈力、抗扭强度、硬度和耐磨性等，其中以抗弯强度和抗弯弹性模量、抗压强度、抗剪强度及硬度等较为重要。木材力学性质的测定要破坏试样的完整性下，多数性状测定其达到破坏状态时所能承受的最大外力；而处于使用状态下的木材，其所受外力要比其破坏状态时所能承受的最大外力小得多。木材是生物材料，其构造导致木材的各向异性，因此木材的力学性质也是各向异性的，这与各向同性的金属材料和人工合成材料有很大的不同。例如木材强度视外力作用于木材纹理的方向，有顺纹强度与横纹强度之分；而横纹强度是外力作用于年轮的方向，又有弦向强度与径向强度之别。因此学习木材力学性质，掌握其材料的特性，对合理使用木材有着重要意义。

（1）应力

应力物体受外力作用，其内部分子间产生抵抗力，以抵抗外力作用产生的破坏，这种物体内部抵抗力称为内力。物体单位截面上内力称为应力，用 σ 表示，单位为 MPa（或 kg/cm^2）。

$$\sigma = P/A$$

式中　P——外力，N或kg；

　　A——物体受力面积，mm^2或cm^2。

物体在平衡状态时，内力与外力的大小相等方向相反。当外力的大小超过物体所能承受的力时，物体即失去平衡，发生大小和形状的变化或破坏。

① 拉应力两个大小相等而方向相反的外力沿着木材同一方向线作用，引起木材拉伸变形，此时外力垂直木材的截面上应力称为拉应力。

② 压应力两个大小相等而方向相反而相对的外力，沿着木材同一方向作用引起木材压缩变形。此时外力垂直于木材截面上产生应力称为压应力。

③ 剪切应力两个大小相等方向相反接近平行外力作用于木材，促使木材一部分相对于另一部分发生错开的剪开现象，此时错开面上产生应力称为剪应力。

（2）弹性形变

应力与应变关系中，不超过比例极限的外力作用于木材所产生的变形随着外力除去而消失，即能够恢复原来的形状、尺寸，这种变形称为弹性变形。弹性变形多发生在比例极限内，弹性变形是可以恢复的，就像橡胶拉伸压缩一样。

（3）塑性形变

作用于物体的外力超过比例极限时产生的变形，不随外力除去而消失，而保留变形后形状，这种变形称为永久变形即塑性变形。永久变形（塑性变形）发生时，外力已超过比例极限应力，不能恢复到原来形状和大小。

开始产生永久变形的一点称为弹性极限。木材的弹性极限微高于比例极限，但相差无几，通常二者不分，只测定比例极限时的荷载。

（4）刚性

物体受外力作用时保持其原来形状和大小的能力，称为刚性。木材具有较高的刚度-密度比，故适用于建筑材料。

（5）脆性

材料在破坏之前无明显变形的性质，称为脆性。脆性材料的破坏强度低于正常木材，其破坏面垂直或近于垂直木材纹理，破坏面平整，骤然破坏无预兆。脆性材料的破坏与正常木材的拉伸撕裂破坏面完全不一样。脆性产生的原因不一，树木生长不良、遗传、生长应力、木材的缺陷和腐朽均可导致木材的脆性。脆性木材较正常木材的质量轻，细胞壁物质即纤维素的含量低。通常针叶树材生长轮特别宽，阔叶树材是生长轮特别窄的木材，易形成脆性木材。

（6）韧性

韧性是木材吸收能量和抵抗反复冲击荷载，或抵抗超过比例极限的短期应力的能力，其单位为kJ/m^2。木材的韧性与木材的抗冲击性和抗劈性密切相关，韧性大的木材其抗冲击性和抗劈性也佳，所以木材的韧性可用木材的抗冲击性和抗劈性来表示。韧性木材与脆性木材相反，其破坏面呈纤维状，破坏前多有征兆。

（7）塑性

物体受外力作用产生变形，当外力解除后能保持变形后形状的性质，称为塑性。木材不是完全的弹性材料，仅在一定限度内具有弹性。木材之所以具有永久变形，是由于木材具有塑性的缘故。

木材塑性大小与温度、含水率、树种和树龄有一定的关系。木材是以纤维素、半纤维素、木素等主要成分组成的高分子材料，其性质既具有弹性，也具有热塑性。木素是热塑性物质，全干状态下其热软化点在为127～193℃之间；而在湿润状态下则显著降低到77～128℃之间。半纤维素由于吸着水的存在，其软化点的降低和木素有着相似的情况。骨架物质纤维素，其热的软化点大于232℃，它的结晶性不受水分的影响，但其玻璃态转化点随含水率的增加而降低。可见木材塑性受温度和含水率的影响很大。温度在0℃以上，木材的塑性随含水率的增加而增大，特别是当温度升高和含水率增加的情况下，木材的塑性则更大。

气干状态下，木材塑性变形小，这与木材细胞壁构造有关。木材细胞壁是以纤维素所组成的微纤丝为骨架，它埋在由木素和半纤维素所组成的基体之中。在气干状态下，这种骨架体系对抵抗外力作用非常有效，抗变形能力强。因此在木材顺纹拉伸断裂时几乎不显塑性。但若能给予基体物质可塑性时，如水热处理，微纤丝就很易产生变形，木材的塑性就能显著提高。

木材加工生产中，压缩木、弯曲木和人造板成型加工时就是利用木材的塑性性质，产生永久变形。不同树种和不同树龄的木材，其塑性多少有点变化。栎木、白蜡木、榆木、水曲柳等木材在水热作用下，可塑性明显增强，特别适合加工弯曲木构件。

微波加热作木材弯曲处理时，基体物质塑化，变形可增加到原弹性变形的30倍，并在压缩侧不出现微细组织的破坏，能产生连续而又平滑的显著变形，保证弯曲质量，这也是木材塑性加工利用中一个很好的例证。

（8）蠕变

木材在长期荷载下，讨论应力和应变时，必须考虑时间等因素。讨论材料变形时，必须同时考虑弹性和黏性两个性质的作用。在恒定的应力下，木材的应变随时间增长而增大的现象称蠕变。

木材属高分子结构材料，它受外力作用时有三种变形：瞬时弹性变形、弹性后效变形及塑性变形。木材承受载荷时，产生与加荷进度相适应的变形称为瞬时弹性变形，它服从于虎克定律。加荷过程终止，木材立即产生随时间递减的弹性变形，也称粘弹性变形（弹性后效变形），它是因纤维素分子链的卷曲或线伸展造成的，这种变形也是可逆的，与弹性变形相比它具有时间滞后。而因外力荷载作用使纤维素分子链彼此滑动所造成的变形为塑性变形，是不可逆转的。

（9）松弛

木材这种材料在外力作用下产生变形，长时间观测就会发现，如果变形不变，对应此恒定变形的应力会随着时间延长而逐渐减小。木材这种恒定应变条件下应力随着时间延长而逐渐减小的现象称之为应力松弛现象。松弛现象随树种和应力种类不同而有差异。实验求得，松弛现象与木材密度成反比，轻软的木材松弛现象比硬重的木材大得多；木材松弛现象随着含水率的增加而增大，湿材的松弛系数大。

产生蠕变的材料必定会产生松弛，与此相反过程也能进行。二者主要区别在于：蠕变中应力是常数，应变随时间延长而增大；而在松弛中，应变是常数，应力逐渐减小。发生的根本原因就在于木材是既有弹性又有塑性的特性材料。

建筑物木构件在长期承受静荷载时，要考虑蠕变所带来的影响。试验证明，若木梁承受衡载达到最大瞬间荷载能力的60%，因蠕变的影响，大约一年的时间木梁就遭到破坏。针叶树材在含水率不发生变化的条件下，施加静力荷载小于木材比例极限强度的75%时，可以认为是安全的。但在含水率变化条件下，大于比例极限强度20%时，就可能产生蠕变，随时间延长最终会导致破坏。含水率增大会增加木材的塑性和变形，这种变形是累加的效应。温度对蠕变有显著的影响，木材温度越高，纤维素分子链运动加剧，变形也大，木梁夏季变形大。因此木材作为承重结构材使用时，设计应力或荷重应控制在弹性极限或蠕变极限范围之内，必须避免塑性变形的产生。此外，人造板生产中，要考虑木质材料的粘弹性问题。

8.1.3 木材的腐朽与防止

1. 木材腐朽

木材受到真菌侵害后，其细胞颜色改变，结构逐渐变松、变脆、强度和耐久性降低，这种现象称为木材的腐朽。

侵害木材的真菌，主要有霉菌、变色菌、腐朽菌等。他们在木材中生存和繁殖必须同时具备三个条件：适当的水分、足够的空气和适宜的温度。当空气相对湿度在90%以上，木材含水率在35%～50%，环境温度在25～30℃时，适宜真菌繁殖，木材最易腐朽。

2. 木材的防腐

木材防腐的基本原理在于破坏真菌生存和繁殖的条件，常用方法有以下两种：一是将木材干燥至含水率在20%以下，保证木结构处在干燥状态，对木结构物采取通风、防潮、表面涂刷涂料等措施；二是将化学防腐剂施加于木材，是木材成为有毒物质，常用的方法有喷涂法、浸渍法、压力渗透法等。

任务二 木材及其制品

木材都加工成板方材或其他制品使用。为减小木材使用中发生变形和开裂，通常板方材须经自然干燥或人工干燥。自然干燥是将木材堆垛进行气干。人工干燥主要用干燥窑法，亦可用简易的烘、烤方法。干燥窑是一种装有循环空气设备的干燥室，能调节和控制空气的温度和湿度。经干燥窑干燥的木材质量好，含水率可达10%以下。使用中易于腐朽的木材应事先进行防腐处理。用胶合的方法能将板材胶合成为大构件，用于木结构、木桩等。木材还可加工成胶合板、碎木板、纤维板等。

在古建筑中木材广泛应用于寺庙、宫殿、寺塔以及民房建筑中。中国现存的古建筑中，最著名的有山西五台山佛光寺东大殿，建于公元857年；山西应县木塔，建于公元1056年，高达67.31m。在现代土木建筑中，木材主要用于建筑木结构、木桥、模板、电杆、枕木、门窗、家具、建筑装修等。

8.2.1 木材应用

尽管当今世界已发展生产了多种新型建筑结构材料和装饰材料，但由于木材具有其独特的优良特性，木质饰面给人以一种特殊的优美观感，这是其他装饰材料无法与之相比的。所以，木材在建筑工程尤其是装饰领域中，始终保持着重要的地位。但是，林木生长缓慢，我国又是森林资源贫乏的国家之一，这与我国高速发展的经济建设需用大量木材，形成日益突出的矛盾。因此，在建筑工程中，一定要经济合理地使用木材，做到长材不短用，优材不劣用，并加强对木材的防腐、防火处理，以提高木材的耐久性，延长使用年限。同时应该充分利用木材的边角碎料，生产各种人造板材，这是对木材进行综合利用的重要途径。

1. 木材在结构工程中的应用

木材是传统的建筑材料，在古建筑和现代建筑中都得到了广泛应用。在结构上，木材主要用于构架和屋顶，如梁、柱、椽、望板、斗拱等。我国许多建筑物均为木结构，它们在建筑技术和艺术上均有很高的水平，并具独特的风格。

另外，木材在建筑工程中还常用作混凝土模板及木桩等。

2. 木材在装饰工程中的应用

在国内外，木材历来被广泛用于建筑室内装修与装饰，它给人以自然美的享受，还能使室内空间产生温暖与亲切感。在古建筑中，木材更是用作细木装修的重要材料，这是一种工艺要求极高的艺术装饰。

条木地板是室内使用最普遍的木质地面，它是由龙骨、地板等部分构成。地板有单层和双层两种，双层者下层为毛板，面层为硬木条板，硬木条板多选用水曲柳、柞木、枫木、柚木、榆木等硬质树材，单层条木板常选用松、杉等软质树材。条板宽度一般不大于 120mm，板厚为 20～30mm，材质要求采用不易腐朽和变形开裂的优质板材。

拼花木地板是较高级的室内地面装修，分双层和单层两种，两者面层均为拼花硬木板层，双层者下层为毛板层。面层拼花板材多选用水曲柳、柞木、核桃木、栎木、榆木、槐木、柳桉等质地优良、不易腐朽开裂的硬木树材。双层拼花木地板固定方法，是将面层小板条用暗钉钉在毛板上，单层拼花木地板则可采用适宜的粘结材料，将硬木面板条直接粘贴于混凝土基层上。

拼花小木条的尺寸一般为长 250～300mm，宽 40～60mm，板厚 20～25mm，木条一般均带有企口。

护壁板又称木台度，在铺设拼花地板的房间内，往往采用木台度，以使室内空间的材料格调一致，给人一种和谐整体景观的感受。护壁板可采用木板、企口条板、胶合板等装饰而成，设计施工时可采取嵌条、拼缝、嵌装等手法进行构图，以达到装饰墙壁的目的。

木装饰线条简称木线条。木线条种类繁多，主要有楼梯扶手、压边线、墙腰线、天花角线、弯线、挂镜线等。各类木线条立体造型各异，每类木线条又有多种断面形状，例如有平行线条、半圆线条、麻花线条、鸠尾形线条、半圆饰、齿型饰、浮饰、孤饰、S 型饰、贴附饰、钳齿饰、十字花饰、梅花饰、叶型饰以及雕饰等多样。

建筑室内采用木条线装饰，可增添古朴、高雅、亲切的美感。木线条主要用作建筑物室内的墙腰装饰、墙面洞口装饰线、护壁板和勒脚的压条饰线、门框装饰线、顶棚装饰角线、楼梯栏杆的扶手、墙壁挂画条、镜框线以及高线建筑的门窗和家具等的镶边、贴附组花材料。特别是在我国的园林建筑和宫殿式古建筑的修建工程中，木线条是一种必不可缺的装饰材料。

木花格即为用木板和枋木制作成具有若干个分格的木架，这些分格的尺寸或形状一般都各不相同。木花格具有加工制作较简便、饰件轻巧纤细、表面纹理清晰等特点。木花格多用作建筑物室内的花窗、隔断、博古架等，它能起到调节室内设计格调、改进空间效能和提高室内艺术质量等作用。

旋切微薄木是以色木、桦木或多瘤的树根为原料，经水煮软化后，旋切成厚0.1mm。

左右的薄片，再用胶粘剂粘贴在坚韧的纸上（即纸依托）制成卷材。或者，采用柚木、水曲柳、柳桉等树材，通过精密旋切，制得厚度为0.2～0.5mm的微薄木，在采用先进的胶粘工艺和胶粘剂，粘贴在胶合板基材上，制成微薄木贴面板。

旋切微薄木花纹美丽动人，材色悦目，真实感和立体感强，具有自然美的特点。采用树根瘤制作的微薄木，具有鸟眼花纹的特色，装饰效果更佳。微薄木主要用作高级建筑的室内墙、门、橱柜等家具的饰面。这种饰面材料在日本采用较普遍。

此外，建筑室内还有一些小部位的装饰，也是采用木材制作的，如窗台板、窗帘盒、踢脚板等，它们和室内地板、墙壁互相联系，相互衬托，使得整个空间的格调、材质、色彩和谐、协调，从而收到良好的整体装饰效果。

木材由于加工制作方便和良好的性能，被广泛地应用于建筑结构工程、建筑装饰工程等。

3. 木材的综合利用

木材在加工成型材和制作成构件的过程中，会留下大量的碎块、废屑等，将这些下脚料进行加工处理，就可制成各种人造板材（胶合板原料除外）。常用人造板材有以下几种：

胶合板是将原木旋切成的薄片，用胶粘合热压而成的人造板材，其中薄片的叠合必须按照奇数层数进行，而且保持各层纤维互相垂直，胶合板最高层数可达15层。

胶合板大大提高了木材的利用率，其主要特点是：材质均匀，强度高，无疵病，幅面大，使用方便，板面具有真实、立体和天然的美感，广泛用作建筑物室内隔墙板、护壁板、顶棚板、门面板以及各种家具及装修。在建筑工程中，常用的是三合板和五合板。我国胶合板主要采用水曲柳、椴木、桦木、马尾松及部分进口原料制成。

纤维板是将木材加工下来的板皮、刨花、树枝等边角废料，经破碎、浸泡、研磨成木浆，再加入一定的胶料，经热压成型、干燥处理而成的人造板材，分硬质纤维板、半硬质纤维板和软质纤维板三种。纤维板的表观密度一般大于800kg/m^3，适合作保温隔热材料。

纤维板的特点是材质构造均匀，各向同性，强度一致，抗弯强度高（可达55MPa），

耐磨，绝热性好，不易胀缩和翘曲变形，不腐朽，无木节、虫眼等缺陷。生产纤维板可使木材的利用率达90%以上。

刨花板、木丝板、木屑板是分别以刨花木渣、边角料刨制的木丝、木屑等为原料，经干燥后拌入胶粘剂，再经热压成型而制成的人造板材。所用粘结剂为合成树脂，也可以用水泥、菱苦土等无机的胶凝材料。这类板材一般表观密度较小，强度较低，主要用作绝热和吸声材料，但其中热压树脂刨花板和木屑板，其表面可粘贴塑料贴面或胶合板作饰面层，这样既增加了板材的强度，又使板材具有装饰性，可用作吊顶、隔墙、家具等材料。

复合板主要有复合地板及复合木板两种。

复合地板是一种多层叠压木地板，板材80%为木质。这种地板通常是由面层、芯板和底层三部分组成，其中面层又是由经特别加工处理的木纹纸与透明的蜜胺树脂经高温、高压压合而成；芯板是用木纤维、木屑或其他木质粒状材料等，与有机物混合经加压而成的高密

度板材；底层为用聚合物叠压的纸质层。

复合地板规格一般为1200mm×200mm的条板，板厚8mm左右，其表面光滑美观，坚实耐磨，不变形、不干裂、不沾污及褪色，不需打蜡，耐久性较好，且易清洁，铺设方便。复合地板适用于客厅、起居室、卧室等地面铺装。

复合木板又叫木工板，它是由三层胶粘压合而成，其上、下面层为胶合板，芯板是由木材加工后剩下的短小木料经加工制得木条，再用胶粘拼而成的板材。

复合木板一般厚为20mm，长2000mm，宽1000mm，幅面大，表面平整，使用方便。复合木板可代替实木板应用，现普遍用作建筑室内隔墙、隔断、橱柜等的装修。

单元小结

本单元共为分两个任务，木材的基本知识和木材及其制品。木材的基本知识中主要介绍了木材的分类和简单的物理学性质及影响木材强度的因素。木材及其制品中简单介绍了木材在结构工程中的应用以及现代装饰中的主要应用。本章的知识简单易懂，要求学生要熟悉常用木材的分类、性能及其应用。

单元思考题

1. 实属木材综合利用的实际意义。
2. 施工现场木材储存需要注意哪些问题。
3. 木材含水率的变化对其性能有什么影响。
4. 简述木材腐蚀的原因及防腐方法。
5. 影响木材强度的因素有哪些？如何影响？

单元九　建筑玻璃与建筑陶瓷

学习目标：

1. 了解玻璃的分类及主要技术性质。
2. 熟悉平板玻璃、钢化玻璃、夹丝玻璃、吸热玻璃及热反射玻璃的特性及应用。
3. 了解建筑陶瓷的分类，陶瓷锦砖的种类。
4. 掌握陶瓷墙地砖的分类及选用要点。
5. 掌握常用瓷砖优劣的鉴别方法

任务一　建 筑 玻 璃

9.1.1　玻璃的基本知识

玻璃是以石英砂、纯碱、长石和石灰石等为主要原料，在高温下熔融、成型后冷却固化而成的非结晶体的均质材料。在玻璃生产中加入如助熔剂、脱色剂、着色剂等或经特殊工艺处理，可以改善玻璃的某些性能，满足特种技术要求。

玻璃具有许多优异的性能，如玻璃具有极高的透光性；质地坚硬、致密机械强度和气密性高，良好的绝缘性，热稳定性和隔热性能；其耐腐蚀性能较金属材料高等，因此玻璃已不再只是采光材料，多功能的玻璃制品为现代建筑设计和装饰设计提供更大的选择余地。

1. 玻璃的分类

① 玻璃按化学成分，分为钠玻璃、钾玻璃、铝镁玻璃、铅玻璃、硼硅玻璃、石英玻璃等。

② 按玻璃在建筑上功能分，分为平板玻璃、建筑装饰玻璃（压花玻璃、磨砂玻璃）、安全玻璃（钢化玻璃、夹层玻璃）、节能型玻璃（热反射玻璃、真空玻璃）、其他功能玻璃（隔声玻璃、屏蔽玻璃）、玻璃质绝热、隔音材料（泡沫玻璃、玻璃棉毡）。

2. 玻璃的主要技术性质

1）玻璃的密度

玻璃属于致密材料。其密度与化学成分有关，普通玻璃密度为 2.45～2.55g/cm^3，玻璃的密度随温度的升高而减小。

2）玻璃的光学性能

（1）透射

透射是指光线能透过玻璃的性质。玻璃透射光能与入射光能之比称为透射系数。透射系数是玻璃的重要性能，其值随着玻璃厚度的增加而减小。此外，玻璃的颜色及其杂质也会影响透光。

(2) 反射

是指光线被玻璃阻挡，按一定的角度反射回来。反射光能与入射光能之比称为反射系数。

(3) 吸收

吸收是指光线通过玻璃时，一部分光能被损失在玻璃中。吸收光能与入射光能之比称为吸收系数。

玻璃的透射系数、反射系数和吸收系数之和为100%。

3) 玻璃的力学性质

玻璃的力学性质决定于化学组成、制品形状、表面性质和加工方法。玻璃的抗压强度高，而抗拉强度较低，通常为抗压强度的1/5～1/4，玻璃在冲击力作用下易破碎，是典型的脆性材料。玻璃的硬度随其化学成分和加工方法的不同而异，一般其莫氏硬度在4～7之间。

4) 导热性

玻璃是热的不良导体，玻璃的导热性能与玻璃的化学组成有关，导热系数仅为铜的1/400，但随温度的升高而增大。此外，玻璃的导热系数还受玻璃的化学组成、颜色及密度的影响。

5) 化学稳定性

玻璃具有较高的化学稳定性，在通常情况下，对酸（氢氟酸除外）、碱、盐以及化学试剂或气体等具有较强的抵抗能力，但是若长期遭受侵蚀性介质的腐蚀，化学稳定性变差，也会变质和破坏。

9.1.2　平板玻璃

平板玻璃是建筑玻璃中生产量最大、使用最多的一种。平板玻璃是指未经其他加工的平板状玻璃制品，也称白片玻璃或净片玻璃。按生产方法不同，可分为普通平板玻璃和浮法玻璃。主要用于门窗，起采光、围护、保温、隔声等作用，也是进一步加工成其他技术玻璃的原片。

根据国家标准《平板玻璃》(GB 11614—2009) 规定，平板玻璃按外观质量分为合格品、一等品和优等品；按颜色分为无色透明平板玻璃和本体着色平板玻璃；按公称厚度分为（mm)：2、3、4、5、6、8、10、12、15、19、22、25。

3～5mm的平板玻璃一般直接用于门窗的采光，8～12mm的平板玻璃可用于隔断。另一个重要的用途是作为钢化、夹层、镀膜、中空等玻璃的原片。

9.1.3　安全玻璃

在使用建筑玻璃的任何场合都有可能发生直接或间接灾害，为提高建筑玻璃的安全性，安全玻璃应运而生。安全玻璃是指与普通玻璃相比，具有力学强度高、抗冲击能力好的玻璃。安全玻璃受到破坏时尽管碎裂，但不掉下，有的虽然破碎后掉下，但碎块无尖角，不致伤人。

1. 钢化玻璃

钢化玻璃又称强化玻璃，是平板玻璃的二次加工产品。它是用物理或化学的方法，在玻璃表面上形成一个压应力层。当玻璃受到外力作用时，这个压应力层可将部分拉应力抵消，避免玻璃的碎裂，虽然钢化玻璃内部处于较大的拉应力状态，但玻璃的内部无缺陷存在，不会造成破坏，从而达到提高玻璃强度的目的。

钢化玻璃机械强度高，抗压强度可达 125MPa 以上，比普通玻璃大 4～5 倍，抗冲击强度是普通玻璃的 5～10 倍。

钢化玻璃的弹性比普通玻璃大，一块 1200mm×350mm×6mm 的钢化玻璃，当其受力后可发生达 100mm 的弯曲挠度，当外力撤除后，仍能恢复原状，而普通玻璃弯曲变形只能有几毫米。

钢化玻璃的热稳定性好，在受急冷急热时，不易发生炸裂。这是因为钢化玻璃的压应力可抵消一部分因急冷急热产生的拉应力之故。钢化玻璃最大安全工作温度为 288℃。

由于钢化玻璃具有以上良好的性能，因此在建筑工程、交通工具及其他领域内得到广泛的应用。常用作建筑物的门窗、隔墙、幕墙、橱窗、家具、汽车、火车及飞机等方面。

钢化玻璃在使用方面需注意的是钢化玻璃不能切割、磨削，边角不能碰击挤压，要按现成的尺寸规格选用或提出具体设计图纸进行加工定制。用于大面积的玻璃幕墙的玻璃在钢化上要予以控制，选择半钢化玻璃，即其应力不能过大，以避免受风荷载引起震动而自爆。

2. 夹丝玻璃

夹丝玻璃也称防碎玻璃或钢丝玻璃。它是由压延法生产的，即在玻璃熔融状态下将经预热处理的钢丝或钢丝网压入玻璃中间，经退火、切割而成。玻璃基板可以是普通玻璃，也可以是彩色玻璃或花纹玻璃。

夹丝玻璃安全性好。由于钢丝网的骨架作用，不仅提高了玻璃的强度，而且当受到冲击或温度骤变发生破坏时，玻璃破而不裂、裂而不散，减少碎片对人体的伤害。

夹丝玻璃防火性好。出现火情时，夹丝玻璃受热炸裂，由于金属丝网的作用，玻璃仍能保持固定，从而隔绝火焰，起到防火的作用，故又称为防火玻璃。

由于夹丝玻璃具有防火作用，因此可用于防火门窗。根据其具有的其他特性分析，也可以用于易受到冲击的地方或者玻璃飞溅可能导致危险的地方，如公共建筑的天窗、采光屋顶、阳台等部位。

切割夹丝玻璃时，当玻璃已断而钢丝网还互相连接时，需要反复上下弯曲多次才能掰断。此时应特别小心，防止两块玻璃互相在边缘处挤压，造成微小裂口或缺口引起使用时的破坏。

9.1.4 节能型玻璃

节能玻璃集采光性、节能性和装饰性于一体，通常具有令人赏心悦目的外观色彩，而且还具有特殊的对光和热的吸收、透射和反射能力，用于建筑物的外墙窗玻璃幕墙，可以起到显著的节能效果，现已被广泛地应用于各种高级建筑物之上。

1. 吸热玻璃

吸热玻璃是能吸收大量红外线辐射能、并保持较高可见光透过率的平板玻璃。生产吸热玻璃的方法有两种：一是在普通玻璃中加入一定量着色剂，使玻璃具有较高的吸热性能；另一种是在平板玻璃表面喷镀一层或多层金属或金属氧化物薄膜而制成。

吸热玻璃有茶色、灰色、古铜色及蓝色等，其厚度有（mm）：2、3、4、5、6、8、10

和 12。

吸热玻璃吸收太阳辐射热，其颜色和厚度不同，对太阳辐射热的吸收程度也不同。

吸热玻璃吸收太阳可见光。其吸收能力比普通玻璃要大。这一特点能使透过的阳光变得柔和，有效改善室内光泽。

吸热玻璃吸收太阳的紫外线。吸热玻璃除能吸收红外线外，还可显著降低紫外线的透射，从而有效防止紫外线对家具、日用器具、书籍等造成的褪色和变质。

吸热玻璃具有一定的透明度，能清晰地观察室外景物。

吸热玻璃是一种新型的建筑节能装饰材料，依据其上述性能，吸热玻璃可用作高档建筑的门窗或幕墙玻璃以及交通工具如火车、汽车等的风挡玻璃等，起隔热、防眩作用。凡是既有采光要求又有隔热要求的场所均可使用。吸热玻璃还可以进一步加工制成磨光、钢化、夹层或中空玻璃。

2. 热反射玻璃

热反射玻璃是镀膜玻璃的一种，它是在普通平板玻璃的表面用一定的工艺将金、银、铝、铜等金属氧化物喷涂上去形成金属薄膜，或用电浮法、等离子交换法向玻璃表面渗入金属离子替换原有的离子而形成薄膜。热反射玻璃常带有颜色，常见的有金色、茶色、灰色、紫色、褐色、青铜色和浅蓝等。

热反射玻璃对红外线有较高的反射率，对紫外线有较高吸收率，因此，也称为阳光控制玻璃。热反射玻璃具有良好的隔热性能，日晒时室内温度仍可保持稳定，光线柔和，改变建筑物内的色调，避免眩光，从而改善室内环境。

热反射玻璃具有单向透视的作用，故对建筑物内部可起遮蔽及帷幕作用，即白天能在室内看到室外景物，而室外看不到室内的景象。

热反射玻璃有强烈的镜面效应，因此也称为镜面玻璃。用这种玻璃做玻璃幕墙，可以将周围的景观及天空的云彩映射在幕墙上，使建筑物与自然环境达到完美和谐。

热反射玻璃可用作建筑门窗玻璃、玻璃幕墙。采用热反射玻璃还可制成中空玻璃或夹层玻璃窗，以提高其绝热性能。热反射玻璃是一种较新的材料，具有良好的节能和装饰效果，受到了人们的欢迎，但热反射玻璃幕墙使用不恰当或使用面积过大会造成光污染和建筑物周围温度升高，影响环境的和谐。

任务二　建 筑 陶 瓷

9.2.1　陶瓷的概念与分类

建筑陶瓷是指建筑物室内、外装饰用的较高级的烧土制品，其主要品种有外墙面砖、内墙面砖、地砖、陶瓷锦砖、陶瓷壁画。陶瓷制品根据陶瓷原料杂质的含量、烧结温度高低和结构紧密程度可分为陶质、瓷质和炻质三大类。

1. 陶质制品

陶质制品多为多孔结构，吸水率大，表面粗糙。根据其原料杂质含量的不同及施釉状况，可分为粗陶和精陶。

粗陶一般不施釉，建筑常用的烧结黏土砖、瓦均为粗陶制品；细陶一般要经素烧、施釉和釉烧工艺，根据放釉状况呈白、乳白、浅绿等颜色，建筑上所用的釉面砖（内墙砖）即为此类。

2. 瓷质制品

瓷质制品焙烧温度较高、结构紧密，基本上不吸水，其表面均施有釉层。瓷质制品多为日用制品、美术用品等。

3. 炻质制品

介于陶质制品和瓷质制品之间，结构较陶瓷制品紧密，吸水率较小。建筑饰面用的外墙面砖、地砖和陶瓷锦砖（马赛克）等均属于此类。

9.2.2 陶瓷的原料

1. 可塑性物料（黏土）

① 高岭土。又称为瓷土，为高纯度黏土，烧成后呈白色，主要用于制造瓷器。

② 陶土。又称为微晶高岭土，较纯净，烧成后略呈浅灰色，主要用于制造陶器。

③ 砂质黏土。含有大量细砂、尘土、有机物、铁化物等，是制造普通砖瓦的原料。

④ 耐火黏土。又称为耐火泥，含杂质较少，颜色多，但经熔烧后多为白色、灰色或淡黄色，是制造耐火制品、陶瓷制品及耐酸制品的主要原料。

2. 瘠性物料

瘠性物料又称非可塑性物料，是在焙烧过程中起骨架作用的物料，如石英。

3. 助熔物料

助熔物料在焙烧过程中可降低可塑性物料的烧结温度，同时增加制品的密实性和强度，但会降低制品的耐火度、体积稳定性和高温下抵抗变形的能力。

4. 有机物料

有机物料能提高物料的可塑性，还能碳化成强还原剂，起辅助熔剂的作用。

9.2.3 陶瓷墙地砖

1. 陶瓷墙地砖的分类

根据使用部位的不同大体分为外墙面砖、内墙面砖和地面砖。

（1）外墙面砖

外墙面砖根据表面装饰方法的不同可分为单色砖、彩釉砖、立体彩釉砖、仿花岗岩釉面砖。外墙面砖是以陶土为原料焙烧而成的炻质制品，按照质量的好坏可分为优等品、一等品和合格品三个等级。它装饰性强、坚固耐用、色彩鲜艳、防水、易清洗，对建筑物有良好的保护作用。

（2）内墙面砖

内墙面砖是用瓷土或优质陶土焙烧而成的，一般都上釉，表面平整、光滑、不易沾污，耐水性、耐腐蚀性好，易清洗。内墙面砖的吸水率不大于20%。按照质量等级可划分为优等品、一等品和合格品三个等级。

（3）地面砖

地面砖一般比外墙面砖厚，并要求具有较高的抗压强度和抗冲击强度，并且耐磨性很高、不易起尘、质地密实均匀，吸水性一般小于4%。

2. 陶瓷墙地砖的选用要点

陶瓷墙地砖应符合放射性元素场所的释放标准。A 类适用于一切场合；B 类适用于空气流通的高大公共空间；C 类只能用于室外。

（1）内墙砖的选用要点

① 设计方面。需考虑整体风格、空间大小、采光情况及投入的经济费用。一般来说，仿古砖、花纹复杂的瓷砖适用于装修较豪华及面积较大的空间；纯色的、图案简洁的瓷砖，适宜用在现代感强、风格明快的家居中，面积较小的厨房和浴室，可以选择白色或浅色。

② 质量指标。吸水率不大于 20%，经抗釉裂性试验后，釉面应无裂纹或剥落；优等品色差要基本一致，一等品色差应不明显；表面是否有可见缺陷（剥边、落脏、釉彩斑点、坯粉釉偻、橘釉、图案缺陷、正面磕碰等），无可见缺陷为优等品，瓷砖最好选择全瓷砖（坯体为白色），坯体为红色的是陶土砖，强度稍差。

（2）地砖的选用要点

① 设计方面。考虑与整体风格的协调性，不要太多的对比色调，另外要考虑使用场所的安全性，如防滑功能。

② 质量指标。吸水率平均值不大于 0.4%，单个值不大于 0.6%。

9.2.4　陶瓷锦砖

陶瓷锦砖又称为马赛克，是将各种颜色、多种几何形状的小块瓷片贴在牛皮纸上的装饰砖。其质地坚实、色泽美观、图案多样，而且耐酸、耐碱、耐磨、耐水、耐高压、耐冲击。一般每联尺寸为 305.5mm×305.5mm，每联的铺贴面积为 0.093m^2。无釉锦砖的吸水率不大于 0.2%，有釉锦砖的吸水率不大于 0.1%，有釉锦砖耐急冷急热的性能好。

马赛克按照材质可以分为陶瓷马赛克、大理石马赛克、玻璃马赛克等。

1. 陶瓷马赛克

它是最传统的一种马赛克，以小巧玲珑著称，但较为单调，档次较低。

2. 大理石马赛克

它是中期发展的一种马赛克品种，图案丰富多彩，但其耐酸碱性差、防水性能不好，所以市场反映并不是很好。

3. 玻璃马赛克

玻璃的色彩斑斓给马赛克带来蓬勃生机。它依据玻璃的品种不同，又分为多种小品种。

（1）熔融玻璃马赛克

熔融玻璃马赛克以硅酸盐等为主要原料，在高温下熔化成型并呈乳浊或半乳浊状，内含少量气泡和未熔颗粒的玻璃马赛克。

（2）烧结玻璃马赛克

烧结玻璃马赛克以玻璃粉为主要原料，加入适量粘结剂等压制成一定规格尺寸的生坯，在一定温度下烧结而成的玻璃马赛克。

（3）金星玻璃马赛克

金星玻璃马赛克内含少量气泡和一定量的金属结晶颗粒，具有明显遇光闪烁的玻璃马赛克。

9.2.5 常用瓷砖优劣的鉴别方法

① 看包装箱上所标尺寸和颜色与箱内的砖是否一致。

② 任选一块砖，看其表面是否平整完好，釉面是否均匀，仔细查看釉面的光亮度，有无缺釉等现象（缺釉也称为咬边现象）。

③ 任何两块砖拼合对齐时的缝隙由砖四周边缘规整度决定，缝隙越小越好。

④ 把一箱砖全部取出平摆在一个平面上，从稍远处看这些砖的整体效果、色泽是否一致。

⑤ 拿一块砖敲击另一块砖，或用其他硬物击敲，如果声音异常，说明砖内有重皮或裂纹，重皮是因为砖成型时料里的空气未排出造成料与料之间结合不好。

⑥ 陶质墙地砖可通过在砖的背面倒水，待一定时间后，观察正面是否有明显的渗水现象，如果出现明显渗水现象则说明质量不佳；还可用油性笔在砖的正面涂画，待干后擦拭，观察是否仍留有明显的痕迹，如果有则说明抗污性能不佳。

单 元 小 结

本单元共为分两个任务，建筑玻璃和建筑陶瓷。建筑玻璃主要介绍了玻璃的分类、主要技术性质、平板玻璃、钢化玻璃、夹丝玻璃、吸热玻璃及热反射玻璃的特性及应用；建筑陶瓷主要介绍了建筑陶瓷的分类、陶瓷的原料、陶瓷墙地砖的分类和选用要点、陶瓷锦砖以及常用瓷砖优劣的鉴别方法。

单元思考题

1. 试述玻璃的分类及主要技术性质。
2. 简述钢化的玻璃的特点及应用。
3. 简述吸热玻璃和热反射玻璃在性能和用途上的区别。
4. 何谓建筑陶瓷？
5. 简述陶瓷的主要原料。

单元十　建筑塑料、涂料、胶粘剂

学习目标：

1. 了解建筑塑料的特点、组成，熟悉常用建筑塑料的品种。
2. 了解涂料的组成，熟悉常用的内外、墙涂料。
3. 了解胶粘剂的组成，熟悉常用胶粘剂种类。

任务一　建筑塑料及其制品

以高分子化合物为主要原料加工而成的制品，称为合成高分子材料。是现代建筑领域广泛采用的新材料。常用的有建筑塑料、橡胶和胶粘剂等。

10.1.1　塑料的特点

1. 优良的加工性能

塑料可塑性强，可采用比较简单的方法制成各种形状的产品，适合大规模机械化生产，可制成各种薄膜、板材、管材及门窗等。

2. 比强度大

塑料的密度大约为 0.9～2.2g/cm^3。是混凝土的 1/3，是钢材的 1/5，塑料的强度较高，比强度高于钢材和混凝土，有利于减轻建筑物的自重，是一种优良的轻质高强材料。

3. 电绝缘性好

一般塑料都是电的不良导体，在建筑行业中广泛用于控制开关、电器线路、电缆等方面。

4. 导热性低

塑料制品的导热系数小，约为金属的 1/600～1/500、混凝土的 1/40，砖的 1/20，泡沫塑料的导热系数最小，是理想的绝热材料。

5. 装饰性好

塑料制品不仅可以着色，而且色泽鲜艳持久，图案清晰，还可以制成完全透明或半透明的，可通过照相制版印刷，模仿天然材料纹理，其表面可制成各种色彩和图案，还可通过电镀、热压、烫金制成各种图案和花型，使其表面具有立体感和金属的质感。

6. 经济性好

塑料建材无论是从生产时所消耗的能量或是在使用过程中都具有节能的效果。生产塑料的能耗低于传统材料，塑料制品在安装使用过程中，施工和维修保养费用低，有些塑料产品还具有节能效果。如塑料管内壁光滑，输水能力比铁管高 30%，塑料窗保温隔热性好，因此，使用塑料及其制品有明显的经济效益和社会效益。

建筑塑料作为建筑材料使用也存在一些缺点，如弹性模量小、刚度小、易燃、变形大及易老化等。总之，塑料的优点多于缺点，并且其缺点是可以通过采取措施改进的。

10.1.2 塑料的组成

1. 合成树脂

合成树脂简称树脂，是塑料的主要成分，树脂在塑料中起胶结作用，将其他组分牢固地胶结在一起，其含量约为30%～60%。塑料的主要性能和成本决定于所采用的合成树脂。

2. 填充料

填充料又称填充剂，是塑料中的另一重要组成部分，主要作用是调节塑料的物理化学性能，同时节约树脂，降低塑料的成本，其含量约为40%～70%。

3. 增塑剂

增塑剂可以提高塑料的可塑性和流动性，使其在较低的温度和压力下成型，改善塑料的强度、韧性及低温脆性等。增塑剂必须能与树脂均匀地混合在一起，并且具有良好的稳定性。

4. 固化剂

固化剂又称硬化剂或熟化剂，主要作用是促进或调节合成树脂中的线型分子交联成体型分子，使树脂具有热固性，并提高其强度和硬度。

5. 稳定剂

稳定剂的作用是使塑料长期保持工程性质，防止光、热、氧化等引起的老化作用，提高制品质量、延长塑料制品的使用寿命。

6. 着色剂

着色剂的主要作用是将塑料染制成所需要的颜色。着色剂除满足色彩要求外，还需具有分散性好、着色力强、不与塑料成分发生化学反应，不变色等特性。

此外，为使塑料能够满足某些特殊要求，具有更好的性能，还可加入其他添加剂，如阻燃剂、润滑剂、发泡剂、紫外线吸收剂、抗静电剂等。

10.1.3 常用的建筑塑料

1. 热塑性塑料

(1) 聚氯乙烯塑料（PVC）

聚氯乙烯塑料是建筑工程中应用最广泛的一种塑料，其主要特性是耐化学腐蚀性和电绝缘性优良，力学性能较好，难燃，但耐热性差。聚氯乙烯塑料有硬质、软质、轻质发泡制品，可制作管道、门窗、装饰板、壁纸、防水材料及保温材料等。

(2) 聚乙烯塑料（PE）

聚乙烯塑料柔韧性好，耐化学腐蚀性好，成型工艺好，但刚性差，易燃烧。主要用于防水材料、给排水管道、绝缘材料及化工耐腐蚀材料等

(3) 聚苯乙烯塑料（PS）

聚苯乙烯塑料透明度高，机械强度高，电绝缘性好，但脆性大，但其耐冲击性和耐热性差。主要用来制作泡沫隔热材料，也可用来制造灯具、发光平顶板、各种零配件等。

(4) 聚丙烯塑料（PP）

聚丙烯塑料耐化学腐蚀性好，力学性能和刚性超过聚乙烯，但收缩率大，低温脆性大。常用来生产管材、容器、卫生洁具、耐腐蚀衬板等。

2. 热固性塑料

(1) 酚醛塑料 (PF)

酚醛塑料的绝缘性和力学性能良好，耐水性、耐酸性好，坚固耐用，尺寸稳定，不易变形。主要用于生产各种层压板、玻璃钢制品、涂料和胶粘剂。

(2) 不饱和聚酯树脂 (UP)

不饱和聚酯树脂可在低温下固化成型，耐化学腐蚀性和电绝缘性好，但固化收缩率较大。主要用于生产玻璃钢、涂料和聚酯装饰板等。

(3) 玻璃纤维增强塑料 (GRP)

玻璃纤维增强塑料强度特别高，质轻，成型工艺简单，除刚度不如钢材外，各种性能均很好。在建筑工程中应用广泛，可用作屋面材料、墙体材料、排水管、卫生器具等。

任务二　建筑涂料

建筑涂料是应用十分广泛的一种建筑材料，其主要作用是保护、装饰建筑物，具有工期短、工效高、工艺简单、色彩丰富、装饰效果好、造价低、维修方便、更新方便等优点。

10.2.1　涂料的组成

1. 主要成膜物质

主要成膜物质即固着剂或胶粘剂是决定涂料性质的主要组分。其作用是把各组分粘结成为一体，并附着于被涂的基层表面，从而形成完整而又坚韧的保护膜，主要成膜物质需具有良好的耐碱性、耐水性，较高的化学稳定性和一定的机械强度。

2. 次要成膜物质

次要成膜物质主要包括填充料和颜料，它们不能离开主要成膜物质单独形成涂膜，必须依靠主要成膜物质的粘结而成为膜的一个组成部分。填充料可以增加涂膜的厚度，加强涂膜的体质，提高其耐磨性和耐久性，包括滑石粉、硅酸钙、硫酸钡等。颜料可增加涂料的色彩和机械强度，改善涂膜的化学性能，增加涂料的品种，常选用耐光、耐碱的无机矿物质着色颜料。

3. 溶剂

溶剂又称稀释剂，是溶剂型涂料的一个重要组成部分。溶剂是能够挥发的液体，其具有溶解成膜物质的能力，可以降低涂料的黏度，从而使涂料便于涂刷，同时也可增加涂料的渗透力，改善涂膜与基层之间的粘结力，也有降低涂料的成本的作用。但是溶剂的掺量需得到控制，掺量过多或过少均对涂膜的强度和耐久性产生影响。

4. 助剂

助剂又称辅助材料，它的主要作用是改善涂料的性能，如涂料的抗氧化、干燥时间、柔韧性、抗紫外线作用、耐老化性能等。

10.2.2　常用的建筑涂料

1. 外墙涂料

外墙涂料主要用于装饰和保护建筑物的外墙面，使建筑物美观整洁，延长建筑物使用寿命的作用。外墙涂料就具有良好的耐水性、耐候性和抗老化性。

（1）氯化橡胶外墙涂料

氯化橡胶外墙涂料又称氯化橡胶水泥漆，它是由氯化橡胶、溶剂、颜料、填料和助剂等配置而成的。氯化橡胶外墙涂料具有较好的耐水性、耐候性、耐酸碱性，对于混凝土、钢铁有较高的附着力。适用于水泥、混凝土外墙，抹灰墙面。

（2）丙烯酸酯外墙涂料

丙烯酸酯外墙涂料是以热塑性丙烯酸酯合成树脂为主要成膜物质，加入溶剂、颜料、填料和助剂等，经研磨而成的一种挥发型溶剂涂料。这种涂料的耐水性、耐候性、耐高低温性良好，装饰效果好、色彩丰富，可调性好。适用于各种外墙饰面。

（3）过氯乙烯外墙涂料

这种涂料色彩丰富，涂膜平滑、表面干燥快、柔韧、不透水，耐候性、耐腐蚀性好。适用于砖墙、混凝土、石膏板、抹灰墙面等的装饰。

（4）立体多彩涂料

这种涂料立体花形图案多样，装饰豪华高雅，耐油、耐候、耐水、耐冲洗，对基层有较强的适应性。适用于各种休闲娱乐场所、宾馆等的外墙装饰。

（5）多功能陶瓷涂料

多功能陶瓷涂料有良好的耐污性、耐候性、加工性、耐划伤性，常用于各种高挡墙面装饰的涂料。

2. 内墙涂料

内墙涂料要具有色彩丰富、耐水性、耐碱性、耐洗刷性好。据统计，人们平均每天至少80%的时间生活在室内环境中，因此，内墙涂料要满足人体的健康要求，还应具有无毒、环保的特性。

（1）聚乙烯醇水玻璃涂料

聚乙烯醇水玻璃涂料是以聚乙烯醇树脂水溶液和水玻璃为主要成膜物质，加入一定量的颜料、填料和少量助剂，经搅拌、研磨而成的水溶性涂料。这种涂料无毒、无味、干燥快、耐燃、涂膜光滑、施工方便、价格经济，但不耐水擦洗。适用于一般公用建筑的内墙装饰工程。

（2）聚乙烯醇缩甲醛涂料

聚乙烯醇缩甲醛涂料是以聚乙烯醇半缩醛经氨基化处理后加入颜料、填料及其他助剂，经研磨而成的一种水溶性涂料。这种涂料无毒无味、干燥快、遮盖力强、耐湿性、耐擦洗性好，涂膜光滑平整，在冬季较低气温下不易结冻，施涂方便，装饰效果好，粘结力较强，能在稍湿的基层及新老墙面上施工。适用于各类民用和公共建筑的内墙装饰。

（3）乙丙乳胶漆

乙丙乳胶漆是以乙丙共聚乳液为主要成膜物质，掺入适量的颜料、填料和辅助材料后，经过研磨或分散后配置而成的半光或有光内墙涂料。乙丙乳胶漆的耐水性、耐碱性及耐候性优于聚醋酸乙烯乳胶漆，属于高档内外墙装饰涂料。

（4）多彩立体涂料

多彩立体涂料色调高雅、质感独特、无毒、无味、保温性及吸声性好，耐潮湿。适用于居室、舞厅、宾馆、办公室等场所的内墙装饰。

（5）仿瓷涂料

这种涂料漆膜平整丰满、有良好的附着力、有陶瓷的光泽感、耐水性和耐腐蚀性好、施工方便。可用于厨房、卫生间、医院、餐厅等场所的墙面装饰。

任务三　建筑胶粘剂

胶粘剂是指能在两个物体表面之间形成薄膜层，并将两个或两个以上同质或不同质的物体粘结在一起的材料。胶粘剂具有许多的优点：如不受胶接物的形状、材质的限制；胶接后具有良好的密封性；胶接方法简便，而且几乎不增加粘结物的质量等。目前，胶粘剂已成为工程上不可缺少的重要的配套材料。

10.3.1　胶粘剂的组成

1. 粘结物质

粘结物质也称为粘料，是胶粘剂产生粘结作用的主要成分，决定了胶粘剂的粘结性能。其性质决定了胶粘剂的性能、用途和使用条件。一般多用各种树脂、橡胶类及天然高分子化合物作为粘结物质。

2. 固化剂

固化剂是调节或促进固化反应的物质，有的胶粘剂中的树脂（如环氧树脂）若不加固化剂，本身不能变成坚硬的固体。固化剂也是胶粘剂的主要成分，其性质和用量对胶粘剂的性能起着重要的作用。

3. 稀释剂

稀释剂又称为溶剂，主要是起降低胶粘剂黏度的作用，以便于操作，提高胶粘剂的湿润性和流动性。但随着溶剂掺量的增加，粘结强度将下降。常用的有机溶剂有丙酮、苯、甲苯等。

4. 填料

填料一般在胶粘剂中不发生化学反应，加入填料，能使胶粘剂的稠度增加，降低热膨胀系数，减少收缩性，提高胶粘剂的抗冲击韧性、耐热性和机械强度。常用的品种有滑石粉、石棉粉、铝粉、石英粉等。

5. 其他外加剂

改善胶粘剂的某一方面性能，还可掺入其他助剂，如增韧剂、防腐剂、防霉剂、增塑剂、阻燃剂、稳定剂等。

10.3.2　胶粘剂的主要技术性能

1. 工艺性

胶粘剂的粘结工艺性是指胶粘剂在使用过程中有关粘结操作方面的性能。如胶粘剂的调制、涂胶、晾置、固化条件等。工艺性是对胶粘剂粘结操作难易程度的总评价指标。

2. 粘结强度

粘结强度是胶粘剂的主要性能，粘结强度是指单位粘结面积所能承受的最大破坏力，不同品种的胶粘剂粘结强度不同，结构型胶粘剂的粘结强度最高，非结构型胶粘剂粘结强度最低。

3. 稳定性

粘结试件在指定介质中于一定温度下浸渍一段时间后的强度变化称为胶粘剂的稳定性。

4. 耐久性

胶粘剂所形成的粘结层会在环境因素的作用下，随着时间的推移逐渐老化，直至失去粘结强度，这种性能称为耐久性。

5. 耐温性

胶粘剂一定的温度范围内可以保持其工艺性能和粘结强度，超出这个范围，性能会发生变化，这种在规定温度范围内的性能变化的性质称为胶粘剂的耐温性，其中包括耐热性、耐寒性及耐高低温交变性等。

6. 其他性能

胶粘剂的其他性能包括颜色、刺激性气味、毒性的大小、耐候性及储存稳定性等方面的性能。

10.3.3 常用的建筑胶粘剂

1. 聚乙烯醇缩甲醛胶粘剂

聚乙烯醇缩甲醛具有水溶性，是由聚乙烯醇和甲醛在酸性介质中进行缩合反应而制得的。聚乙烯醇缩甲醛有良好的粘结性能，热性好、耐老化性好、施工方便，适用于胶结塑料壁纸、墙布、玻璃、瓷砖等。除此以外，还可以用作室内外墙面涂料的主要成膜物质，或用于拌制水泥砂浆，能增加砂浆层的粘结力。

2. 酚醛树脂胶粘剂

酚醛树脂胶粘剂以是酚醛树脂为基料配制而成的。酚醛树脂胶粘剂的粘结强度高，耐热好，但胶层较脆。主要用于木材、纤维板、胶合板、硬质泡沫塑料等多孔性材料的粘结。

3. 环氧树脂胶粘剂

是目前广泛使用的胶粘剂之一。环氧树脂胶粘剂具有粘结力强、收缩小、耐化学腐蚀、稳定性高、耐热、耐久性好等优点。在建筑工程中，环氧树脂胶粘剂主要用于金属制品、塑料、混凝土、木材、陶瓷、纤维材料等的粘结。

4. 聚醋酸乙烯胶粘剂

聚醋酸乙烯胶粘剂，又称白乳胶，是用量最大的胶粘剂之一。它是由醋酸乙烯经乳液聚合而制得的一种乳白色的、带酯类芳香的乳胶状液体。聚醋酸乙烯胶粘剂可在常温下固化，配制方便，固化较快，粘结强度高，耐久性好，不易老化；但耐水性、耐热性差。主要用于粘结各种墙纸、木材、纤维等，也可用于陶瓷饰面材料的粘贴。

单 元 小 结

本单元共为分三个任务，建筑塑料、建筑涂料以及建筑胶粘剂。建筑塑料中主要介绍了其特点、组成及常用建筑塑料的品种；建筑涂料主要介绍了涂料的组成及常用的内、外墙涂料；建筑胶粘剂中主要介绍胶粘剂的组成，主要技术性能及常的胶粘剂种类。

单元思考题

1. 简述塑料的特点？
2. 热塑性塑料和热固性塑料主要有哪些品种？在建筑工程中各有什么用途？
3. 常用的内墙涂料有哪些？常用的外墙涂料有哪些？
4. 胶粘剂主要成分有哪些？各起什么作用？
5. 胶粘剂的技术性能包括哪些？

单元十一　建筑与装饰材料试验

任务一　水 泥 试 验

11.1.1　一般规定

1. 编号及取样

水泥出厂前按同品种、同强度等级编号和取样。袋装水泥和散装水泥应分别进行编号和取样。每一编号为一取样单位。水泥出厂编号按年生产能力规定为：

① 200×10^4t 以上，不超过 4000t 为一编号。

② $120\times10^4\sim200\times10^4$t，不超过 2400t 为一编号。

③ $60\times10^4\sim120\times10^4$t，不超过 1000t 为一编号。

④ $30\times10^4\sim60\times10^4$t，不超过 600t 为一编号。

⑤ $10\times10^4\sim30\times10^4$t，不超过 400t 为一编号。

⑥ 10×10^4t 以下，不超过 200t 为一编号。

水泥的取样应有代表性，可连续取，亦可从 20 个以上不同部位取等量样品，总量至少12g。当散装水泥运输工具的容量超过该厂规定的出厂编号吨数时，允许该编号的数量超过取样规定吨数。

2. 试验条件

试验室温度为 (20±2)℃，相对湿度应不低于 50%；水泥试样、拌合水、仪器和用具的温度应与试验室一致。

11.1.2　细度试验

1. 主要仪器设备

① 试验筛。由圆形筛框和筛网组成，筛网符合《试验筛 金属丝编织网、穿孔板和电成型薄板 筛孔的基本尺寸》(GB/T 6005—2008) 的要求，分负压筛、水筛和手筛三种。负压筛应附有透明筛盖，筛盖与筛上口应有良好的密封性。手工筛结构应符合《试验筛技术要求和检验第 1 部分：金属丝编织网试验筛》(GB/T 6003.1—2012) 的规定，其中筛框高度为50mm，筛子的直径为 150mm。

② 负压筛析仪。负压筛析仪由筛座、负压筛、负压源及收尘器组成，其中筛座由转速为 (30±2)r/min 的喷气嘴、负压表、控制板、微电机及壳体等构成，筛析仪负压可调范围为 4000～6000Pa。

③ 水筛架和喷头的结构尺寸应符合《水泥标准筛和筛析仪》(JC/T 728—2005) 的规定。

④ 天平。天平的最小分度值不大于 0.01g。

2. 试验步骤

(1) 负压筛析法

筛析试验前，应把负压筛放在筛座上，盖上筛盖，接通电源，检查控制系统，调节负压至4000～6000Pa范围内。称取试样25g，（称取试样精度至0.01g），置于洁净的负压筛中，盖上筛盖，放在筛座上，开动筛析仪连续筛析2min，在此期间如有试样附着在筛盖上，可轻轻地敲击，使试样落下。筛毕，用天平称量全部筛余物。

（2）水筛法

筛析试验前，应检查水中无泥、砂，调整好水压及水筛的位置，使其能正常运转，并控制喷头底面和筛网之间的距离为35～75mm。称取试样50g，（称取试样精度至0.01g），置于洁净的水筛中，立即用淡水冲洗至大部分细粉通过后，放在水筛架上，用水压为（0.05±0.02)MPa的喷头连续冲洗3min。筛毕，用少量水把筛余物冲至蒸发皿中，等水泥颗粒全部沉淀后，小心倒出清水，烘干并用天平称量筛余物。

（3）手工筛析法

称取50g试样倒入干筛中（称取试样精度至0.01g)。用一只手持筛往复摇动，另一只手轻轻拍打，往复摇动和拍打筛时应保持近于水平。拍打速度每分钟约120次，每40次向同一方向转动60°，使试样均匀分布在筛网上，直至每分钟通过的试样量不超过0.03g为止。称量全部筛余物。

3.结果计算及处理

水泥试样筛余百分数按下式计算：

$$F=\frac{R_s}{W}\times100\%$$

式中　F——为水泥试样的筛余百分率,%；

R_s——为水泥筛余物的质量，g；

W——为水泥试样的质量，g。

进行合格评定时，每个样品应称取两个试样分别筛析，取筛余平均值为筛析结果。若两次筛余结果的绝对误差大于0.5%时（筛余值大于5.0%时可放宽至1.0%）应再做一次试样，取两次相近结果的算术平均值作为最终结果。负压筛析法、水筛法和手工筛析法测定的结果发生争议时，以负压筛析法为准。

11.1.3　标准稠度用水量试验

1.主要仪器设备

水泥净浆搅拌机、标准法维卡仪、量筒或滴定管（精度为±0.5mL)、天平（最大称量不小于1000g，分度值不大于1g)。

2.试验步骤

（1）标准法

① 试验前的准备工作。维卡仪的滑动杆能自由滑动，试模和玻璃底板用湿布擦拭，将试模放在底板上，调整至试杆接触玻璃板时指针对准零点。搅拌机运行正常。

② 水泥净浆的拌制。用水泥净浆搅拌机搅拌，搅拌锅和搅拌叶片先用湿布擦过，将拌合水倒入搅拌锅内，然后在5～10s内小心将称好的500g水泥加入水中，防止水和水泥溅出；拌合时先将锅放在搅拌机的锅座上升至搅拌位置，启动搅拌机，低速搅拌120s，停15s，同时将叶片和锅壁上的水泥浆刮入锅中间，接着高速搅拌120s，停机。

③ 标准稠度用水量的测定步骤。拌合结束后立即取适量水泥净浆一次性装入已置于玻璃底板上的试模中，浆体超出试模上端时，用宽约 25mm 的直边刀轻轻拍打超出试模部分的浆体 5 次以排除浆体中的孔隙，然后在试模上表面约 1/3 处略倾斜于试模分别向外轻轻锯掉多余净浆，再从试模边沿轻抹顶部一次，使净浆表面光滑。在锯掉多余净浆和抹平的操作过程中，注意不要压实净浆。抹平后迅速将试模和底板移到维卡仪上，并将其中心定在试杆下，降低试杆直至与水泥净浆表面接触，拧紧螺丝 1～2s 后突然放松，使试杆垂直自由地沉入水泥净浆中。在试杆停止沉入或释放试杆 30s 时记录试杆距底板之间的距离，升起试杆后立即擦净；整个操作应在搅拌后 1.5min 内完成。以试杆沉入净浆并距底板（6±1)mm 的水泥净浆为标准稠度净浆，其拌合水量为该水泥的标准稠度用水量（P），按水泥质量的百分比计。

（2）代用法

① 试验前的准备工作。维卡仪的滑动杆能自由滑动。试锥调整至接触锥模顶面时指针对准零点。搅拌机运行正常。

② 水泥净浆的拌制。同标准法。

③ 标准稠度的测定。采用代用法测定水泥标准稠度用水量时可用调整水量和不变水量两种方法中的任一种。

采用调整水量方法时拌合水量按经验找水，采用不变水量方法时拌合水量用 142.5mL。拌合结束后，立即将拌制好的水泥净浆装入锥模中，用宽约 25mm 的直边刀在浆体表面轻轻插捣五次，再轻振五次刮去多余的净浆；抹平后迅速放到试锥下面固定的位置上，将试锥降至净浆表面。拧紧螺丝 1～2s 后突然放松，让试锥垂直自由地沉入水泥净浆中。到试锥停止下沉或释放试锥 30s 时，记录试锥的下沉深度。整个操作应在搅拌后 1.5min 内完成。

采用调整水量方法测定时，以试锥下沉深度（30±1)mm 时的净浆为标准稠度净浆。其拌合水量为该水泥的标准稠度用水量（P），按水泥质量的百分比计。如下沉深度超出范围时；需另称试样，调整水量，重新试验，直至达到（30±1)mm 为止。采用不变水量方法测定时，根据下式（或仪器上对应标尺）计算得到标准稠度用水量（P）。当试锥下沉深度小于 13mm 时，应改用调整水量法测定。

$$P=(33.4-0.185S)\times 100\%$$

式中 P——为标准稠度用水量，%；

S——为试锥下沉深度，mm。

11.1.4 水泥凝结时间测定

1. 主要仪器设备

水泥净浆搅拌机、标准法维卡仪、量筒或滴定管（精度为±0.5mL）、天平（最大称量不小于 1000g，分度值不大于 1g）。

2. 试验步骤

① 试件的制备。以标准稠度用水量制成标准稠度净浆，装模刮平后，立即放入湿气养护箱中。记录水泥全部加入水中的时间作为凝结时间的起始时间。

② 初凝时间的测定。试件在湿气养护箱中养护至加水后 30min 时进行第一次测定。测定时，从湿气养护箱中取出试模放到试针下，降低试针与水泥净浆表面接触。拧紧螺

丝1～2s后突然放松，试针垂直自由地沉入水泥净浆。观察试针停止下沉或释放试针30s时指针的读数。临近初凝时间时每隔5min（或更短时间）测定一次，当试针沉至距底板(4±1)mm时，水泥达到初凝状态，由水泥全部加入水中至初凝状态的时间称为水泥的初凝时间，用分钟来表示。

③ 终凝时间的测定。为了准确观测试针沉入的状况，在终凝针上安装了一个环形附件。在完成初凝时间测定后，立即将试模连同浆体以平移的方式从玻璃板取下，翻转180°使直径大端向上、小端向下放在玻璃板上，再放入湿气养护箱中继续养护。临近终凝时间时每隔15min（或更短时间）测定一次，当试针沉入试体0.5mm时（即环形附件开始不能在试体上留下痕迹时），水泥达到终凝状态。由水泥全部加入水中至终凝状态的时间称为水泥的终凝时间，用分钟来表示。

11.1.5　水泥体积安定性测定

1. 主要仪器设备

水泥净浆搅拌机、标准法维卡仪、量筒或滴定管（精度为±0.5mL）、天平（最大称量不小于1000g，分度值不大于1g）、雷氏夹、沸煮箱、雷氏夹膨胀测定仪。

2. 试验步骤

（1）安定性测定方法——标准法

① 试验前的准备工作。每个试样需成型两个试件，每个雷氏夹需配备两个边长或直径约为80mm、厚度为4～5mm的玻璃板，凡与水泥净浆接触的玻璃板和雷氏夹内表面都要稍稍涂上一层油。

② 雷氏夹试件的成型。将预先准备好的雷氏夹放在已稍擦油的玻璃板上，并立即将已制好的标准稠度净浆一次装满雷氏夹，装浆时一只手轻轻扶持雷氏夹，另一只手用宽约为25mm的直边刀在浆体表面轻轻插捣三次，然后抹平，盖上稍涂油的玻璃板，接着立即将试件移至湿气养护箱内养护（24±2)h。

③ 煮沸。调整好沸煮箱内的水位，以保证在整个煮沸过程中不需中途添补试验用水，同时又能保证在（30±5)min内升至沸腾。

脱去玻璃板取下试件，先测量雷氏夹指针尖端间的距离（A，精确到0.5mm)，接着将试件放在沸煮箱水中的试件架上，指针朝上，然后在（30±5)min内加热至沸腾并恒沸(180±5)min。

④ 结果判别。沸煮结束后，立即放掉沸煮箱中的热水，打开箱盖待箱体冷却至室温，取出试件进行判别。测量雷氏夹指针尖端的距离（C，精确到0.5mm)，当两个试件煮后增加的距离（C-A）的平均值不大于5.0mm时，即认为该水泥安定性合格，当两个试件煮后增加的距离（C-A）的平均值大于5.0mm时，应用同一样品种做一次试验，以复检结果为准。

（2）安定性测定方法——代用法

① 试验前的准备工作。每个样品需准备两块边长约为100mm的玻璃板，凡与水泥净浆接触的玻璃板都要稍稍涂上一层油。

② 试饼的成型方法。将制好的标准稠度净浆取出一部分分成两等份，使之成球形，放在预先准备好的玻璃板上，轻轻振动玻璃板并用湿布擦过的小刀由边缘向中央抹，做成直径

为70～80mm，中心厚约为10mm，边缘渐薄、表面光滑的试饼，接着将试饼放入湿气养护箱内养护（24±2)h。

③ 沸煮。调整好沸煮箱内的水位，以保证在整个煮沸过程中不需中途添补试验用水，同时又能保证在（30±5)min内升至沸腾。

脱去玻璃板取下试饼，在试饼无缺陷的情况下将试饼放在沸煮箱水中的篦板上，在(30±5)min内加热至沸腾并恒沸（180±5)min。

④ 结果判别。沸煮结束后，立即放掉沸煮箱中的热水，打开箱盖待箱体冷却至室温，取出试件进行判别。目测试饼未发现裂缝，用钢直尺检查也没有弯曲（使钢直尺和试饼底部紧靠，以两者间不透光为不弯曲）的试饼为安定性合格，反之为不合格。当两个试饼判别结果有矛盾时，该水泥的安定性为不合格。

11.1.6 水泥胶砂强度测定

1. 主要仪器设备

① 水泥胶砂搅拌机。行星式搅拌机，应符合《行星式水泥胶砂搅拌机》(JC/T 681—2005）的要求。

② 试模。试模由三个水平的模槽组成，可同时成型三条40mm×40mm×160mm的棱形试体。为了控制料层厚度和刮平胶砂，应备有两个播料器和一把金属刮平直尺。

③ 振实台。应符合《水泥胶砂试模》(JC/T 726—2005）的要求。

④ 抗折强度试验机。

⑤ 抗压强度试验机。

⑥ 抗压强度试验机用夹具。

2. 试验步骤

(1) 胶砂的制备

① 配合比。胶砂的质量配合比应为一份水泥、三份标准砂和半份水（水灰比为0.5)。一锅胶砂制成三条试体，每锅材料需要量见表11-1。

表11-1 每锅胶砂的材料数量

水泥品种	水泥（g）	标准砂（g）	水（mL）
硅酸盐水泥	450±2	1350±5	225±1
普通硅酸盐水泥			
矿渣硅酸盐水泥			
粉煤灰硅酸盐水泥			
复合硅酸盐水泥			
石灰石硅酸盐水泥			

② 配料。水泥、砂、水和试验用具的温度与试验室相同，称量用的天平精度应为±1g。当用自动滴管加225mL水时，滴管精度应达到±1mL。

③ 搅拌。每锅胶砂用搅拌机进行机械搅拌。先使搅拌机处于待工作状态，然后按以下的程序进行操作：把水加入锅里，再加入水泥，把锅放在固定架上，上升至固定位置。然后

立即开动机器，低速搅拌 30s 后，在第二个 30s 开始的同时均匀地将砂子加入。当各级砂分装时，从最粗粒级开始，依次将所需的每级砂量加完。把机器转至高速再拌 30s，停拌 90s（在第 1 个 15s 内用一胶皮刮具将叶片和锅壁上的胶砂刮入锅中间），在高速下继续搅拌 60s，各个搅拌阶段，时间误差应在±1s 以内。

（2）试件的制备

① 成型。胶砂制备后立即进行成型。将空试模和模套固定在振实台上，用一个适当的勺子直接从搅拌锅里将胶砂分两层装入试模，装第一层时。每个槽里约放 300g 胶砂，用大播料器垂直架在模套顶部沿每个模槽来回一次将料层播平，接着振实 60 次。再装入第二层胶砂，用小播料器播平，再振实 60 次。移走模套，从振实台上取下试模，用金属刮平直尺以近似 90°的角度架在试模模顶的一端，然后沿试模长度方向以横向锯割动作慢慢向另一端移动，一次将超过试模部分的胶砂刮去，并用同一直尺以近乎水平的状态将试体表面抹平。

② 试件的养护。去掉留在试模四周的胶砂，立即将做好标记的试模放入雾室或湿箱的水平架子上养护，湿空气应能与试模各边接触。养护时不应将试模放在其他试模上。一直养护到规定的脱模时间时取出脱模。脱模前，用防水墨汁或颜料笔对试体进行编号和作其他标记。两个龄期以上的试体，在编号时应将同一试模中的三条试体分在两个以上龄期内。脱模应非常小心，应在成型后 20～24h 之间脱模。

将做好标记的试件立即水平或竖直放在（20±1)℃的水中养护，水平放置时刮平面应朝上。试件应放在不易腐烂的篦子上，并彼此间保持一定间距，以保证试件的六个面都能与水接触。养护期间试件之间间隔或试体上表面的水深不得小于 5mm。

除 24h 龄期或延迟至 48h 脱模的试体外，任何到龄期的试体均应在试验（破型）前 15min 从水中取出。擦去试体表面沉积物，并用湿布覆盖至试验结束为止。

（3）强度试验

试体龄期是从水泥加水搅拌开始试验时算起。不同龄期强度试验在下列时间里进行：24h±15min、48h±30min、72h±45min、7d±2h、＞28d±8h。

用抗折试验机以中心加荷法测定抗折强度。在折断后的棱柱体上进行抗压试验，受压面是试体成型时的两个侧面，面积为 40mm×40m。当不需要抗折强度数值时，抗折强度试验可以省去。但抗压强度试验应在不使试件受有害应力情况下折断的两截棱柱体上进行。

① 抗折强度测定。将试体的一个侧面放在试验机支撑圆柱上，试体长轴垂直于支撑圆柱，通过加荷圆柱以（50±10)N/s 的速率均匀地将荷载垂直地加在棱柱体相对侧面上，直至折断。保持两个半截棱柱体处于潮湿状态直至抗压试验。

抗折强度R_f以牛顿每平方毫米（MPa）表示，按下式进行计算：

$$R_f=\frac{1.5\,F_fL}{b^3}$$

式中　F_f——折断时施加于棱柱体中部的荷载，N；

L——支撑圆柱之间的距离，mm；

b——棱柱体正方形截面的边长，mm。

② 抗压强度测定。抗压强度试验通过抗压试验机，在半截棱柱体的侧面上进行。半截棱柱体中心与压力机压板受压中心盖应在±0.5mm 内，棱柱体露在压板外的部分约有

10mm。在整个加荷过程中以（2400±200)N/s的速率均匀地加荷直至破坏。

抗压强度R_c以牛顿每平方毫米（MPa）为单位，按下式进行计算：

$$R_c=\frac{F_c}{A}$$

式中 F_c——破坏时的最大荷载，N；

A——受压部分面积，mm^2，$40mm\times40mm=1600mm^2$。

3. 试验结果的确定

① 抗折强度。以一组三个棱柱体抗折结果的平均值作为试验结果。当三个强度值中有超出平均值±10%时，应剔除后再取平均值作为抗折强度的试验结果。

② 抗压强度。以一组三个棱柱体上得到的六个抗压强度测定值的算术平均值为试验结果。如六个测定值中有一个超出六个平均值的±10%，就应剔除这个结果，而以剩下五个的平均数为结果。如果五个测定值中再有超过它们平均数±10%的，则此组结果作废。

③ 试验结果的计算。各试体的抗折强度记录至0.1MPa，按规定计算平均值，精确至0.1MPa。各个半棱柱体得到的单个抗压强度结果计算至0.1MPa，按规定计算平均值，精确至0.1MPa。

任务二　普通混凝土试验

11.2.1　取样、试样制备

1. 取样

① 同一组混凝土拌合物的取样应从同一盘混凝土或同一车混凝土中取样。取样量应多于试验所需量的1.5倍，且不小于20L。

② 取样应具有代表性，宜采用多次采样的方法。一般在同一盘混凝土或同一车混凝土中的约1/4处、1/2处和3/4处分别取样，从第一次取样到最后一次取样的时间不宜超过15min，然后人工搅拌均匀。

③ 从取样完毕到开始做各项性能试验的时间不宜超过5min。

2. 试样制备

① 试验用原材料和试验室温度应保持在（20±5)℃，或与施工现场保持一致。

② 拌合混凝土时，材料用量以质量计，称量精度：骨料为±1%；水、水泥及掺和料、外加剂均为±0.5%。

③ 从试样制备完毕到开始做各项性能试验的时间不宜超过5min。

④ 混凝土拌合物的制备应符合《普通混凝土配合比设计规程》(JGJ 55—2011）中的有关规定。

3. 记录

① 取样记录。取样日期和时间，工程名称，结构部位，混凝土强度等级，取样方法，试样编号，试样数量，环境温度及取样的混凝土温度。

② 试样制备记录。试验室温度，各种原材料品种、规格、产地及性能指标，混凝土配合比和每盘混凝土的材料用量。

11.2.2　混凝土拌合方法

1. 人工拌合

① 按所定配合比称取各材料试验用量，以干燥状态为准。

② 将拌板和拌铲用湿布润湿后，将砂倒在拌板上，然后加入水泥，用拌铲自拌板一端翻拌至另一端。如此反复，直至充分混合、颜色均匀，再加入石子翻拌混合均匀。

③ 将干混合料堆成锥形，在中间作一凹槽，将已量好的水，倒入一半左右（不要使水流出），仔细翻拌，然后徐徐加入剩余的水，继续翻拌，每翻拌一次，用铲在混合料上铲切一次，至拌合均匀为止。

④ 拌合时力求动作敏捷，拌合时间自加水时算起，应符合标准规定：拌合体积为30L以下时为4～5min；拌合体积为30～50L时为5～9min；拌合体积为51～75L时为9～12min。

⑤ 拌好后，应立即做和易性试验或试件成型。从开始加水时起，全部操作须在30min内完成。

2. 机械搅拌

① 按所定配合比称取各材料试验用量，以干燥状态为准。

② 按配合比称量的水泥、砂、水及少量石预拌一次，使水泥砂浆先粘附满搅拌机的筒壁，倒出多余的砂浆，以免影响正式搅拌时的配合比。

③ 依次将称好的石子、砂和水泥倒入搅拌机内，干拌均匀，再将水徐徐加入，全部加料时间不得超过2min，加完水后，继续搅拌2min。

④ 卸出拌合物，倒在拌板上，再经人工拌合2～3次。

⑤ 拌好后，应立即做和易性试验或试件成型。从开始加水时起，全部操作须在30min内完成。

11.2.3　混凝土拌合物的和易性试验

1. 坍落度与坍落扩展度法

坍落度试验适用于坍落度值不小于10mm，骨料最大粒径不大于40mm的混凝土拌合物稠度测定。

（1）主要仪器设备

坍落度筒、捣棒、搅拌机、台秤、量筒、天平、拌铲、拌板、钢尺、装料漏斗、抹刀等。

（2）试验步骤

① 润湿坍落度筒及铁板，在坍落度内壁和铁板上应无明水。铁板应放置在坚实水平面上，并把筒放在铁板中心，然后用脚踩住两边的脚踏板，坍落度筒在装料时应保持固定的位置。筒顶部加上漏斗，放在铁板上，双脚踩住脚踏板。

② 把混凝土试样用小铲分三层均匀地装入筒内，每层高度约为筒高的1/3。每层用捣棒插捣25次，插捣应沿螺旋方向由外向中心进行，各次插捣应在截面上均匀分布。插捣筒边混凝土时，捣棒可以稍稍倾斜。插捣底层时，捣棒应贯穿整个深度。插捣第二层和顶层时，捣棒应插透本层至下一层的表面。浇灌顶层时，混凝土应灌到高出筒口。插捣过程中，如混

凝土沉落到低于筒口，则应随时添加。顶层插捣完后，刮去多余的混凝土，并用抹刀抹平。

③ 清除筒边底板上的混凝土后，垂直平稳地提起坍落度筒。坍落度筒的提离过程应在5～10s内完成；从开始装料到提坍落度筒的整个过程应不间断地进行，并应在150s内完成。

（3）结果评定

提起坍落度筒后，测量筒高与坍落后混凝土试体最高点之间的高度差，即为该混凝土拌合物的坍落度值，精确至1mm。坍落度筒提离后，如混凝土发生崩塌或一边剪坏现象，则应重新取样另行测定；如第二次试验仍有上述现象，则表明该混凝土拌合物的和易性不好，应予记录备查。

粘聚性的检查方法是用捣棒在已坍落的混凝土锥体侧面轻轻敲打，如果锥体逐渐下沉，则表示粘聚性良好；如果锥体倒塌、部分崩裂或出现离析现象，则表示粘聚性不好。保水性的检查方法是在坍落度筒提起后，如有较多的稀浆从底部析出，锥体部分的混凝土也因失浆而骨料外露，则表示保水性不好；如无稀浆或仅有少量稀浆自底部析出，则表示保水性良好。

当混凝土拌合物的坍落度大于220mm时，用钢尺测量混凝土扩展后最终的最大直径和最小直径，在两直径之差小于50mm的条件下，其算术平均值为坍落扩展度值，否则，此次试验无效。如果发现粗骨料在中央集堆或边缘有水泥浆析出，则表示此混凝土拌合物的抗离析性不好，应予记录。混凝土拌合物和坍落扩展度值以毫米为单位，测量精确至1mm。

2. 维勃稠度法

本方法适用于骨料的最大粒径不大于40mm，维勃稠度在5～30s之间的混凝土拌合物稠度测定；坍落度不大于50mm或干硬性混凝土的稠度测定。

（1）主要仪器设备

维勃稠度仪、秒表、小铲、拌板、镘刀等

（2）试验步骤

① 将维勃稠度仪放置在坚实水平面上，用湿布把容器、坍落度筒、喂料斗内壁及其他用具润湿。

② 将喂料斗提到坍落度筒上方扣紧，校正容器位置，使其中心与喂料中心重合，然后拧紧固定螺丝。

③ 把按要求取样或制作的混凝土拌合物试样用小铲分三层经喂料斗均匀地装入筒内。

④ 把喂料斗转离，垂直地提起坍落度筒，此时应注意不使混凝土试体产生横向的扭动。

⑤ 把透明圆盘转到混凝土圆台顶面，放松测杆螺丝，降下圆盘，使其轻轻接触到混凝土顶面。

⑥ 拧紧定位螺丝，并检查测杆螺丝是否已经完全放松。

⑦ 在开启振动台的同时用秒表计时，当振动到透明圆盘的底面被水泥浆布满的瞬间停止计时，关闭振动台。

⑧ 由秒表读出时间即为该混凝土拌合物的维勃稠度值，精确至1s。

11.2.4 混凝土立方体抗压强度试验

1. 主要仪器设备

① 试模。100mm×100mm×100m、150mm×150mm×150mm、200mm×200mm×

200mm 三种试模。

② 振动台。振动台应符合《混凝土试验用振动台》(JG/T 245—2009) 中技术要求的规定。

③ 压力试验机。压力试验机除满足液压式压力实验机中的技术要求外，其测量精度应为±1%，试件破坏荷载应大于压力机全量程的 20%。且小于压力机全量程的 80%，并具有加荷速度指示装置或加荷控制装置，能均匀、连续地加荷。

2. 试件的养护

试件的养护方法有标准养护和与构件同条件养护两种方法。

① 采用标准养护的试件成型后应立即用不透水的薄膜覆盖表面，在温度为 (20±5)℃的环境中静止 1～2 个昼夜，然后编号拆模。拆模后立即放入温度为 (20±2)℃、相对湿度为 95%以上的标准养护室中养护，或在温度为 (20±2)℃的不流动的 $Ca(OH)_2$饱和溶液中养护。养护试件应放在支架上，间隔 10～20mm，试件表面应保持潮湿，并不得被水直接冲淋，至试验龄期 28d。

② 同条件养护试件的拆模时间可与实际构件的拆模时间相同，拆模后，试件仍需保持同条件养护。

3. 抗压强度的测定

① 试件从养护地点取出后，应及时进行试验并将试件表面与上下承压板面擦干净。

② 将试件安放在试验机的下压板或垫板上，试件的承压面应与成型时的顶面垂直。试件的中心应与试验机下压板的中心对准，开动试验机，当上压板与试件或钢垫板接近时，调整球座，使接触均衡。

③ 在试验过程中应连续均匀地加荷，当混凝土强度等级小于 C30 时，加荷速度取每秒钟 0.3～0.5MPa；当混凝土强度等级大于 C30 且小于 C60 时，取每秒钟 0.5～0.8MPa；当混凝土强度等级大于 C60 时，取每秒钟 0.8～1.0MPa。

④ 当试件接近破坏开始急剧变形时，应停止调整试验机油门，直至破坏，并记录破坏荷载。

4. 结果计算与评定

(1) 混凝土立方体抗压强度计算

$$f=\frac{F}{A}$$

式中　f——混凝土立方体试件抗压强度，MPa，精确至 0.1MPa；

F——为试件破坏荷载，N；

A——试件承压面积，mm^2。

(2) 评定

① 以三个试件测定值的算术平均值作为该组试件的强度值，精确至 0.1MPa。

② 三个测定值中的最大值或最小值中如有一个与中间值的差值超过中间值的 15%时，则把最大及最小值一并舍去，取中间值作为该组试件的抗压强度值。

③ 如最大值和最小值与中间值的差值均超过中间值的 15%，则该组试件的试验结果无效。

④ 当混凝土强度等级小于 C60 时，用非标准试件测得的强度值均应乘以尺寸折算系数，其值为对 200mm×200mm×200mm 试件为 1.05；对 100mm×100mm×100mm 试件为

0.95。当混凝土强度等级不小于 C60 时，易采用标准试件，使用非标准试件时，尺寸折算系数应由试验确定。

11.2.5 骨料试验

1. 砂子筛分析试验

砂筛应采用方孔筛。砂的公称粒径、砂筛筛孔的公称直径和方孔筛筛孔边长应符合表 11-2 所列的规定。

表 11-2 砂的公称粒径、砂筛筛孔的公称直径和方孔筛筛孔边长尺寸（mm）

砂的公称粒径	砂筛筛孔的公称直径	方孔筛筛孔边长
5.00	5.00	4.75
2.50	2.50	2.36
1.25	1.25	1.18
0.630	0.630	0.600
0.315	0.315	0.300
0.160	0.160	0.150
0.080	0.080	0.075

（1）主要仪器设备

① 方孔筛。

② 天平。称量 1000g，感量 1g。

③ 摇筛机。

④ 烘箱。能使温度控制在(105±5)℃。

⑤ 浅盘和硬、软毛刷等。

（2）试验步骤

① 试验制备规定。用于筛分析的试样，颗粒粒径不应大于 10mm。试验前应将试样通过 10mm 筛，并算出筛余百分率，然后称取每份不少于 550g 的试样两份，分别倒入两个浅盘中，在（105±5)℃的温度下烘干到恒重，冷却至室内温度备用。

② 称取烘干试样 500g（精确至 1g），将试样倒入按筛孔大小从上到下组合的套筛（附筛底）中，将套筛装入摇筛机内固紧，筛分时间为 10min 左右。然后取出套筛，按筛孔大小顺序，在清洁的浅盘上逐个进行手筛，直至每分钟的筛出量不超过试样总量的 0.1%时为止。将通过的颗粒并入下一个筛，并和下一个筛中的试样一起过筛。按这样的顺序进行，直至每个筛全部筛完为止。

③ 称取各筛筛余试样的质量（精确至 1g），将所有各筛的分计筛余量和底盘中剩余量的总和与筛分前的试样总量相比，相差不得超过 1%。

（3）试验结果计算

① 计算分计筛余百分率。各筛号的筛余量与试样总量之比的百分率，精确至 0.1%。

② 计算累计筛余百分率。该号筛上的分计筛余百分率，加上该号筛以上各筛余百分率之总和，精确至 1%。

③ 根据各筛的累计筛余百分率评定该试样的颗粒级配分布情况。

④ 筛分析应采用两个试样平行试验。细度模数以两次试验结果的算术平均值为测定值（精确至 0.1）。如两次试验所得的细度模数之差大于 0.20，应重新取试样进行试验。

砂的颗粒级配可按公称直径为 0.630mm 筛孔的累计筛余量（以质量百分率计，下同）分成三个级配区（表 11-3），且砂的颗粒级配应处于表 11-3 中的某一区内。砂的实际颗粒级配与表 11-3 中的累计筛余相比，除公称粒径为 5.00mm 和 0.630mm 累计筛余外，其余公称粒径的累计筛余可稍有超出分界线，但总超出量不应大于 5%。

表 11-3　砂的颗粒级配

筛孔尺寸（mm）	累计筛余（%）		
	Ⅰ区	Ⅱ区	Ⅲ区
5.00	10～0	10～0	10～0
2.50	35～5	25～0	15～0
1.25	65～35	50～10	25～0
0.630	85～71	70～41	40～16
0.315	95～80	92～70	85～55
0.160	100～90	100～90	100～90

2. 砂子的表观密度试验

（1）主要仪器设备

① 天平。称量为 1000g，感量为 1g。

② 李氏瓶。容量为 250mL。

③ 干燥器、浅盘、铝制料勺、温度计等。

④ 烘箱。能使温度控制在（105±5）℃。

⑤ 烧杯。500mL。

（2）试验步骤

① 试样制备规定。将样品在潮湿状态下用四分法缩分至 120g 左右，在（105±5）℃的烘箱中烘干至恒重，并在干燥器中冷却至室温，分成大致相等的两份备用。

② 向李氏瓶中注入冷开水至一定刻度处，擦干瓶颈内部附着水，记录水的体积（V_1）。

③ 称取烘干试样 50g（m_0），徐徐装入盛水的李氏瓶中。

④ 试样全部入瓶后，用瓶内的水将粘附在瓶颈和瓶壁的试样洗入水中，摇转李氏瓶以排除气泡，静置约 24h 后，记录瓶中水面升高后的体积（V_2）。

（3）试验结果计算

表观密度 ρ（kg/m^3）应按下式计算，精确至 $10kg/m^3$：

$$\rho=\left(\frac{m_0}{V_2-V_1}-\alpha_t\right)\div 1000$$

式中　m_0——试样的烘干质量，g；

V_1——水的原有体积，mL；

V_2——倒入试样后水和试样的体积，mL；

α_t——考虑称量时的水温对水相对密度影响的修正系数，取值可参照表 11-4 所列。

以两次试验结果的算术平均值作为测定值，如两次结果之差大于 20kg/m³时，则应重新取样进行试验。

表 11-4　不同水温下砂的表观密度温度修正系数表

水温（℃）	15	16	17	18	19	20	21	22	23	24	25
α_t	0.002	0.003	0.003	0.004	0.004	0.005	0.005	0.006	0.006	0.007	0.008

3. 石子的含水率试验

（1）主要仪器设备

① 烘箱。能使温度控制在（105±5)℃。

② 秤。称量为 20kg，感量为 20g。

③ 浅盘等。

（2）试验步骤

① 取质量约等于表 11-5 所列要求的试样，分成两份备用。

表 11-5　试验所需试样的最小质量

最大粒径（mm）	10.0	16.0	20.0	25.0	31.5	40.0	63.0	80
试样的最小质量（kg）	2	2	2	2	3	3	4	6

② 将试样置于干净的容器中，称取试样和容器的共重（m_1），并在（105±5)℃的烘箱中烘干至恒重。

③ 取出试样，冷却后称取试样与容器的共重（m_2）。

（3）试验结果计算

含水率ω_{wc}应按下式计算（精确至 0.1%）：

$$\omega_{wc}=\frac{m_1-m_2}{m_2-m_3}\times 100\%$$

式中　m_1——烘干前试样与容器共重，g；

m_2——烘干后试样与容器共重，g；

m_3——容器质量，g。

以两次试验结果的算术平均值作为测定值。

任务三　建筑砂浆试验

11.3.1　现场取样及试样制备

1. 砂浆拌合物取样

① 建筑砂浆试验用料应从同一盘砂浆或同一车砂浆中取样。取样量不应少于试验所需量的 4 倍。

② 当施工过程中进行砂浆试验时，砂浆取样方法应按相应的施工验收规范执行，并宜在现场搅拌点或预拌砂浆卸料点的至少三个不同部位及时取样。对于现场取样的试样，试验

前应人工搅拌均匀。

③ 从取样完毕到开始进行各项性能试验，不宜超过 15min。

2. 试样的制备

① 在实验室制备砂浆试样时，所用原材料应提前 24h 运入室内。拌合时，实验室的温度应保持在（20±5)℃。当需要模拟施工条件下所用的砂浆时，所用原材料的温度宜与施工现场保持一致。

② 试验所用原材料应与现场使用材料一致。砂应通过 4.75mm 筛。

③ 在实验室拌制砂浆时，材料用量应以质量计。水泥、外加剂、掺和料等的称量精度应为±0.5%，细骨料的称量精度应为±1%。

④ 在试验室搅拌砂浆时应采用机械搅拌，搅拌机应符合现行行业标准《试验用砂浆搅拌机》(JG/T 3033—1996）的规定，搅拌的用量宜为搅拌机容量的 30%～70%，搅拌时间不应少于 120s。掺有掺和料和外加剂的砂浆，其搅拌时间不应少于 180s。

11.3.2　砂浆稠度测定

1. 主要仪器设备

① 砂浆稠度测定仪由试锥、容器和支座三部分组成。试锥由钢材或铜材制成，锥高为 145mm，锥底直径为 75mm，试锥连同滑杆的质量为（300±2)g；盛砂浆的容器由钢板制成，筒高为 180mm，锥底内径为 150mm；支座分底座、支架及稠度显示三个部分，由铸铁、钢及其他金属制成。

② 钢制捣棒，直径为 10mm，长为 350mm，端部磨圆。

③ 砂浆拌合锅、铁铲和秒表等。

2. 试验步骤

① 将试锥、容器表面用湿布擦净，用少量润滑油轻擦滑杆，保证滑杆能自由滑动。

② 将砂浆拌合物一次装入盛浆容器，使砂浆表面约低于容器口 10mm，用捣棒自容器中心向边缘插捣 25 次（前 12 次需插到筒底），然后轻击容器 5～6 下，使砂浆表面平整，随后将容器置于稠度测定仪的底座上。

③ 把试锥调至尖端与砂浆表面接触，拧紧制动螺丝，使齿条测杆下端接触滑杆上端，并将指针对准零点。

④ 拧开制动螺丝，使锥体自由落入砂浆中，同时按动秒表计时，待 10s 立即拧紧固定螺丝，使齿条测杆下端接触滑杆上端，从刻度盘上读出下层深度（精确至 1mm）即为砂浆的稠度值。

⑤ 砂浆试样不得重复使用，重新测定时应重取新的试样。

3. 结果评定

稠度试验结果应以两次测定值的算术平均值为测定值，计算精确至 1mm。两次测定值之差如大于 20mm，则应另取样搅拌后重新测定。

11.3.3　砂浆分层度测定

1. 主要仪器设备

① 砂浆分层度测定仪，用金属板制成，内径为 150mm，上节无底，高度为 200mm，下

节带底净高为100mm，由连接螺柱在两侧连接，上、下层连接处需加宽到3～5mm，并设有橡胶垫圈。

② 砂浆稠度仪、木锤。

③ 拌合锅等。

2. 试验步骤

① 将砂浆拌合物按砂浆稠度试验方法测定稠度。

② 将砂浆认真翻拌后一次装入分层度筒内，用木锤在分层度试验筒四周距离大致相等的四个不同地方轻击1～2下，如砂浆沉落到分层度筒口以下，则应随时添加砂浆，然后刮去多余的砂浆，并用抹刀抹平表面。

③ 静置30min后，去掉上节200mm砂浆，剩余的100mm砂浆倒出来放在拌合锅内拌2min，再按稠度试验方法测定其稠度。前后两次测得的稠度之差即为该砂浆的分层度值。

3. 结果评定

取两次试验结果的算术平均值作为砂浆的分层度值。

11.3.4 砂浆立方体抗压强度测定

1. 主要仪器设备

① 试模。尺寸为70.7mm×70.7mm×70.7mm的带底试模，试模的内表面应机械加工，其不平度应为每100mm不超过0.05mm。组装后各相邻面的不垂直度不应超过±0.5°。

② 钢制捣棒。直径为10mm，长度为350mm，端部磨圆。

③ 压力试验机。精度应为1%，试件破坏荷载值应不小于压力机全量程的20%，且不应大于全量程的80%。

④ 垫板。试验机上、下压板及试件之间可垫以钢垫板，其尺寸应大于试件的承压面，其不平度应为每100mm不超过0.02mm。

⑤ 振动台。空载中台面的垂直振幅应为（0.5±0.05）mm，空载频率应为（50±3）Hz，空载台面振幅均匀度不应大于10%，一次试验应至少能固定三个试模。如其技术参数与混凝土试验振动台的技术参数基本一致，则混凝土振动台即可使用。

2. 试件制作

（1）试块数量。立方体抗压强度试验中，每组试块数量由六块变为三块。

（2）试模的准备工作。应采用黄油等密封材料涂抹试模的外接缝，试模内应涂刷薄层机油或隔离剂，应将拌制好的砂浆一次性装满砂浆试模。

（3）成型方法根据稠度确定，当稠度大于50mm时，宜采用人工插捣成型；当稠度小于等于50mm时，宜采用振动台振实成型，这是由于当稠度小于等于50mm时人工插捣较难密实且人工插捣宜留下插孔，影响强度结果。成型方式的选择以充分密实、避免离析为原则。

① 人工插捣。应采用捣棒均匀地由边缘向中心按螺旋方式插捣25次，在插捣过程中当砂浆沉落低于试模口时，应随时添加砂浆，可用油灰刀插捣数次，并用手将试模一边抬高5～10mm各振动五次，砂浆应高出试模顶面6～8mm。

② 机械振动。将砂浆一次装满试模，放置到振动台上，振动时试模不得跳动，振动5～10s或持续到表面泛浆为止，不得过振。

(4) 待表面水分稍干后，再将高出试模部分的砂浆沿试模顶面刮去并抹平。采用钢底模后因底模材料不吸水，表面出现麻斑状态的时间会较长，为避免砂浆沉缩、试件表面高于试模，一定要在出现麻斑状态时再将高出试模部分的砂浆沿试模顶面刮去并抹平。

3. 养护

试件制作后应在温度为（20±5）℃的环境下静置（24±2）h。对试件进行编号、拆模。当气温较低或者砂浆凝结时间大于24h时，可适当延长时间，但不应超过2d。水泥砂浆、混合砂浆试件拆模后应统一立即放入温度为（20±3）℃、相对湿度为90%以上的标准养护室中养护。养护期间，试件彼此间隔不得小于10mm，而混合砂浆、湿拌砂浆试件上面应覆盖塑料布，防止有水滴在试件上。标准养护时间应从加水搅拌开始，标准养护龄期为28d，非标准养护龄期一般为7d或14d。

4. 试验过程

① 试件从养护地点取出后应及时进行试验，试验前应将试件擦拭干净，测量尺寸，并检查外观。计算试件的承压面积，当实测尺寸与公称尺寸之差不超过1mm时，可按照公称尺寸进行计算。

② 将试件安放在试验机的下压板上，试件的承压面应与成型时的顶面垂直，试件中心应与试验机下压板中心对准。开动试验机，当上压板与试件接近时，调整球座，使接触面均衡受压。承压试验应连续而均匀地加荷，加荷速度应为0.5～1.5kN/s；砂浆强度不大于5MPa时，宜取下限，当试件接近破坏而开始迅速变形时，停止调整试验机油门，直至试件破坏，然后记录破坏荷载。

5. 评定

① 应以三个试件测值的算术平均值作为该组试件的砂浆立方体抗压强度平均值，精确到0.1MPa。

② 三个测定值中的最大值或最小值中如有一个与中间值的差值超过中间值的15%时，则把最大值及最小值一并舍去，取中间值作为该组试件的抗压强度值。

③ 如最大值和最小值与中间值的差值均超过中间值的15%，则该组试件的试验结果无效。

任务四　钢筋试验

11.4.1　一般规定

建筑工程在使用钢材之前，必须要进行性能检测，经检测合格后方可使用，检测不合格的钢材不允许使用到工程中。

1. 取样

(1) 热轧钢筋

① 组批规则。以同一牌号、同一炉罐号、同一规格、同一交货状态，不超过60t为一批。

② 取样方法。

拉伸检验：任选两根钢筋切取两个试样，试样长为500mm。

冷弯检验：任选两根钢筋切取两个试样，试样长度按下式计算：

$$L=1.55(a+d)+140$$

式中 L——试样长度，mm；

a——钢筋公称直径，mm；

d——弯曲试验的弯心直径，mm。

（2）低碳钢热轧圆盘条

① 组批规则。以同一牌号、同一炉罐号、同一品种、同一尺寸、同一交货状态，不超过 60t 为一批。

② 取样方法。

拉伸检验：任选一盘，从该盘的任一端切取一个试样，试样长为 500mm。

弯曲检验：任选两盘，从每盘的任一端各切取一个试样，试样长为 200mm。

（3）冷拔低碳钢丝

① 组批规则。甲级钢丝逐盘检验。乙级钢丝以同直径 5t 为一批任选三盘检验。

② 取样方法。从每盘上任一端截去不少于 500mm 后，再取两个试样一个拉伸，一个反复弯曲，拉伸试样长为 500mm，反复弯曲试样长为 200mm。

（4）冷轧带肋钢筋

① 冷轧带肋钢筋的力学性能和工艺性能应逐盘检验，从每盘任意一端截去 500mm 以后，取两个试样，拉伸试样长为 500mm，冷弯试样长为 200mm。

② 对成捆供应的 550 级冷轧带肋钢筋应逐捆检验。从每捆中的同一根钢筋上截取两个试样，其中，拉伸试样长为 500mm，冷弯试样长为 250mm。如果检验结果中有一项达不到标准规定，则应从该捆钢筋中取双倍试样进行复验。

2. 试验条件

① 试验温度。试验应在 10～35℃的温度下进行，如温度超出这一范围，则应在试验记录和报告中注明。

② 夹持方法。应使用楔形夹头、螺纹夹头、套环夹头等合适的夹具夹持试样。

11.4.2 拉伸性能检测

1. 主要仪器设备

拉力试验机、标距打点机、千分尺、游标尺、钢板尺。

2. 试验标准

《金属材料 拉伸试验 第 1 部分：室温试验方法》(GB/T 228.1—2010)

《钢筋混凝土用钢 第 1 部分：热轧光圆钢筋》(GB 1499.1—2008)

《钢筋混凝土用钢 第 2 部分：热轧带肋钢筋》(GB 1499.2—2007)

3. 试验步骤

（1）取样。如图 11-1 所示，用两个或一系列等分小冲点打点机或细画线标出试件原始标距，标记不应影响试样断裂，对于脆性试样和小尺寸试样，建议用快干墨水或带色涂料标出原始标距。如平行长度比原始标距长许多（如不经机加工试样），则需标出相互重叠的几组原始标记。

（2）调整试验机测力度盘的指针，使其对准零点，并拨动从动指针，使之与主动指针重合。

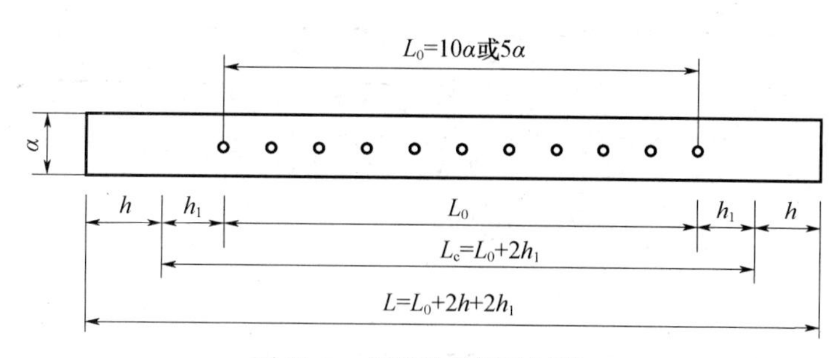

图 11-1　钢筋拉伸试验试件

α—试样原始直径；L_0—标距长度；h_1—取（0.5～1）α；h—夹具长度

（3）将试件固定在试验机夹具内，开动试验机开始拉伸，屈服前应力增加速度为10MPa/s；屈服后只需测定抗拉强度时，试验机活动夹头在荷载下的移动速度不宜大于0.5L/min，直到试件拉断。L 为两夹具头之间的距离。

（4）在拉伸过程中，测力度盘的指针停止转动时的恒定荷载或指针回转后的最小荷载，即为所求的屈服点荷载 F_{el}（N）。屈服强度的计算公式为：

$$R_{el}=\frac{F_{el}}{A}$$

式中　A——试件横截面积，mm；

　　R_{el}——屈服强度，N/mm。

（5）试件拉断读出最大荷载F_m（N），抗拉强度R_m（N/mm^2）的计算公式为：

$$R_m=\frac{F_m}{A}$$

式中　A——试件横截面积，mm^2。

（6）断后伸长率（A）的测定。应使用分辨率大于0.1mm的量具或测量装置测定断后标距（L_1），准确到±0.25mm。如规定的最小断后伸长率小于5%，建议采用特殊方法进行测定。

① 直测法。如拉断处到最邻近标距端点的距离大于1/3L_0时，直接测量标距两端点间的距离。

② 移位法。如拉断处到最邻近标距端点的距离小于或等于1/3L_0时，则按下述方法测定 L_1：在长段上从拉断处取基本等于短格数得 B 点，接着取等于长段所余格数的1/2得 C 点；或者取所余格数分别减1与加1的1/2得 C 和 C_1 点。移位后的 L_1 分别为 $AB+2BC$ 和 $AB+BC+BC_1$，如图11-2所示。

断后伸长率的计算公式为：

$$A=\frac{L_1-L_0}{L_0}\times 100\%$$

（7）最大力总伸长率（A_{gt}）的测定。在用引伸计得到的力－延伸曲线图上测定最大力时的总延伸（ΔL_m），最大力总伸长率的计算公式为：

$$A_{gt}=\frac{\Delta L_m}{L_e}\times 100\%$$

从最大力时的总延伸 ΔL_m 中扣除弹性延伸部分即得到最大力时的非比例延伸，将其除以引伸计标距得最大力非比例伸长率（A_g）。

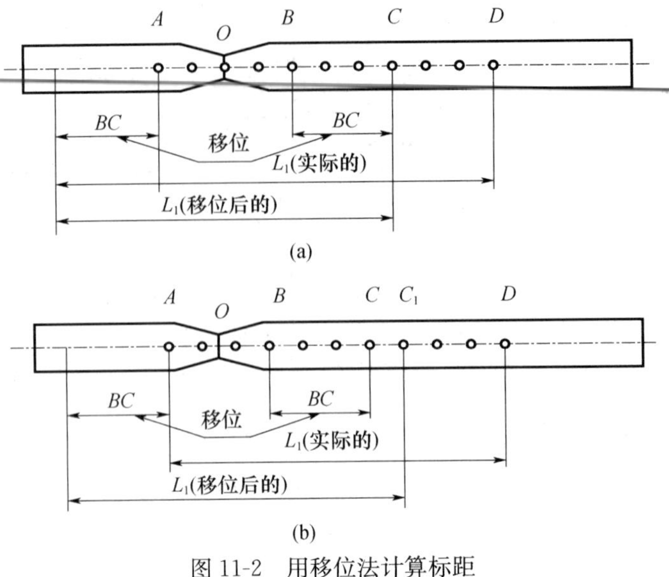

图 11-2 用移位法计算标距

(a) $L_1=AB+2BC$;(b) $L_1=AB+BC+BC_1$

11.4.3 弯曲性能检测

1. 主要仪器设备

压力机或万能试验机。

2. 试验步骤

① 如图 11-3 所示,将试样放置于两个支点上,将一定直径的弯心在试样两个支点中间施加压力。

② 开动试验机,对试件匀速施加荷载,直到试样弯曲到规定的角度或出现裂纹、裂缝、裂断为止。

③ 卸载,关闭试验机,取下试件进行结果评定。

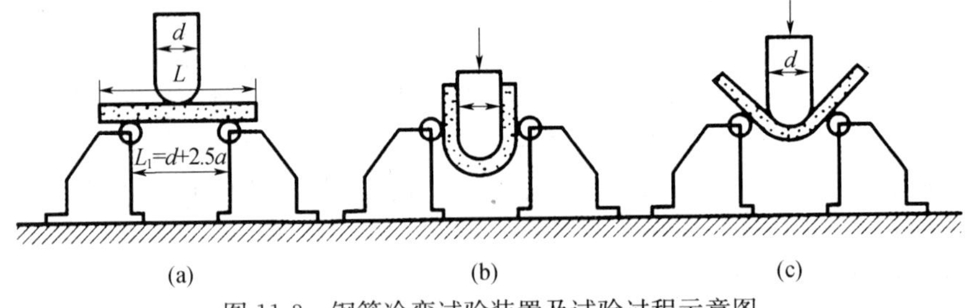

图 11-3 钢筋冷弯试验装置及试验过程示意图

(a) 冷弯试件和支座;(b) 弯曲 180°;(c) 弯曲 90°

任务五 沥青、防水材料性能试验

11.5.1 一般规定

沥青的性能检测包括沥青的针入度测定、延度测定、软化点测定;防水卷材的性能测定主要包括不透水性、耐热性、低温柔度、拉力等性能。

11.5.2　沥青针入度测定

石油沥青的针入度以标准针在一定的荷载、时间及温度条件下垂直穿入沥青试样的深度来表示，单位为1/10mm。除非另行规定，否则标准针、针连杆与附加砝码的总质量为（100±0.05)g，温度为（25±0.1)℃，时间为5s。特定试验可采用的其他条件见表11-6。

表11-6　针入度特定试验条件规定

温度（℃）	荷重（g）	时间（s）
0	200	60
4	200	60
46	50	5

注：特定试验，报告中应注明试验条件。

1. 主要仪器设备

针入度仪、标准针、试样皿、恒温水浴、温度计、平底玻璃皿。

2. 试验准备

① 加热样品时不断搅拌以防局部过热，直到样品能够流动。焦油沥青的加热温度不超过软化点的60℃，石油沥青不超过软化点的90℃。

② 将试样倒入预先选好的两个试样皿中，试样深度应大于预计针入深度的10mm。

③ 松松地盖住试样皿以防灰尘落入，在15～30℃的室温下冷却，然后将针插入针连杆中固定，按试验条件放好砝码。然后将两个试样皿和平底玻璃皿一起放入恒温水浴中，水面应没过试样表面10mm以上。在规定的试验温度下冷却，小试样皿恒温1.0～1.5h，大试样皿恒温1.5～2.0h。

3. 试验步骤

① 调节针入度仪使之水平，检查针连杆和导轨，以确认无水和其他外来物，无明显摩擦。用三聚乙烯或其他溶剂将标准针擦干净，再用干净的布擦干，然后将针连杆固定，按试验条件放好砝码。

② 将已恒温到试验温度的试样皿和平底玻璃皿取出，放置在针入度仪的平台上。慢慢放下针连杆，使针尖刚刚接触到试样的表面，需要时可用放置在适合位置的光源来观察。拉下活杆，使其与针连杆顶端相接触，调节针入度仪上的表盘指针读数，使其为零。

③ 手紧压按钮，同时启动秒表，使标准针自由下落穿入沥青试样中，到规定时间停止按压，使标准针停止移动。

④ 拉下活杆，使其与针连杆顶端相连接，此时表盘指针的读数即为试样的针入度，准确至0.5mm（0.1mm)，用1/10mm表示。

⑤ 同一试样至少重复测定3次，每一试验点的距离和试验点与试样皿边缘的距离都不得小于10mm。当针入度超过200时，每个试样至少用3根标准针，每次试验用的针留在试样中，直到3次平行试验完成后再将标准针取出。针入度小于200时可将针取下用合适的溶剂擦净后继续使用。

4. 试验结果

3 次测定针入度的平均值，取至整数作为试验结果。3 次测定的针入度值相差不应大于表 11-7 所列数值。如果误差超过了这一范围，则可利用第二个样品重复试验。如果结果再次超过允许值，则取消所有的试验结果，重新进行试验。

表 11-7　针入度测定允许最大数值（1/10mm）

针 入 度	0～49	50～149	150～249	250～350	350～500
最大差值	2	4	6	8	20

11.5.3　沥青延度测定

试验温度一般为（25±0.5)℃，拉伸的速度为（5±0.25)cm/min。

1. 主要仪器设备

延度仪、试件模具、恒温水浴、温度计、金属网、隔离剂、支撑板。

2. 试验准备

① 将隔离剂拌合均匀，涂于支撑板表面和铜模的内表面，将模具组装在支撑板上。

② 加热样品直到完全变成液体能够流动。石油沥青样品加热至流动温度的时间不超过 30min，其加热温度不超过石油沥青预计软化点 90℃；煤焦油沥青样品加热至流动温度的时间不超过 30min，其加热温度不超过煤焦油沥青预计软化点 60℃。把熔化了的样品过筛，在充分搅拌之后倒入模具中，在倒样时使试样呈细流状，自模的一端至另一端往返倒入，使试样略高出模具，将试件在空气中冷却 30～40min，然后放在规定温度的水浴中保持 30min 取出，用热的刮刀或铲将高出模具的沥青刮去，使试样与模具齐平。

③ 将支撑板、模具和试件一起放入恒温水浴中，并在试验温度下保持 85～95min，然后从板上取下试件，拆掉侧模，立即进行拉伸试验。

3. 试验步骤

① 把保温后的试件连同底板移入延度仪的水槽中，然后将盛有试样的试模白玻璃板上取下，将模具两端的孔分别套在试验仪器的柱上，以一定的速度拉伸，直到试件拉伸断裂。拉伸速度允许误差在±5%以内，测量试件从拉伸到断裂所经过的距离。试验时，试件距水面和水底的距离不小于 25mm，并且要使温度保持在规定温度的±0.5℃的范围内。

② 如果沥青浮于水面或沉入槽底，则试验不正常，应使用乙醇或氯化钠调整水的密度，使沥青材料既不浮于水面又不沉入槽底。

③ 正常的试验应将试样拉成锥形，直至在断裂时实际横断面面积接近于零，如果 3 次试验得不到正常结果，则报告在该条件下无法测定延度。

4. 试验结果

若 3 个试件测定值在其平均值的 5%内，取平行测定 3 个结果的平均值作为测定结果。

若 3 个试件测定值不在其平均值的 5%以内，但其中两个较高值在平均值的 5%之内，则去掉最低测定值，取两个较高值的平均值作为测定结果，否则重新测定。

11.5.4　沥青软化点测定

本方法适用于以环球法测定软化点范围在 30～157℃的石油沥青、煤焦油沥青或液体石油沥青经蒸馏或乳化沥青破乳蒸发后残留物的试样。当软化点在 30～80℃范围内时，用蒸馏水作为加热介质；当软化点在 80～157℃范围内时，用甘油作为加热介质。

软化点是试样在测定条件下，因受热而下坠达 25 mm 时的温度，以℃表示。

1. 主要仪器设备

① 试样环。两只黄铜或不锈钢制成的环。

② 支撑板。扁平光滑的黄铜板，其尺寸约为 50mm×75mm。

③ 钢球。两个直径为 9.5mm 的钢球，每个质量为（3.50±0.05)g。

④ 钢球定位器。用于使钢球定位于试样中央。

⑤ 恒温浴槽。控温的准确度为 0.5℃。

⑥ 环支撑架和支架。支撑架用于支撑两个水平位置的环，支撑架上肩环的底部距离下支撑板的上表面为 25mm，下支撑板的下表面距离浴槽底部为（16±3)mm。

⑦ 温度计。应符合《石油产品试验用玻璃液体温度计技术条件》(GB/T 514—2005）中关于沥青软化点专用温度计的规格技术要求，即测温范围为30～180℃，最小分度值为 0.5℃的全浸式温度计。温度计应悬于支架上，使得水银球底部与环底部水平，其距离在 13mm 以内，但不要接触环或支撑架，不允许使用其他温度计代替。

2. 试验准备

① 所有石油沥青试样的准备和测试必须在 6h 内完成，煤焦油沥青必须在 4.5h 内完成。加热试样时不断搅拌以防止局部过热，直到样品变得流动，小心搅拌以免气泡进入样品中。石油沥青样品加热至倾倒温度的时间不超过 2h，其加热温度不超过预计沥青软化点 110℃；煤焦油沥青样品加热至倾倒温度的时间不超过 30min，其加热温度不超过煤焦油沥青预计软化点 55℃。如果重复试验，不能重新加热样品，应在干净的容器中用新鲜样品制备试样。

② 若估计软化点在 120℃以上，应将黄铜环与支撑板预热至 80～100℃，然后将黄铜环放到涂有隔离剂的支撑板上，否则会出现沥青试样从黄铜环中完全脱落的现象。

③ 向每个环中倒入略过量的石油沥青试样，让试件在室温下至少冷却 30min。对于在室温下较软的样品，应将试件在低于预计软化点 10℃以上的环境中冷却 30min。从开始倒试样时起至完成试验的时间不得超过 240min。

④ 当试样冷却后，用稍加热的小刀或刮刀彻底地刮去多余的沥青，使得每一个圆片饱满且和环的顶部齐平。

3. 试验步骤

① 选择加热介质，新沸煮过的蒸馏水适于软化点为 30～80℃的沥青，起始加热介质温度应为（5±1)℃。甘油适于软化点为 80～157℃的沥青，起始加热介质的温度应为（30±1)℃。为了进行比较，所有软化点低于 80℃的沥青应在水浴中测定，而高于 80℃的在甘油浴中测定。

② 把仪器放在通风橱内并配置两个样品环、钢球定位器，并将温度计插入合适的位置，将浴槽装满加热介质，并使各仪器处于适当位置。用镊子将钢球置于浴槽底部，使其同支架的其他部位达到相同的起始温度。

③ 如果有必要，将浴槽置于冰水中，或小心加热并维持适当的起始浴温达 15min. 并使仪器处于适当位置，注意不要沾污浴液。再次用镊子从浴槽底部将钢球夹住并置于定位

器中。

④ 从浴槽底部加热使温度以恒定的速率5℃/min上升。试验期间不能取加热速率的平均值，但在3min后，升温速度应达到（5±0.5)℃/min，若温度上升的速率超过此限定范围，则此试验失败。

⑤ 当两个试环的球刚触及下支撑板时，分别记录温度计所显示的温度。无须对温度计的浸没部分进行校正。

4. 试验结果

取两个温度的平均值作为沥青的软化点。如果两个温度的差值超过1℃，则重新试验。

11.5.5 防水材料外观尺寸试验

1. 主要仪器设备

① 台秤。最小分度值为0.2kg。

② 卷尺。最小分度值为1mm。

③ 钢板尺。最小分度值为1mm。

④ 厚度计。单位压力为0.02MPa，分度值为0.01mm，直径为10mm。

2. 试验方法

（1）面积

① 抽取成卷卷材放在平面上，小心地展开卷材，保证与平面完全接触。

② 在整卷卷材宽度方向的两个1/3处进行长度测定，记录结果，精确到10mm。

③ 在距卷材两端头各（1±0.01)mm处进行宽度测定，记录结果，精确到1mm。

④ 以长度和宽度的平均值相乘得到卷材的面积，精确到0.01m^2。

（2）厚度

① 保证卷材和测量装置的测量面没有污染，在开始测量前检查测量装置的零点，在所有测量结束后再测量一次。

② 在测量厚度时，使测量装置下足慢慢落下以避免试件变形。在卷材宽度方向均匀分布10点测量并记录厚度，最边的测量点应距卷材边缘100mm。

③ 对于细砂面防水卷材，去除测量处表面的砂粒再测量卷材厚度；对矿物粒料防水卷材，在卷材留边处，距边缘60mm处去除砂粒后在长度1m范围内测量卷材的厚度。

（3）单位面积质量

称取每卷卷材卷重，根据面积检测得到的面积，计算单位面积质量（kg/m^2）。

（4）外观

抽取成卷卷材放在平面上，小心地展开卷材，用肉眼检查整个卷材上、下表面有无气泡、裂纹、孔洞或裸露斑、疙瘩或任何其他能观察到的缺陷存在。

11.5.6 防水材料不透水性试验

1. 主要仪器设备

不透水仪、定时钟。

2. 准备工作

根据《建筑防水卷材试验方法 第10部分：沥青和高分子防水卷材 不透水性》(GB/T

328.10—2007）的要求制备测试样品。水温为（23±5)℃。

3. 试验步骤

① 向仪器水箱注满洁净水。

② 放松夹脚，启动油泵，使夹脚活塞带动夹脚上升。

③ 排净水缸内的空气，然后水缸活塞将水从水箱吸入水缸，完成水缸的充水过程。

④ 水缸储满水后，同时向 3 个试座充水，3 个试座充满水并接近溢出时，关闭试座阀门。

⑤ 再次通过水箱向水缸充水。

⑥ 安装试件，将 3 块试件分别置于 3 个透水盘试座上，使涂盖材料的薄弱一面接触水面，将“O”形密封圈固定在试座槽内，试件上盖上压盖，通过夹脚使试件压紧在试座上，如产生压力影响结果，可泄水减压。

⑦ 打开试座进水阀，通过水缸向透水盘底座继续注水，当压力表达到指定压力时，停止加压，关闭进水阀和油泵，开始计时，随时观察是否有渗水现象，记录开始渗水时间。在规定时间出现其中一块或两块有渗漏时，必须立即关闭相应试座进水阀，保证其余试件继续测试。

⑧ 试验达到规定时间后，卸压取样，启动油泵，夹脚上升后即可取出试件，关闭油泵和仪器。

11.5.7　防水材料耐热度试验

1. 主要仪器设备

① 鼓风烘箱。在试验范围内最大温度波动为±2℃。

② 热电偶。连接到外面的温度计，在规定范围内能测量到±1℃。

③ 悬挂装置。至少 100mm 宽。

④ 光学测量装置（如读数放大镜）。刻度至少为 0.1mm。

⑤ 金属圆插销的插入装置。内径约为 4mm。

2. 试件制备

(1) 弹性体改性沥青防水卷材或塑性体改性沥青防水卷材

① 抽样。抽样按照《建筑防水卷材试验方法 第 1 部分：沥青和高分子防水卷材 抽样规则》(GB/T 328.1—2007）进行。矩形试件尺寸为（115±1)mm×(100±1)mm，均匀地在试样宽度方向裁取试件，长边是卷材的纵向。试件应距卷材边缘 150mm 以上，试件从卷材的一边开始连续编号，卷材上表面和下表面应标记。

② 去除任何非持久层，适宜的方法是常温下用胶带粘在上面，冷却到接近假设的冷弯温度，然后从试件上撕去胶带。另一方法是用压缩空气吹（压力约为 0.5MPa，喷嘴直径约为 0.5mm)。假若上面的方法不能除去保护膜，可用火焰烤，保证用最少的时间破坏膜而不损伤试件。

③ 在试件纵向的横断面一边，将上表面和下表面的大约 15mm 一条的涂盖层去除直至胎体，若卷材有超过一层的胎体，则去除涂盖料直到另外一层胎体。在试件的中间区域的涂盖层也从上表面和下表面的两个接近处去除，直至胎体。为此，可采用热刮刀或类似装置小心地去除涂盖层而不损坏胎体。将两个内径约为 4mm 的插销在裸露区域穿过胎体，轻轻敲打试件去除表面浮着的矿物料或表面材料。然后将标记装置放在试件两边，插入插销定位于

中心位置，在试件表面整个宽度方向沿着直边用记号笔垂直画一条线（宽度约为0.5mm），操作时试件平放。

试件试验前至少放置在（23±2）℃的平面上2h，相互之间不要接触或粘住。有必要时，将试件分别放在硅纸上防止粘结。

（2）改性沥青聚乙烯胎防水卷材

① 抽样。抽样按照《建筑防水卷材试验方法 第1部分：沥青和高分子防水卷材 抽样规则》(GB/T 328.1—2007）进行。矩形试件尺寸为（100±1)mm×(50±1)mm，均匀地在试验宽度方向裁取试件，长边是卷材的纵向。试件应距卷材边缘150mm以上，试件从卷材的一边开始连续编号，卷材上表面和下表面应标记。

② 试件制备。去除任何非持久层，适宜的方法是常温下用胶带粘在上面，冷却到接近假设的冷弯温度，然后从试件上撕去胶带。另一方法是用压缩空气吹［压力约为0.5MPa（5bar），喷嘴直径约为0.5mm］。假若上面的方法不能除去保护膜，可用火焰烤，即用最少的时间破坏膜而不损伤试件。

③ 试件试验前至少在（23±2)℃平放2h，相互之间不要接触或粘住。有必要时，将试件分别放在硅纸上防止粘住。

3. 试验步骤

（1）弹性体改性沥青防水卷材或塑性体改性沥青防水卷材

① 烘箱预热到试验温度，温度通过与试件中心同一位置的热电偶控制。整个试验期间，试验区域的温度波动不超过±2℃。

② 规定温度下耐热性的测定。制备一组3个试件，露出的胎体处用悬挂装置夹住，不要夹到涂盖层。必要时，用不粘层（如硅纸）包住两面，便于在使用结束时除去夹子。

③ 制备好的试件垂直悬挂在烘箱的相同高度，间隔至少30mm。此时烘箱的温度不能下降太多，开关烘箱门放入试件的时间不超过30s。放入试件后的加热时间为（120±2)min，自由悬挂冷却至少2h。然后除去悬挂装置，在试件两面画第二个标记，用光学测量装置在每个试件的两面测量两个标记底部间最大距离ΔL，精确0.1mm。

（2）改性沥青聚乙烯胎防水卷材

① 烘箱预热到试验温度，温度通过与试件中心同一位置的热电偶控制。整个试验期间，试验区域的温度波动不超过±2℃。

② 规定温度下耐热性的测定。制备一组3个试件，分别在距试件短边一端10mm处的中心打一小孔，用细铁丝或回形针穿过，将试件垂直悬挂在规定温度烘箱的相同高度，间隔至少30mm。此时烘箱的温度不能下降太多，开关烘箱门放入试件的时间不超过30s。放入试件后加热时间为（120±2)min。

③ 加热周期结束后将试件从烘箱中取出，相互之间不要接触，目测观察并记录试件表面的涂盖层有无滑动、流淌、滴落、集中性气泡（指破坏涂盖层原形的密集气泡）。

4. 结果处理

对于弹性体改性沥青防水卷材或塑性体改性沥青防水卷材，耐热度按上述试验，在此温度下，卷材上表面和下表面的滑动平均值不超过2.0mm，则认为合格。对于改性沥青聚乙烯胎防水卷材，在规定温度下加热2h后，取出试样及时观察并记录试件表面有无涂盖层滑动和集中性气泡，一组三个试件都应符合要求。

11.5.8　拉力及最大拉力时延伸率试验

1. 主要仪器设备

① 拉力试验机。测量范围为 0～1000N（或 0～2000N），最小读数为 5N，夹具宽度不小于 5cm。

② 量尺。精度为 1mm。

2. 试件制备

① 整个拉伸试验应制备两组试件，一组纵向 5 个试件，一组横向 5 个试件。

② 试件在试样上距边缘 100mm 以上用模板或用裁刀任意裁取，矩形试件宽为 (50±0.5)mm，长为（200mm＋2×夹持长度）；或矩形试件宽为（50±0.5)mm，长为（70mm＋2×夹持长度），长度方向为试验方向。

(3) 试件表面的非持久层应去除。试件在试验前在（23±2)℃和相对湿度（30%～70%）的条件至少放置 20h。

3. 试验步骤

① 将试件紧紧地夹在拉伸试验机的夹具中，注意试件长度方向的中线与试验机夹具中心在一条线上。夹具间距离为（200±2)mm 或 70mm，为防止试件从夹具中滑移应作标记。为防止试件产生松弛，推荐加载不超过 5N 的力。

② 试验在（23±2)℃下进行，夹具移动的恒定速度为（100±10)mm/min。

③ 连续记录拉力和对应的夹具（或引伸计）间的距离。分别取纵向、横向 5 个试件的平均值作为拉力及延伸率。

4. 结果计算

弹性体改性沥青防水卷材或塑性体改性沥青防水卷材的断裂延伸率按下式计算：

$$L=\frac{L_1-200}{200}\times 100\%$$

式中　L——试件断裂时的伸长率,%；

L_1——试件断裂时夹具间的距离，mm；

200——拉伸前夹具间的距离，mm。

改性沥青聚乙烯胎防水卷材的断裂延伸率按下式计算：

$$L=\frac{L_1-70}{70}\times 100\%$$

式中　L——试件断裂时的伸长率,%；

L_1——试件断裂时夹具间的距离，mm；

70——为拉伸前夹具间的距离，mm。

5. 结果评定

弹性体改性沥青防水卷材按《弹性体改性沥青防水卷材》(GB 18242—2008）进行评定。

塑性体改性沥青防水卷材按《塑性体改性沥青防水卷材》(GB 18243—2008）进行评定。

改性沥青聚乙烯胎防水卷材按《改性沥青聚乙烯胎防水卷材》(GB 18967—2009）进行评定。

11.5.9 低温柔度

1. 主要仪器设备

① 低温制冷仪。范围为−30～0℃，控温精度为±2℃。

② 半导体温度计。量程为−40～30℃，精度为0.5℃。

③ 柔度棒。半径为15mm、25mm。

2. 试件制备

① 矩形试件的尺寸为（150±1)mm×(25±1)mm，试件从试样宽度方向上均匀地裁取，长边在卷材的纵向。试件裁取时应距卷材边缘不少于150mm，试件应从卷材的一边开始做连续的记号，同时标记卷材的上表面和下表面。

② 去除表面的任何保护膜，适宜的方法是常温下用胶带粘在上面，冷却到接近假设的冷弯温度，然后从试件上撕去胶带。另一方法是用压缩空气吹。假如上面的方法不能除去保护膜，可用火焰烤，以用最少的时间破坏膜而不损伤试件。

③ 试件试验前应在（23±2)℃的平板上放置至少4h，并且相互之间不能接触，也不能粘在板上（可以用硅纸垫）。试件表面的松散颗粒应用手轻轻敲打除去。

3. 试验步骤

① 在开始所有试验前，两个圆筒间的距离应按试件厚度调节，即弯曲轴直径＋2mm＋两倍试件的厚度。然后将装置放入已冷却的液体中，并且圆筒的上端在冷冻液面下约10mm，弯曲轴在下面的位置。弯曲轴的直径根据产品的不同可以为20mm、30mm、50mm。

② 冷冻液达到规定的试验温度，误差不超过0.5℃，试件放于支撑装置上，且在圆筒的上端，保证冷冻液完全浸没试件。试件放入冷冻液达到规定温度后，开始保持在该温度1h±5min。半导体温度计的位置靠近试件，检查冷冻液温度，然后试验。

③ 两组各5个试件，全部试件在规定的温度处理后，一组做上表面试验，另一组做下表面试验。试件放置在圆筒和弯曲轴之间，试验面朝上，然后设置弯曲轴以（360±40)mm/min速度顶着试件向上移动，试件同时绕轴弯曲。轴移动的终点在圆筒上面（30±1)mm处。试件的表面明显露出冷冻液，同时液面也因此下降。

④ 在完全弯曲过程10s内，在适宜的光源下用肉眼检查试件有无裂纹，必要时，用辅助光学装置帮助。假若有一条或更多的裂纹从涂盖层深入到胎体层，或完全贯穿无增强卷材，即存在裂缝。一组5个试件应分别试验检查。假若装置的尺寸满足，可同时试验几组试件。

4. 结果评定

弹性体改性沥青防水卷材按《弹性体改性沥青防水卷材》(GB 18242—2008）进行评定。

塑性体改性沥青防水卷材按《塑性体改性沥青防水卷材》(GB 18243—2008）进行评定。

参 考 文 献

[1] 湖南大学，等. 土木工程材料 [M]. 北京：中国建筑工业出版社，2011.

[2] 刘祥顺. 建筑材料 [M]. 北京：中国建筑工业出版社，2011.

[3] 魏鸿汉. 建筑材料 [M]. 4版. 北京：中国建筑工业出版社，2012.

[4] 宋岩丽. 建筑与装饰材料 [M]. 2版. 北京：中国建筑工业出版社，2007.

[5] 范红岩. 建筑与装饰材料 [M]. 北京：机械工业出版社，2010.

[6] 全国职业教育规划教材编审委员会. 建筑材料 [M]. 1版. 北京：南开大学出版社，2011.

[7] 冯晓丹，林荣辉，刘长万，等. 建筑材料 [M]. 上海：上海交通大学出版社，2014.

中国建材工业出版社
China Building Materials Press